PHYSIOLOGIE

D'HIPPOCRATE,

EXTRAITE

DE SES ŒUVRES.

Davidson

=avec des notes, dont quelques=unes sont instructives= Littré

PHYSIOLOGIE

D'HIPPOCRATE,

EXTRAITE

DE SES ŒUVRES,

Commençant par la traduction libre de son *Traité des Airs, des Eaux et des Lieux*, sur la version de Foëse, accompagnée de Notes théori-pratiques, et précédée d'un Précis introductif à la Doctrine de ce Médecin, et à une nouvelle Philosophie médicale de l'homme vivant.

PAR DELAVAUD, D. M.

ANCIEN MÉDECIN DES HÔPITAUX MILITAIRES, etc. etc.

Imperat, atque sibi imponit perceptio leges.

A PARIS,

CHEZ { BOSSANGE, MASSON ET BESSON.
{ CROULLEBOIS, Lib. de la Société de Méd.

AN X. — MDCCCII.

ÉPITRE DÉDICATOIRE

Au Citoyen Chaptal, Ministre de l'Intérieur, Membre de l'Institut national de France, Professeur de Chimie à l'École de Médecine de Montpellier, de plusieurs Sociétés savantes, etc.

CITOYEN,

Le destin des hommes auxquels la nature accorde les dons du génie, des talens et de la vertu, est d'inspirer irrésistiblement la confiance et l'estime sans bornes; telle est la force occulte qui les porte à l'administration des sociétés, et qui les force à en recevoir cet hommage sincère que nul ne peut encore ni exiger, ni refuser. On peut donc assurer que ces êtres privilégies sont envoyés sur la terre pour l'honneur et la consolation de l'espèce humaine; semblables à ces arbres robustes et féconds qui, bravant l'impétuosité des vents et les rayons brûlans de l'astre du jour, favorisent et défendent tout ce qui les environne.

Jaloux, ainsi que mes Concitoyens, de mériter cette favorable influence, je me félicite, Citoyen MINISTRE, de pouvoir vous donner, dans ces premiers momens de calme, des preuves de ma profonde vénération : dirai-je encore que je m'applaudis, que j'ose même me prévaloir de l'importante utilité de mes travaux, puisqu'elle fait partie de vos sollicitudes. Mais, hélas! pourquoi, lorsqu'on cherche à étendre les bornes d'une science aussi importante, ne peut-on encore de nos jours se diriger que d'un pas incertain et tremblant à travers la foule immense des obstacles de l'habitude, des chimères et des richesses stériles? En un mot, pourquoi faut-il qu'au siècle de lumières la pénurie des moyens se fasse si vivement sentir, lorsqu'il s'agit d'aller saisir la vérité la plus importante aux hommes? C'est donc en contemplant, et les dangers de l'entreprise et le besoin de mes semblables, que j'ai osé concevoir le projet d'étendre et de régulariser la seule base naturelle de la science du Médecin, en rappelant d'abord le goût et le *génie à une doctrine négligée de nos jours jusqu'à l'oubli, et en proposant de diriger sur les principes une nouvelle Philosophie médicale de l'homme vivant.*

Sans doute, cette tentative, aussi hardie que nouvelle (à bien des égards), étoit au-dessus de mes forces; mais apercevant la vérité, et inspiré par le seul désir d'être utile, j'indique au génie bienfaiteur de mon pays la carrière à parcourir : c'est à ma Patrie, c'est à mes Concitoyens à dire combien il peut influer sur les progrès ultérieurs de la science la plus utile aux hommes.

Heureux de pouvoir servir d'organe à la reconnoissance publique, je m'empresse, Citoyen MINISTRE, de mêler mes vœux aux siens pour votre conservation, et vous supplie d'agréer l'hommage que j'ose vous faire de cet Essai, comme une foible preuve de mon profond respect.

DELAVAUD, D. M., ancien
Médecin des Hôpitaux
militaires, etc.

AVERTISSEMENT.

LA Physiologie d'Hippocrate , ignorée
ou négligée de nos jours jusqu'à l'oubli,
forme le fonds de l'Ouvrage que l'on va
lire : éparse dans les écrits de ce grand
homme , on en a rassemblé les parties
pour en former un corps de doctrine qui
pût nous représenter les vues , les observations et la méthode de philosopher
particulière au Médecin Grec , en re-
cevant néanmoins une forme et une
marche qui nous fussent propres.

Pour atteindre ce double but , on a
donc procédé d'abord de la manière suivante : 1°. Hippocrate estimant que le
Médecin doit *premièrement* connoître *les
dépendances absolues , premières et
principales* qu'il y a entre l'homme et
les grands phénomènes de la nature, on
a fait de son immortel *Traité des Airs ,*

des Eaux, *des Lieux*, le péristyle de l'édifice, en l'augmentant néanmoins de deux grands morceaux tirés des écrits de l'auteur même, et spécialement des livres qui lui sont, le plus généralement, attribués.

2°. On a préféré la manière de la traduction libre au mode de la traduction littérale ; car, indépendamment que la lettre tue, et que le seul esprit vivifie, on s'est convaincu que les écrits d'Hippocrate ne peuvent devenir utiles, ni même intelligibles, par une traduction littérale.

3°. Enfin, on a cru nécessaire d'ajouter des notes et un Précis introductif pour faciliter l'intelligence de cette doctrine, à peu près nouvelle pour nous, et dont on se proposoit encore de faire la base d'une nouvelle philosophie médicale de l'homme vivant.

On croit d'ailleurs seconder les intentions des Gouvernans actuels qui , ayant senti toute l'utilité de revenir à la doctrine d'observation *naturelle* d'Hippocrate, ont institué *par avance*, lors de la nouvelle organisation de l'École spéciale de Médecine, un Professeur (*) chargé de l'enseigner. On sentira aisément que la Physiologie d'Hippocrate est le premier pas qu'il faut faire dans cette carrière, mais qu'il restoit encore à le préparer.

Voilà l'Avertissement sommaire que l'on croit devoir donner sur le fait de cette nouvelle production, et spécialement sur celui de la Physiologie d'Hippocrate, qui étonnera peut-être autant par sa conformité avec la nôtre, que par la supériorité du génie et des vues qui l'en distinguent.

Puisse donc le premier pas fait dans cette carrière difficile, rappeler le génie et le goût à l'observation *naturelle de*

____

(*) Le citoyen Thouret s'est chargé d'en donner des leçons.

l'homme vivant dans l'homme vivant, et faire marcher, dorénavant, le Médecin à son but final, par des routes plus courtes, plus faciles et plus certaines !

TABLE

DES MATIÈRES.

TRAITÉ D'HIPPOCRATE,

Des Saisons et des Vents; des Eaux et des Lieux.

Notes sur le Traité d'Hippocrate, des Saisons et des Vents; des Eaux et des Lieux.

ERRATA.

PAGE iv, à la fin de la note, portées, *lisez* porté.

———— vj, première ligne, prédominences, *lisez* prédominances.

———— xiv, ligne 15, discordantes, *lisez* discordans.

———— xvj, le premier renvoi répond à la seconde note, et le
second à la première.

———— xviij, ligne 9, concidérez, *lisez* considérée.

———— xvj, ligne 27, es, *lisez* les.

———— lv, ligne 2, après des *ajoutez* pro, et *lisez* propriétés.

———— cvij, ligne 3 de la note, relativemens leurs, *lisez* relativement à leurs.

———— 13, ligne 14, état, *lisez* été.

———— 19, ligne 20, ces, *lisez* les.

———— 46, première ligne. attire. *lisez* altère.

———— 81, première ligne, paroissant, *lisez* paroit.

———— 81, ligne 29, prédominence, *lisez* prédominance.

———— 91, ligne 6, gozomètre, *lisez* gazomètre.

———— 142, ligne 13, confortation, *lisez* consolation.

———— 150, ligne 24, pesoit, *lisez* passoit.

PRÉCIS

PRÉCIS INTRODUCTIF

*A la Doctrine d'Hippocrate, et
à une nouvelle Philosophie médicale
de l'homme vivant.*

PREMIÈRE PARTIE.

CHAPITRE PREMIER,

Prolégomènes polémiques.

Revenons de nouveau aux écrits d'Hippocrate, puisqu'il est généralement reconnu qu'ils forment l'esquisse la plus sublime que le génie observateur de la nature ait encore tracée de la philosophie particulière à l'économie de l'homme sain ou malade.

Depuis que ce chef-d'œuvre est sorti des mains de son auteur jusqu'à ce jour, les savans de tous les pays se sont occupés de faire connoître, en tout ou en partie, les vues et la doctrine du médecin Grec, ce qui a allumé dans les esprits le désir ardent de s'en approprier le génie et les principes.

Ces hommes célèbres ont complétement réussi à rendre l'admiration universelle, et vingt-deux siècles se sont écoulés sans que la doctrine, ainsi que la vénération pour son auteur, aient encore éprouvées d'altération. Mais par quelle fatalité n'en sommes-nous encore, par rapport à cette doctrine, avouée la plus sublime et la plus vraie, qu'à une admiration stérile, à une application solitaire, et à la plus parfaite nullité dans nos écoles et dans nos théories (*) ? Les médecins modernes ont-ils présumé plus avantageusement de leur méthode et de leurs moyens d'interroger la nature sur l'économie de l'homme, et n'ont-ils regardé ceux du père de la médecine que *comme des fictions singulières auxquelles on ne doit pas s'arrêter?* ou bien plutôt, subjugués irrésistiblement par le génie du philosophe de Cos, ne sont-ils pas saisis de cette crainte judicieuse qu'éprouvent tous ceux qui envisagent l'achèvement des sublimes ébauches des Raphaël, des Rubens, des Phidias, des Pouget, etc. ?

(*) Aucun, que je sache, n'a essayé de régulariser et d'étendre cette doctrine sublime à la faveur d'observations naturelles et des lumières acquises, non plus qu'à lui donner la forme et la lucidité classique, qui seroient si nécessaires pour nous identifier avec le génie de son auteur. En un mot, nul n'a encore tenté d'amener Hippocrate jusqu'à nous pour nous faire monter jusqu'à lui, et par-là même rendre à la science du médecin sa véritable base, et préparer les progrès ultérieurs et définitifs de l'art de guérir : cette tâche reste donc à remplir.

Sans doute, il est impossible de repousser ce sentiment d'insuffisance qu'imprimera toujours la supériorité du génie de notre auteur; sentiment qui s'augmente éminemment lorsqu'on considère l'extrême difficulté de réunir tous les moyens nécessaires à l'exécution d'une telle entreprise ; car indépendamment qu'on doit posséder une grande connoissance de la langue de l'auteur et des connoissances médicales, il faut être très-familier avec la méthode et les moyens de philosopher de ce médecin : cependant ce n'est pas encore la difficulté la plus grande et la plus importante à surmonter. Si donc on veut éviter des obstacles sans cesse renaissans, il faut, déjà riche d'observations *naturelles*, connoître parfaitement les dépendances locales ou topographiques médicales de toutes les contrées de la Grèce, et spécialement celles où Hippocrate exerçoit la médecine: car je me suis convaincu par moi-même, qu'indépendamment de la supériorité du génie observateur d'Hippocrate, il ne pouvoit se rencontrer une température où les caractères et les retours périodiques des phénomènes de la nature se représentassent les mêmes avec plus de constance et de régularité, et par conséquent où il lui fût plus facile de fixer les principes de la médecine, et d'en rendre la pratique positive (*). Ne peut-on pas même inférer de là

(*) La médecine positive, autant qu'elle peut l'être, est toujours

que sa doctrine ne peut et ne doit servir à l'observateur des autres pays, que de mesure commune de comparaison pour apprécier toutes les variations ou dérogations ? Il est très-probable que telles ont été des vérités ignorées de la presque totalité des traducteurs et des commentateurs d'Hippocrate (*) ; mais cette difficulté une fois levée, cela fera disparoître de ses ouvrages les contradictions qu'on prétend y exister sur plusieurs points de météorologie médicale, de diathèse tempéramentale, etc. etc. que quelques-uns ont notés avec plus de présomption que de vraies lumières.

Foible possesseur de ces principaux moyens, j'ai osé néanmoins concevoir le projet de nous approprier le génie et les principes, la méthode et les moyens de philosopher du père de la médecine, et de fonder sur cette base une nouvelle philosophie médicale de l'homme vivant.

Je ne me suis point dissimulé les oppositions banales qu'éleveroit contre cette entreprise

expectante et agissante ; alors je ne conçois pas bien, je l'avoue, ce qu'on nous propose (sur-tout dans la température de la France) dans une médecine expectante.

(*) Il faut en excepter le docteur Coray, qui en a fait la remarque spéciale, page 170 du Discours préliminaire de sa traduction du même livre d'Hippocrate, ouvrage très-précieux, et dont je me suis aidé en bien des endroits où l'obscurité du texte résultoit des altérations que les copistes ignorans ont portées dans les ouvrages du plus beau génie de l'univers.

réformatrice l'habitude exclusive de la méthode et des moyens de philosopher du moment; car avancer aujourd'hui (appuyé des principes et des vues des plus judicieux observateurs de la nature (*)) qu'on s'est trompé lors du renouvellement des lettres, en ne reprenant pas l'étude de l'homme vivant, *par l'observation naturelle de l'homme vivant* (**), que par-là même on s'est privé du seul moyen de donner à la philosophie médicale la base qui pouvoit la constituer une science *réelle*; qu'on s'est éloigné, et qu'on s'éloigne encore chaque jour davantage de la connoissance des lois d'action propre de notre économie, par l'oubli de celle de ses dépendances *absolues, premières et principales des grands phénomènes de la nature.* Enfin, que c'est le comble d'une aveugle prévention de préférer à ces moyens naturels et sûrs une méthode inorganique et minutieuse, des théories vagues, des principes précaires, des analogies étrangères ou fausses, des hypothèses absurdes,

(*) Les Sthal, les Sydenham, les Newton, les Buffon, les Bordeu, les Lacases, les Robert, les Barthès, les Chaptal et plusieurs autres.

(**) Pour éviter toute dispute de mots, je préviens, pour n'y plus revenir, que par l'expression *observation naturelle*, j'entendrai toute observation qui se fait sans l'intervention d'aucun moyen mécanique, et dont l'analyse et les appréciations ne se font encore qu'au moyen de la perception ou de la méthode *physico-mentale* d'Hippocrate, de Newton et des plus intelligens observateurs de la nature.

des prédominences illusoires, quelques vérités stériles, etc. etc. résultats nécessaires d'un
assujétissement exclusif aux lois de la physique *expérimentale*, et à la chimère non
moins absurde de tout soumettre au calcul.
En un mot, émettre en ce moment de telles
opinions, et vouloir leur trouver un assentiment général, ou seulement quelques esprits
qui voulussent bien admettre ces assertions
pour des paradoxes, c'est vouloir trouver la
quadrature du cercle. Il me paroît donc *mathématiquement* plus sage et plus utile de substituer l'histoire de l'économie développée dans
l'ordre naturel de succession de ses phénomènes, ou une philosophie médicale de l'homme vivant, à la physiologie de nos écoles et
de nos livres, que de lutter contre la marotte
du plus grand nombre à qui l'habitude la rend
chère. Telle est donc l'entreprise dont je ne
me suis dissimulé ni les difficultés, ni les dangers : si je n'avois consulté que mes propres
forces, j'eusse sans doute renoncé à l'exécution de ce projet aussi vaste que hardi. Je
n'affecte point ici de modestie ; quand on
traite un sujet aussi difficile, et encore si peu
connu, on ne songe guère à simuler le mo-
deste, on est forcé de l'être. Mais appuyé de
l'esquisse la plus sublime, et fort des vues et
des principes des plus célèbres observateurs
de la nature, j'ai cédé au désir de ramener le

goût et le génie à de grandes vérités, que des hommes plus habiles que moi feront valoir dans toute leur latitude.

Étudier la carte d'un pays encore peu connu, et se bien préparer à l'exploration qu'on veut en faire de nouveau, c'est se rendre l'exécution de cette entreprise plus facile, moins périlleuse, et les succès plus certains. Il faut donc connoître les premières découvertes, les opinions et les erreurs des voyageurs qui nous ont précédés, discuter le tout afin d'éviter leurs fausses routes, régulariser et étendre les bonnes, et faire parvenir la connoissance de ce pays de *chicane* (*) au plus haut degré de perfection possible; enfin répandre ces nouvelles lumières pour le plus grand avantage de la science et de la société : tel est le but final vers lequel vont tendre tous mes efforts.

Jetons d'abord un coup-d'œil rapide sur l'état des sciences dans les premières sociétés des hommes, et spécialement sur celui de la philosophie médicale de l'homme vivant jusqu'à nos jours.

Les premières lumières des hommes furent probablement celles de l'agriculture et de la médecine, le besoin immédiat de ces sciences atteste suffisamment leur priorité ; mais les

(*) Terme de tactique qui sert à désigner un sol hérissé de montagnes, de ravins et d'une pratique très-difficile; la physiologie est bien l'image de ce sol.

découvertes dans tous les genres furent long-
tems dues au seul concours fortuit des circonstances, lorsque leur perfectionnement résultoit encore de l'appréciation par approximation des seules observations *naturelles*.

Dans la suite, l'esprit inquiet de l'homme
éveilla son génie, et il se créa de nouvelles
lumières pour satisfaire à des vues ou à des
fantaisies que l'habitude convertit en besoins :
tel fut le commencement et la marche des lumières dans toutes les sociétés, dont la plupart des époques originelles se perdent encore
dans le chaos effacé des circonstances. Pendant une longue suite de siècles les lumières
des hommes ne présentèrent donc que des
principes épars, des vérités confondues avec
l'erreur ; concentrées dans les seuls individus
ou dans les ateliers, elles ne se propageoient
que par des traditions solitaires et bornées,
jusqu'à ce qu'enfin on commença, au moyen
de la transcription, à consigner les observations et les résultats d'agriculture, de médecine et autres dans les lieux publics, dans les
temples, sur les tablettes, etc. : ainsi se pré-
paroit l'instruction de la génération qui alloit
suivre. On conçoit aisément que le génie ne
pouvoit prendre un essor assuré, faute d'être
dirigé par l'ensemble des principes ; que les
procédés devoient perdre ou gagner alternativement, au gré des tribulations civiles ou

politiques des peuples, et qu'enfin la réflexion consomma bien des siècles à épurer ce mélange. Néanmoins les principes généraux de quelques sciences s'étant accumulés, des génies supérieurs sentirent toute l'utilité de leur liaison, et les réunirent en corps de doctrine. Depuis lors on eut plus de facilité à les répandre, à en favoriser les progrès et l'utilité par la voie de l'instruction; enfin, on vit des écoles s'ouvrir et les philosophes marcher à grands pas dans la carrière de la sagesse et des sciences : telle fut encore l'époque originelle de la doctrine ou du second état des sciences.

Pendant les trente-six premiers siècles du monde, les principes de la *philosophie médicale de l'homme vivant* restèrent épars; ce ne fut donc que 430 ans, ou environ, avant l'ère chrétienne (environ la 86e. olympiade) qu'Hippocrate les réunit en corps de doctrine; alors les épurant au feu de son puissant génie, il les présenta dans une théorie-pratique simple et lumineuse : nulle doctrine ne s'annonça avec plus de génie et moins de faste (*). Inspiré par le seul désir d'être utile, Hippocrate entre dans la philosophie médicale de l'homme vivant par de grandes vues qui lui

______

(*) Le livre d'Hippocrate, des *Airs*, des *Eaux*, des *Lieux*, est sans contredit la plus sublime esquisse que le génie ait encore tracée des dépendances entre les grands phénomènes de la nature et l'économie de l'homme vivant.

sont suggérées par les seules observations *na-turelles* des premiers et des plus grands phénomènes de la nature. Il analyse peu, mais il organise davantage. C'est dans sa pensée qu'il apprécie par approximation les faits qui résultent des causes premières, qu'il les suit dans leurs rapports, qu'il distingue et pèse les dépendances de l'homme, entre les causes premières et principales et les causes secondes; qu'il atteint même le secret de la nature jusque dans ses moyens occultes (*); enfin qu'il généralise et réduit en principe. Ainsi furent jetés les fondemens de la philosophie médicale de l'homme vivant; et tels sont la méthode et le génie qu'on retrouve dans tous les ouvrages de ce médecin *naturiste*. On n'y voit donc point Hippocrate cherchant l'homme vivant dans l'homme mort, à force d'expériences et d'hypothèses entées sur des hypothèses. Il n'y décrit, au contraire, que des faits *naturels* observés dans leurs *dépendances avec l'homme vivant*, et les résultats scrutés par sa seule raison; bien persuadé qu'il suffira de lire tout ce qu'il aura apprécié dans le secret de sa pensée, pour mériter la confiance et enlever l'assentiment de tout observateur de la nature. L'évènement a justifié ce jugement anticipé, et sa doctrine, triomphante

(*) Le *Pabulum vitæ*, le *Spiritus alimentum*. (*De Flatibus, de Natura hominis, de Alimento.*)

de tous les systèmes, est arrivée jusqu'à nous en traversant vingt-deux siècles sans varier. A quoi tient donc le sublime si rare des ouvrages de ce grand homme ? « Au sentiment qui » fait qu'il pénètre profondément les objets, » et qu'il les conçoit dans toute leur étendue, » sans s'arrêter à leur surface ; à ce qu'il saisit » vivement, qu'il rapproche d'un coup-d'œil » leurs différens rapports ; enfin, à ce qu'il » s'en empare de manière qu'ils paroissent, » pour ainsi dire, créés dans son ame : c'est » ainsi qu'Hippocrate remplit l'idée que l'on » a de la description de la nature dans l'en-» semble, et qu'il atteint à ce degré de per-» fection qu'on imagine, mais qu'on ne trouve » qu'en lui seul ». Mais il est résulté qu'Hippocrate, peut être trop favorablement prévenu en faveur du plus grand nombre de ses lecteurs futurs, a bien moins écrit pour des écoliers comme nous, que pour des maîtres de sa trempe.

Lorsqu'en Europe on entreprit de tirer les sciences de dessous leur propre débris, on adopta des méthodes et des moyens nouveaux pour les philosopher ; beaucoup d'entre elles y gagnèrent ; les sciences naturelles, et spécialement celle de l'homme vivant, n'en tirèrent pas les mêmes avantages ; néanmoins, ceux qui cultivoient cette dernière n'en restèrent pas moins persuadés qu'on parviendroit, à la faveur de ces méthodes et de ces moyens, à deviner tous les secrets de la nature ; d'où il suivit que le plus grand nombre des médecins ne connurent plus d'autre méthode que celle de l'analyse, et d'autres observations que celles des résultats des expériences anatomiques, chimiques, physiques, et des explications analogico-mécaniques. Dès-lors, ils dédaignèrent jusqu'à l'oubli les observations simples ou naturelles des phénomènes des airs, des eaux, des lieux, dans leurs rapports naturels et dans leurs actions combinées sur l'économie de l'homme ; ils ne négligèrent pas moins de rechercher le *par quoi* et le *comment* particulier l'homme tient *premièrement et principalement* à ces premières causes, et ce que l'économie en reçoit relativement à son agent vital et à l'équilibre de son organisation individuelle ou propre ; enfin, toute appréciation *intellectuelle* par approximation des observations naturelles, ne donne plus de preuves assez rigoureuses, et les phénomènes de l'économie ne peuvent rester pour constans s'ils ne sont appuyés de preuves physiques, ou chimiques, mécaniques, ou mathématiques. En un mot, la doctrine mécanico-chimique de Boerhaave asservit encore à tel point les esprits, qu'on oublie que le terme où s'arrête notre industrie n'est pas celui de la nature, et que celle-ci indiquant évidemment une exception, par la transcendance de ses lois d'action dans l'économie , on ne peut désormais se flatter de progrès ultérieurs et définitifs dans la science de l'homme vivant, par la seule méthode de l'analyse , dont un des principaux inconvéniens est d'éloigner sans retour du génie organique propre de l'économie et de celui des observations naturelles et de leurs rapports. On peut donc reprocher avec beaucoup de fondement aux savans modernes , et principalement aux médecins , de s'être trop exclusivemen confiés à des moyens et à une méthode moins propre à philosopher l'économie de l'homme vivant , dans son génie d'ensemble et dans ses lois propres d'action.

En vain donc Hippocrate auroit jeté les fondemens de cette science, la plus importante , par son objet comme par ses fins , elle resteroit encore plus en retard que beaucoup d'autres moins utiles. Car si nous jetons un coup-d'œil impartial sur l'immensité des divers matériaux que nous offrent les doctrines théorie - pratiques des médecins *naturistes* tant anciens que modernes, et celles presque entièrement mécanico-spéculatives du plus grand nombre , nous nous voyons forcés d'avouer que, pauvres au milieu de tant de richesses , nous ne possédons pas encore une idée précise et vraie de l'économie dans son génie d'ensemble organique ; que cette science , qui

devroit marcher, ainsi que les autres, d'après
son génie et ses propres moyens, ne le fait encore que par un génie et des moyens étrangers
ou accessoires (*). En un mot, que nous ne
sommes arrivés qu'à l'époque où il importe
plus pour la science de l'homme vivant, de
rapprocher et de lier par une méthode sage
les faits dont l'économie dépend et ceux dont
elle se compose, que de surcharger la science
de spéculations ingénieuses, et même de l'enrichir de quelques vérités nouvelles.

Or donc, convaincu depuis long-tems de
l'impossibilité de jamais établir cette connoissance sur un si grand mélange de faits et d'i-
dées discordantes tant simples que combinées,
mais apercevant la possibilité d'un bon choix
et d'un rapprochement plus naturel, qui for-
meroient un tableau vrai et précis (autant
que possible) de l'homme vivant jusque dans
ses différentes nuances, je m'engageai insensiblement dans ce projet, plus aisé, comme
on le conçoit bien, à imaginer qu'à exécuter,
en observant et en écrivant d'abord pour mon
usage avec toute l'attention dont je suis capable.

(*) Il n'est point de science où on ait mis autant d'empressement
à appliquer toutes les découvertes et tous les moyens qu'à la
médecine, quelqu'étrangers qu'ils aient pu être à sa nature. Il est
donc résulté pour les médecins la nécessité absurde de s'occuper
à devenir *savans universels*, et de perdre de vue les moyens de
se faire médecins *guérisseurs*.

Néanmoins, je crus qu'il falloit avant toute chose me rendre propre le génie et les principes d'un si grand plan, puisque je les trouvois dans la seule esquisse que je pusse encore prendre pour base et pour modèle d'une doctrine que je prévoyois devoir devenir nouvelle à bien des égards (*). Dès-lors je fis donc précéder mes recherches de l'observation méditée de la manière d'exister de l'homme dans tous ses divers rapports et dépendances, et dans tous les sens possibles, pour me former un plan dont je pusse déduire des résultats que je n'eusse plus qu'à justifier, selon le besoin qu'ils en auroient, et selon la manière dont ils pourroient l'être, soit par des expériences propres ou par des expériences étrangères à la nature de mon sujet, lorsque ces résultats seroient de nature à y être soumis, soit, enfin, par la voie des seules observations *naturelles* et des appréciations *intellectuelles*, plus fécondes et plus approfondies, lorsque ces résultats tiendroient de si près à des causes occultes ou organiques, qu'il fût impossible de les constater autrement. Mais lorsqu'il me vint

---

(*) Cette esquisse est l'immortel ouvrage d'Hippocrate qui traite des Airs, des Eaux, des Lieux; je n'ai donc eu d'autre motif en traduisant ce livre, que de le prendre pour première donnée de ma nouvelle philosophie médicale, et de développer les dépendances entre l'homme et l'atmosphère, dont les principes sont indiqués dans cet ouvrage, la plupart justifiés par les découvertes des chimistes modernes.

en pensée de disposer mon travail de manière à former un corps de doctrine propre à l'instruction, je me vis forcé de m'écarter entièrement des systèmes reçus dans nos écoles et dans nos livres, au risque d'être traité d'*igno-rant par les uns, et de novateur téméraire par les autres.*

Pour atteindre mon but, j'entrepris de fixer d'abord les principes des dépendances premières et principales qui existent entre l'atmosphère et l'économie de l'homme; je me déterminai donc, sans crainte de remonter trop haut, à examiner les rapports médiats et immédiats des phénomènes astronomiques, de géographie naturelle et de météorologie avec l'atmosphère; espèces de connoissances singulièrement recommandées par Hippocrate au médecin qui veut acquérir un mérite réel et complet dans son art, et également justifiées par l'observation naturelle et par le concours des principes de ces sciences avec ceux de la science du médecin (*).

Après avoir vaincu des difficultés imprévues dans cette nouvelle carrière (**), et avoir rattaché l'homme au système général dont il fait partie, j'entrepris de le développer lui-même

(*) Les erreurs de principe et de doctrine de l'astronomie atmosphérique, sur la distribution de la chaleur du soleil, formant la loi fondamentale de la gradation des températures. (Voyez ci-après, 2e. partie, *Astronomie atmosphérique.*

(**) Voyez page première de la traduction.

dans

dans l'ordre naturel de succession de ses phénomènes, pour faire mieux sentir l'organisation de l'économie dans son génie d'ensemble.

Alors cette nouvelle philosophie médicale
de l'homme vivant m'offrit insensiblement le
tableau de l'économie de l'homme dans un
tout autre ordre que celui où il nous est encore
présenté. Enfin, je parvins à me convaincre que
ce sujet devoit être traité par le concours des
méthodes d'analyse et de synthèse, parce que
cette manière de philosopher l'économie est
plus conforme à celle de la nature, et sur-
tout à l'état actuel de nos lumières sur cet objet, et aux progrès ultérieurs et définitifs qu'on
a droit d'y prétendre. En un mot, parce qu'il
me devenoit de plus en plus *évident*, je le répète, qu'il est plus naturel et plus utile de
rapprocher *maintenant* et de lier par une méthode sage les faits dont l'économie de l'homme
dépend, et ceux dont elle se compose, que
de surcharger de nouveau la science de spéculations ingénieuses, et même de l'enrichir
de quelques vérités nouvelles. C'est donc encore dans le génie d'ensemble et dans l'ordre
de succession naturelle des phénomènes de
l'économie, que je me propose de démontrer
l'histoire médicale de l'économie de l'homme
vivant. Je ne ferai point d'effort en ce moment
pour faire sentir la priorité de cette nouvelle
philosophie médicale et d'un cours ainsi

b

disposé, ce seroit trop peu présumer de la perception des lecteurs ; il suffira donc de présenter au jugement de l'homme éclairé le programme ou les idées générales organiques que je place ici comme preuve ou *ultimatum* concluant et définitif.

PROGRAMME,

Ou idées générales de l'organisation de l'homme, considérées dans l'ordre de succession naturelle des phénomènes de l'économie.

Génération.

L'agent de la vie est lancé, il vient de franchir la barrière qui s'opposoit à sa destination.

Conception.

Le moule plastique en est pénétré et s'*en* pénètre pour s'*en* organiser.

État ou vie parasite.

L'utérus l'incube, et par intermédiaire l'augmente, jusqu'à ce qu'il ait la force de recevoir et de prendre, d'un nouveau milieu, le principe de *suite* (le *spiritus alimentum*, le *pabulum vitae*) de son *agent vital* ; enfin il naît et respire pour *être*.

État, ou vie individuelle ou propre.

Sa propriété vitale entre en fonction, ses

dépendances premières et principales s'ou-*vrent* et se règlent par un double génie de rapport et d'action.

Enfance.

Le sujet s'alimente et s'étend par ses propres moyens, et le tempérament propre ou individuel prend son caractère essentiel.

Adolescence.

Il développe d'abord ses propriétés physiques, et successivement ses propriétés sensitives et rationnelles.

Virilité des deux sexes.

Enfin, il marche sensiblement à la perfection de la complexion commune et à la sienne propre.

Moment de perfection tempéramentale.

Arrivée au *solstice* de son être.

Premier degré de dégradation.

Rétrogradation en *force* et en *qualité* de la propriété vitale.

Les propriétés physiques et morales s'émoussent graduellement.

Vieillesse.

Tout marche sensiblement à l'*inanition* (*)

(*) Voyez la définition que je donne de ce mot dans les notes, *page* 102.

complète, en raison inverse ou réciproque du mouvement propre du développement individuel.

Décrépitude.

La masse s'affaisse, se refroidit.

Mort relative.

Un autre mode la ressaisit enfin, ainsique son agent vital.

Maintenant si on conçoit, comme je conçois moi-même, toute la nécessité et toute l'utilité des développemens dans l'ordre successif indiqué par cette espèce de chaîne de corollaires, je dirai avec le plus grand analyste (Condillac) : *Ce qui se conçoit dans son véritable génie exige peu de paroles dans la démonstration.* En un mot, tel est le mode général d'une nouvelle philosophie médicale de l'homme vivant, qui, développée dans l'ordre présenté, doit fournir des vues et des principes nouveaux, et sur-tout une force d'ensemble d'un caractère essentiel très-différent de celui que cette science a, en ce moment, dans nos écoles et dans nos livres.

Ce n'est donc pas sans quelque fondement qu'on regarde comme un roman dénué de son génie propre et de son intérêt naturel, tous les traités de physiologie qu'on nous a donnés jusqu'à présent pour l'histoire de l'homme.

vivant ; car on est obligé de remarquer qu'in-dépendamment qu'ils nécessitent un savoir universel pour être en rapport avec eux, la raison éclairée y cherche en vain l'ensemble naturel de l'homme et l'esprit de ce même en-semble. L'homme se reproduit, naît, vit et meurt dans la dépendance absolue du moyen universel. Voilà l'ordre successif absolu dans lequel tous les phénomènes de son système or-ganique *se déploient ;* il faut donc en faire l'histoire *développée* ou médicale dans cet ordre, ou le physiologiste n'embrassera ja-mais, et ne fera jamais embrasser à personne, l'idée de l'économie dans son génie commun et propre d'organisation d'une manière lucide, précise et utile, et le médecin ne s'en servira pas mieux dans la pratique de son art. En vain objecteroit-on *que cela nécessite des connoissances trop nombreuses et trop di-verses ; que ce plan est trop vaste ; que cette science devient par-là même au-dessus des forces de l'esprit humain ; que cela ne peut s'exécuter de la manière que je le conçois ; enfin, que ce sont des fictions singulières aux-quelles on ne doit pas s'arrêter, etc. etc. (*).* Je maintiens, au contraire, que s'il y a im-possibilité, elle résulte de l'insuffisance et des

______

(*) Je me propose de réfuter *particulièrement* ces opinions, lors-que le public éclairé aura porté son jugement sur le fond qu'on n'a point encore attaqué, faute des *moyens de le concevoir.*

vices de nos méthodes, de nos moyens et de notre perception, et non de la difficulté naturelle du sujet : mon arrêt est prononcé. Si donc, en suivant cet ordre, ma nouvelle philosophie médicale de l'homme vivant ne met pas à même de saisir le génie organique *naturel* de notre économie, j'aurai manqué mon but; mais dans tout état de cause, cela ne dispenseroit pas, plus habile que moi, de reprendre ce fil et de le suivre de nouveau au feu du génie et de l'observation *naturelle*, sur le même plan.

Peut-être a-t-il été utile à la science de traiter d'abord ce sujet par la méthode d'analyse et par les divers moyens de la physique expérimentale ; c'est ce que je ne dois pas discuter en ce moment; mais c'est l'ensemble organique *propre* du sujet que le médecin doit avoir sans cesse présent à l'esprit, dans tout son génie et dans tous ses différens rapports, lorsqu'il a à lui appliquer ses procédés le plus convenablement possible. C'est donc vers le meilleur choix des moyens qui doivent le conduire plus sûrement et plus facilement à ce but final, qu'il doit faire tendre rigoureusement tous ses efforts, et le premier pas à faire est de déposer toute prévention.

En disposant ainsi le plan de ma philosophie médicale de l'homme vivant, et celui du cours que je me propose d'en faire, on sentira aisément que j'ai été forcé de me soustraire aux différens systèmes d'instruction adoptés dans nos écoles et dans nos livres. J'ai également été obligé de bannir cette foule d'analogies parasites qui détruisent tout contact entre les rapports nécessaires, et par conséquent toute suite dans les idées essentielles : moyen qui découvre, comme le pensoit Bordeu, l'insuffisance de lumière et de perception, pour ne montrer que la vanité puérile du professeur (*). Enfin, je n'ai pu admettre ces *prédominances imaginaires dans l'état de santé*, renouvellées de la doctrine mécanique qui, sans la révolution, devroient déjà être fort avant dans la nuit des tems, non plus que ces distinctions, divisions et sous-divisions à l'infini, qui *disloquent* le sujet et qui en dessèchent le génie.

Néanmoins, en adoptant cette nouvelle forme de philosopher l'économie de l'homme vivant, je ne prétends pas me mettre à la portée de tous les degrés d'instruction ou de savoir ; certes, les hommes qui n'en seroient qu'aux premières notions ne pourroient tirer un très-grand fruit de ma nouvelle philosophie

(*) De Bordeu disoit que les physiologistes faisoient des efforts d'écoliers, en enseignant une science qu'ils étoient toujours à la veille de posséder. C'est sans doute ce qui lui faisoit demander souvent avec beaucoup d'impatience, lorsqu'il voyoit les annonces multipliées de cours de toute espèce : *Quand fera-t-on un cours de bon sens ?*

médicale de l'homme vivant, bien qu'elle eût pu les séduire d'abord par sa conformité avec l'ordre général naturel de succession des phénomènes de l'économie, qui s'exécute sans cesse sous leurs yeux; mais ce que je puis également assurer, c'est qu'il sera impossible, pendant long-tems, aux personnes qui n'ont que le singulier mérite de s'emparer des idées des autres, de développer ce sujet dans son esprit et dans ses principes propres. Car il faut bien dire à ces *metteurs en œuvre* (afin qu'ils le sachent) que leur imagination, quelqu'active qu'elle soit, ne suppléera jamais les vues et les principes fournis par les observations *naturelles*, faites dans *leur lieu natal, environnées des circonstances qui sont propres aux faits observés.*

Cependant je dois prévenir que sans intervertir l'ordre général que je me propose de suivre, je soumettrai la matière des leçons à un mode particulier, en faveur des personnes qui se destinent à la profession de médecin; en un mot, que je me *nivelerai,* autant que je pourrai, à l'horizon de tous les esprits, afin de répandre avec autant de rapidité, que l'urgence le requiert, le génie et les principes d'une doctrine de la plus haute importance dans la pratique de la médecine.

Je terminerai ce qui regarde plus particulièrement ma nouvelle philosophie médicale, en faisant remarquer qu'indépendamment que l'espèce de méthode synthétique que j'ai adoptée, m'a toujours maintenu plus près du génie d'ensemble particulier à l'économie de l'homme vivant, elle conduit encore plus naturellement et avec le moins possible d'hypothèses au rattachement de l'homme au système général de la nature. Cette méthode nécessite, il est vrai, une très-grande habitude de l'observation *naturelle* des phénomènes dans leur ordre de succession, et de leur appréciation dans les lieux et dans les circonstances qui leur sont propres ; mais je ne conçois aucun moyen raisonnable de se soustraire à cette obligation, car la plupart des phénomènes de la nature, tenant premièrement et principalement leur caractère essentiel de leur lieu natal et de toutes les circonstances qui les environnent, ils ne peuvent être valablement observés et appréciés, si ce n'est dans ces positions. C'est donc en vain que le savant de cabinet fait des efforts d'imagination pour apprécier le caractère des phénomènes particuliers à l'Asie, à l'Amérique, à l'Afrique, etc. s'il ne les a pas observés et appréciés lui-même dans ces lieux, il ne composera que des romans absurdes en en faisant l'histoire topographique médicale. Mais n'a-t-on pas quelque raison de s'étonner de l'étrange manie qui a saisi tous les médecins de France ?

A voir les topographies médicales que la plupart donnent des pays étrangers à eux et à nous, on croiroit qu'il ne leur restoit plus rien à observer dans leur propre pays ; on se tromperoit fort, car tel qui décrit avec confiance les phénomènes particuliers à l'Afrique où il n'est jamais allé, ignore la nature des causes premières et principales de l'endémie populaire, ou de la gale chronique de la basse Bretagne et des moyens de la détruire. Il est très-probable que si ces médecins s'instruisoient davantage et mieux des principes de l'astronomie atmosphérique, de la géographie naturelle et de la météorologie médicale, et qu'ils exerçassent leur génie aux observations *naturelles* et aux appréciations par approximation, ils se préserveroient de consacrer les résultats de leurs veilles à l'inutilité et à l'oubli.

Je ne descendrai point dans l'arêne pour défendre ma nouvelle philosophie médicale contre la routine intéressée et la médiocrité présomptueuse, ennemies nées de tous les progrès, et dont les craintes des réformes sont assez connues ; j'observerai seulement au génie éclairé, qu'il faut définitivement fixer les principes des dépendances premières et principales qui existent évidemment entre l'économie de l'homme et les grands phénomènes de la nature, qu'il faut encore en

développer les résultats et expliquer clairement les lois propres d'action de notre économie, et par-là même transformer notre spéculation physiologique actuelle en une *science
réelle*, qui puisse montrer une base féconde
et des principes applicables par eux-mêmes,
pour nous rendre maîtres des succès qu'il est
permis d'espérer dans l'art de guérir, et des
progrès ultérieurs et définitifs de la science.

Mais si nous mesurons encore l'utilité d'une
telle philosophie sur les inconvéniens qui résultent de ne pas la posséder, nous trouverons
que l'un de ces derniers est de mettre un
gouvernant sage et éclairé dans l'impossibilité
absolue de distinguer légalement le *médecin*
de *l'empirique*; car, je le demande au plus
formidable partisan de la doctrine du jour,
quel rang donner à une spéculation dont la
base est encore en problême, les principes
précaires et les appréciations conjecturales?
Quel rang et quel degré de confiance donner
au plus grand nombre des médecins qui la
professent dans cet état? Comment enfin établir un point de démarcation entre le *médecin*
et *l'empirique*, si vous ne pouvez distinguer
nettement la science *positive* ou *réelle* de la
spéculation *incertaine et illusoire?* En un
mot, quel moyen reste-t-il d'autoriser *légalement* la distinction désirée?

Pour être *mathématiquement* conséquent,

le gouvernant sage et éclairé sera donc forcé de répondre aux sollicitans de la démarcation : Connoissez mieux les dépendances et les lois propres d'action de l'économie de l'homme et ses divers modes d'organisation ; assurez et régularisez sur cette base les principes de l'art; mettez-vous dans la position de tout prévoir, de tout prédire, de tout apprécier (à la fraction près de l'impossible naturel); enfin, faites disparoître cette doctrine vague, arbitraire et hipothétique, qui fait encore de vos procédés un tâtonnement continuel, et qui ne présente que l'effrayante alternative de succès et de revers (dans une proportion incalculable); en un mot, constituez la médecine une science *réelle*, et je vous constitue *exclusivement* doctes médecins (*), autrement ne trouvez pas extraordinaire que je vous laisse dans l'état équivoque comme l'espèce de spéculation médico-pratique que vous professez, et dont le prestige scientifique qu'elle revêt ne peut me faire illusion (**).

De tout ce qui vient d'être dit que doit-on

(*) Faites-vous *doctes*, disoient au commencement du dix-huitième siècle les médecins aux chirurgiens de Paris, et vos prétentions aux prérogatives du doctorat seront fondées. *Par pari refertur.* La scène a changé, les choses au fond sont restées les mêmes.

(**) Si Molière revenoit, dit un satirique moderne, il ridiculiseroit bien moins la *nullité* de savoir des médecins du jour, que l'*inutilité* de sa surabondance; car ils savent tout, excepté ce qui leur seroit le plus nécessaire : *La connoissance des lois propres d'action de notre économie.*

conclure ? Que la base *mathématique* propre ou naturelle de la science du médecin (qu'on me passe la métaphore), la seule qui puisse la constituer *réellement telle*, c'est la connoissance précise et vraie de toutes les dépendances de l'économie de l'homme, et des lois propres d'action auxquelles elle est soumise ; qu'Hippocrate possédoit cette connoissance *intellectivement*, bien au delà des lumières de son siècle et de celles du nôtre ; qu'il nous en montre le génie, et qu'il nous en indique les principes dans sa doctrine des correspondances premières et principales de l'économie de l'homme avec les grands phénomènes de la nature, etc. ; qu'il faut revenir à ses principes pour les fixer, les régulariser, les étendre et en préciser les applications ; qu'il faut enfin déterminer la propriété organique de l'économie et ses lois propres, et par-là même fixer la nature et le caractère essentiels de la science, qui doivent servir de raison suffisante à la distinction *légale* des savans qui devront la professer *exclusivement*. Voilà sans doute de grandes vérités que les auteurs des divers plans d'organisation pour la médecine, en France, n'ont point eu le courage d'avouer, et que je ne dénonce ici que pour forcer la routine à un salutaire retour à une philosophie médicale de l'homme vivant plus naturelle et plus précise dans ses moyens et dans sa méthode.

Un obstacle non moins grand que le précédent, et qui en découle naturellement, doit être vaincu autant en lui-même que dans l'opinion à laquelle il a donné lieu. Cet obstacle est celui que forme les idiosyncrasies, ou les tempéramens propres ou individuels dont la doctrine, encore subsistante dans nos écoles et dans nos livres, est reconnue fausse et inadmissible (*).

Cet obstacle a été parfaitement senti par Galien, lorsqu'il dit que la connoissance parfaite des idiosyncrasies l'égaleroit à Esculape; ce que Valesius a rendu d'une manière à peu près semblable, en disant que cette connoissance suppose les lumières d'une nature angélique.

Cependant, c'est sur cette opinion suran-

(*) On préconise beaucoup en ce moment la théorie de *prédominance* des systèmes musculaires, sanguins, limphatiques et nerveux, consignée dans les premières pages du deuxième volume de l'*Essai sur les alimens*, par Lorry, publié en 1757, et remise sur le tapis par plusieurs professeurs. Je m'engage à prouver *mathématiquement*, et de toutes les manières, qu'il n'y a point de prédominance *réelle* d'aucun système de notre économie *dans l'état de santé ;* que toute prédominance *réelle* est un veritable état de maladie, et que cette théorie est une des bluettes, *une des fictions singulières* de la doctrine mécanique, *à laquelle on ne doit pas plus s'arrêter*, que l'auteur de cette dernière n'a jugé à propos de le faire lorsqu'il méditoit sur un plan d'économie animale (Boerhaave, *Inst. med.*) : au surplus, cette doctrine servira à prouver, comme beaucoup d'autres, qu'en tout tems on a fait des efforts pour plier les principes et les conséquences des observations au système qu'on embrassoit, et le peu de cas qu'on doit faire, en général, de ceux mêmes qui sont le plus accrédités.

née, qui ne pouvoit et ne peut encore rien préjuger contre les progrès de l'esprit humain, qui ne peuvent recevoir de bornes, que des savans médecins ont cru pouvoir avancer que *cette connoissance, dont la perfection seroit infiniment importante à la pratique de l'art de guérir, ne peut s'acquérir que par des approximations, et qu'elle nécessite une étude qui embrasse des objets trop divers et trop compliqués pour n'être pas au dessus des forces de l'esprit humain.* Malgré la circonspection que doit toujours imposer l'opinion des savans justement célèbres, je ne puis partager celle-ci avec le docteur Bathès (*) ; car indépendamment que je n'admets point de bornes au progrès de ce dernier, j'estime que, quel que soit le nombre et la diversité des objets, ils seront toujours reduits par la force du génie qui saura se créer la méthode propre à les philosopher et à les mettre dans leurs rapports organiques naturels.

Supposons, pour un moment, toutes les dépendances de l'économie bien connues, ainsi que ses lois propres d'action, ne sortiroit-il pas naturellement et rigoureusement une nouvelle manière de considérer l'homme dans l'état de vie, ce qui donneroit en résultat le moyen de préciser la complexion *la plus parfaite* de l'homme, autant qu'on peut la

____

(*) *Nouveaux élémens de la science de l'homme*, page 284.

trouver dans la nature, non dans des cas rares, imaginaires ou fugaces, mais dans des peuples entiers, encore à peu près dans les mains de la nature (*), chez lesquels l'économie se trouve réunir les conditions essentielles à la constitution parfaite, telles que le plus heureux développement humain, la santé la moins perturbable, la vie la plus longue; enfin, les propriétés physiques et morales les plus étendues et le plus avantageusement prononcées.

Je passe sous silence le moyen qu'on se donneroit par lequel on marqueroit toutes les différentes appréciations, pour former un résultat qui représentât à l'esprit le caractère propre du tempérament apprécié; de manière que la mémoire pût s'en charger, et qu'on pût même le transmettre sous ses véritables couleurs aux personnes qui n'auroient pas été à portée de l'observer elles-mêmes : en un mot, une mesure commune comparative. Je me tais, dis-je, sur ce point, il est trop aisé de sentir que ce moyen subsidiaire peut être facilement rédigé d'après les propriétés, une fois estimées, de la constitution parfaite.

(*) Les Géorgiens, les Circassiens et quelques autres peuples montrent l'économie, dans les deux sexes, généralement la plus complètement favorisée de la nature, tant au physique qu'au moral. Voilà le *neuvromètre*, la mesure commune comparative de toutes les dérogations ou tempéramens que les médecins doivent chercher à bien connoître par ses causes déterminantes et régulatrices.

Je

Je suis loin de vouloir insinuer que cette doctrine, ainsi dirigée, donneroit le signalement d'un tempérament individuel ou propre avec une justesse *mathématique*, cela étant impossible de sa nature, il seroit aussi imprudent de le promettre qu'absurde de le demander; mais seroit-on fondé à dire, vous n'êtes point arrivé à la perfection naturelle et possible des idiosyncrasies, parce qu'il est tel individu chez qui les yeux d'écrevisses produiront à peu près les mêmes effets que s'il prenoit de l'arsenic (*); que tel autre ayant une gangrène, elle ne pourroit être arrêtée que par le quinquina en substance, mais bien par sa décoction (**); que telle femme, qui aime les fleurs, ne pourra supporter la vue d'une rose, même en peinture, sans tomber en syncope (***); et une infinité d'autres que vous ne pourrez reconnoître (****). Que prouveroient, en effet, contre ma nouvelle doctrine des idiosyncrasies toutes ces singularités de tempérament individuel si fort éloignées de l'ordre commun? Rien sans doute, sinon que ce sont des exceptions qui ne peuvent se découvrir que par une expérience fortuite, et non par les moyens communs

(*) Observation de Gaubius.
(**) Observation de M. de Haën.
(***) Anne d'Autriche, femme de Louis XIII.
(****) Beaucoup d'observations de ce genre, rassemblées par Zimmerman.

d'observations, et qu'on ne peut encore rapporter à des vues générales ; que d'ailleurs la nature n'a pu mettre dans son plan les moyens de reconnoître toutes les déviations de tempérament de l'ordre commun, auxquelles des usages compliqués ou dépravés donneroient lieu. Mais si, d'un côté, je suis forcé de me soumettre à la loi des exceptions naturelles dans l'étude des phénomènes de l'économie de l'homme, de l'autre, je maintiens qu'on ne peut repousser une doctrine qui en resserreroit beaucoup le domaine ; en un mot, qu'on ne peut être reçu à préférer la doctrine des tempéramens encore subsistante, reconnue fausse et inadmissible, au préjudice d'une philosophie médicale, qui, tout au moins, nous rapprocheroit déjà davantage de la doctrine naturelle des idiosyncrasies.

Mais jetons un coup-d'œil rapide sur les résultats du manque d'une doctrine vraie des tempéramens, et apprécions son urgence par les fautes sans nombre dont la doctrine actuelle est journellement la cause.

Observons d'abord dans ces lieux où se rendent des naturels de tous pays, grevés de l'endémie ou de l'épidémie actuelle ; apprécions à leur juste valeur ces moyens banaux, ces lieux communs de pratique, cette méthode uniforme pour tous, dans lesquels les médecins sont encore forcés de se renfermer ; un tel état de choses ne prouve-t-il pas que ceux-ci manquent du principal moyen d'ajuster le remède et la méthode sur les nuances propres du tempérament et sur le caractère particulier de la maladie? Pourroit-on soutenir, contre tout génie et tout principe, que dans ce cas le Normand, le Provençal, le Champenois et l'homme des montagnes de l'Auvergne peuvent être sûrement traités de la même maladie, par la même méthode et par les mêmes remèdes? que ces foibles différences des idiosyncrasies ne peuvent faire décliner la banalité des moyens et des méthodes? Certes, les médecins qui pratiquent dans les hôpitaux sont trop observateurs pour professer des opinions que le moindre initié en médecine pourroit réfuter victorieusement. Portons maintenant nos regards sur la pratique civile; n'est-il pas évident que si on y portoit la connoissance des idiosyncrasies, le plus grand nombre éviteroit cette ridicule prestesse dans l'examen des malades et des maladies, et ces formules aveuglément somptueuses de médicamens chers, mystérieux ou rares, toujours en opposition avec l'à-propos? De tels procédés ne dénoncent-ils pas à l'observateur éclairé, bien moins la faculté de bien faire que l'empêchement absolu de faire le mieux possible? Mais un mal non moins grand, qui seroit à peine croyable pour qui en ignoreroit la source, et auquel la doctrine plus vraie des idiosyncrasies remédieroit, ce seroit de forcer la réunion des opinions par l'unité évidente des principes ; et de faire cesser la division entre les médecins et l'inquiétude des malades, qui, témoins de leurs disputes, les entendent se blâmer réciproquement.

Examinons si on peut être plus heureux dans les avis donnés à des malades que les médecins consultés ne connoissent point et ne peuvent voir, et dont l'histoire de la vie et le signalement tempéramental manquent toujours d'accompagner l'historique de la maladie. J'ai beaucoup vu de ces consultations, et j'en ai bien peu rencontré qui indiquassent que les consultans et les consultés se fussent occupés des remarques essentielles à la convenance précise des moyens de guérison, indiqués par le tempérament propre et le caractère particulier de la maladie ; conditions absolues de l'à-propos, sans lesquelles un homme de bien ne peut, selon Averroës, se permettre de pratiquer la médecine.

Enfin, nos observations ne requièrent-elles pas impérieusement une doctrine plus vraie et plus profonde des idiosyncrasies, pour devenir des modèles utiles ? J'adjure ici le praticien éclairé et de bonne foi de dire si les observations n'ont pas trompé souvent ses espérances, lorsqu'il devoit le plus compter sur leur secours ? Si le compte avoit été bien rendu dans le cas consulté , il n'eût pas trompé l'espoir ou fait errer le praticien. « En pareil cas, » vous avez rendu un arrêt tout opposé à ce- » lui que vous venez de prononcer contre » moi, représentoit un avocat à un premier » président; vous avez raison M. , répliqua » celui-ci , *mais non pas dans les mêmes cir-* » *constances* ». Croira-t-on avoir assez décrit, quand on aura dit : le sujet est robuste ou il est délicat ; il est de tempérament sanguin ou flegmatique ; la maladie est de telle ou telle nature, etc. De combien d'espèces et de nuances n'y a-t-il pas encore de ces tempéramens et de ces maladies ? Mais que seroit-ce si on vouloit faire converger vers ce point toutes les autres circonstances ? On ne tariroit pas sur ce sujet.

Pour terminer cet aperçu, rapprochons la connoissance des idiosyncrasies de celle de la physiognomonie, et apprécions l'utilité de leur réunion par les résultats de la meilleure *destination* des hommes aux sciences importantes, à la vie ou à la fortune des citoyens ; car avec tel tempérament on aura toujours tel genre de physionomie : le tempérament *pi-tuito - muqueux - sanguin* donnera toujours une physionomie Socratique (*). Nous arrivons tous sur la terre avec des facultés diverses, qui sont à la fois les instrumens de

(*) Le célèbre Lawater a parfaitement senti l'utilité de ce rapprochement.

notre bien-être et les moyens d'accomplir la destinée à laquelle la société nous appelle. Cette diversité de facultés résulte principalement de notre diversité d'organisation physique ; c'est une vérité qu'il n'est plus possible de révoquer en doute. Dès-lors pour résoudre le problème, le plus difficile peut-être des sociétés, qui consiste dans la meilleure *distribution* des hommes, ne doit-on pas posséder la connoissance *vraie* et *précise* des facultés propres de chaque tempérament ? Car si on doit considérer la société comme un vaste atelier, où il ne suffit pas que tous y travaillent, mais qu'il faille que tous y soient à leur place, sans quoi il y auroit opposition de force au lieu du concours qui les multiplie, ne reste-t-il pas incontestable qu'une connoissance *vraie* et *précise* du tempérament individuel ne soit la base absolue d'une meilleure *destination* à l'étude, et par-là même à un bon système d'instruction publique, et le premier des moyens pour y parvenir ? Or donc, un des grands inconvéniens qui résulteroit de ce vice de la base de l'instruction, seroit celui qu'on a pu déjà y remarquer ; c'est-à-dire, que parmi les élèves que la vanité des parens jettera dans les écoles, la plupart, parvenus à la fin des études qu'on y cultivera, n'en seront que moins propres aux divers états dont elles sont les préliminaires, parce qu'on aura usé de la liberté indéfinie de se destiner à un état pour lequel la nature aura refusé le génie propre.

Ce seroit peu sans doute si les torts ou dommages, résultans d'une mauvaise *destination* des hommes dans l'instruction se bornoient à eux ; mais nous sommes obligés, par la différente importance des applications et des résultats des professions, d'arrêter la liberté indéfinie de la *destination* à l'instant qu'elle va devenir un moyen de compromettre le salut des hommes et des choses. Qu'un homme *destiné* indiscrètement à la peinture ou aux lettres fasse un mauvais tableau ou un livre insignifiant, il ne s'ensuivra aucun dommage important pour la société ; mais qu'un défenseur ait le jugement faux, qu'un médecin n'ait pas le génie observateur, si savans d'ailleurs qu'on puisse les supposer, l'un et l'autre seront toujours des fléaux, pour avoir été *destinés* à des états pour lesquels la nature ne leur avoit accordé aucune *vocation*. De tels motifs peuvent-ils rester sans poids aux yeux de l'observateur éclairé, du législateur même ?

Enfin, parmi les opinions accréditées qu'il importe de réduire à leur juste valeur, il en est une qu'on affecte d'autoriser du sentiment du père de la médecine : L'art est long, la vie est courte : *Ars longa, vita brevis,* dit Hippocrate. Sans doute, lorsqu'on s'asservira exclusivement à une méthode et à des moyens les moins propres à approfondir le sujet et à le suivre dans son génie particulier, et qu'on perdra le tems à tourner dans un cercle étroit et vicieux, appuyé de principes précaires peu applicables par eux-mêmes, qui ne peuvent fournir qu'une sorte de certitude stérile, et qu'on se condamnera, pour ainsi dire, à ne pouvoir jamais saisir la *vérité première* qui doit constituer réellement la science, et que par-là même on manquera de se rendre maître des succès qu'il est permis. de prétendre dans l'art de guérir : sans doute, je le répète, la vie sera toujours trop courte pour parcourir la carrière de la science du médecin par ces voies détournées et incertaines. Il faut donc avoir recours à une méthode et à des moyens plus simples, plus naturels, et en tout plus convenables au génie et à la nature propres du sujet, et plus à la hauteur des lumières acquises et de la force du plus grand nombre des esprits. Alors l'art ne sera pas proprement d'une longueur *temporaire* excédante la durée de l'homme, comme on affecte de l'entendre, mais seulement laborieux par l'obligation absolue d'employer sans cesse le génie dans toutes ses opérations.

Je sais que la routine et la médiocrité redoutent et doivent redouter les méthodes et les moyens réformateurs, que semblables aux enfans incertains et tremblans, elles tiennent à l'habitude de se confier à leur lisière, et voudroient bien ne pas être obligées de la quitter ; mais indépendamment qu'une telle condescendance seroit condamnable et absurde, il faut reconnoître que le moment arrive enfin où les progrès ultérieurs des sciences naturelles exigent qu'on se crée des méthodes et des moyens nouveaux de les raisonner, de marcher même sous la conduite de ses seules prénotions *intellectives;* en un mot, que le génie est obligé d'aller chercher la vérité au-delà de la règle pour reculer les bornes de cette dernière, et que c'est singulièrement pour la science de l'économie de l'homme qu'il faut avoir recours maintenant à ces moyens ; mais il en est un de faire cesser toute crainte vaine, c'est de s'appuyer d'un principe certain, c'est-à-dire, de se bien convaincre que toutes les notions que nous donne le sentiment intérieur sont aussi certaines que celles dont la vérité est susceptible de preuves, qu'elles ne peuvent être données ni rejetées par le raisonnement, et qu'elles sont le seul moyen nécessaire et possible des démonstrations définitives dans les sciences naturelles, et que les esprits les plus difficiles en preuves seront toujours forcés de s'en contenter. Il ne s'agit donc que d'exercer davantage et mieux le génie aux observations naturelles et aux résultats de

l'intelligence, pour obtenir les secrets de la nature qui ne peuvent être saisis et prouvés par
l'expérience et le calcul (*). Car il est tems, enfin, de se désabuser entièrement de la prétendue utilité de l'ouverture des cadavres, où les
vérités, au milieu d'un chaos inextricable, ne
peuvent être arrachées au néant. Il est tems,
en un mot, de ne plus compter qu'à sa juste
valeur cet amas immense d'expériences faites
sans vues préalables, que les fourneaux, les
scalpels, les tubes et autres instrumens de la
physique expérimentale ont jusqu'à présent
fournies, et de se soustraire à l'asservissement
exclusif aux lois d'une science dont le génie
est si éloigné de celui que la nature emploie
dans ses opérations. « Sans doute, il y a bien
» quelque chose de mécanique, de chimi-
» que, etc. dans les phénomènes de l'écono-
» mie animale, dit un savant justement cé-
» lèbre, mais les lois d'action qui leur sont
» propres sont si transcendantes qu'il n'est
» pas permis de leur comparer celles des opé-

____

(*) C'est en vain que quelques personnes veulent faire croire que
les moyens probans des mathématiques sont applicables aux lois
propres d'actions des phénomènes de l'économie animale. Les
personnes sages et éclairées ne laisseront pas passer cette espèce de
charlatanisme qui, à force de vouloir *tout prouver ne prouve rien*, si
ce n'est l'*imperception* du point de démarcation entre les *possibles* et
les *impossibles* dans la science de l'homme. Portons le génie des
mathématiques dans nos appréciations des phénomènes de notre
action organique, mais renonçons à l'application de ses moyens
pour arriver à une justesse rigoureuse.

» rations des laboratoires sans une extrême
» circonspection (*) ».

Il me reste à dire quelque chose de la traduction que je présente et des changemens
que j'ai fait subir à ce livre d'Hippocrate.

Dès le moment que j'ai pu user de mon jugement en médecine, j'ai adopté irrévoca-
blement la doctrine d'observation naturelle
d'Hippocrate, et tous ses émules devinrent mes
principaux guides , sans rejeter néanmoins
les secours qu'on peut tirer de la doctrine
mécanico-spéculative de Boerhaave ; car je
ne crois pas que le mérite de l'observateur de
la nature doive exclure celui de savant phy-
sicien-chimiste : seulement , je pense que le
premier doit être sans cesse le régulateur du
second , lorsque celui-ci aidera quelquefois
à la justification des vues et des découvertes
de l'autre.

Il y a trente ans environ que je conçus le
projet de donner une traduction des œuvres
d'Hippocrate , et spécialement de sa physiologie , à laquelle personne ne me paroissoit
avoir fait attention. Des voyages longs et mul-
tipliés ne m'ont laissé que peu de tems pour
ce travail ; néanmoins je l'avançois toujours,
en même tems que j'acquérois davantage de

(*) Chaptal, *Élémens de Chimie :* livre qui devient de jour en
jour plus précieux aux élèves, en ce qu'il contient les seuls principes de la science, rapprochés dans un discours clair et concis.

lumières dans la classe des observations *naturelles*. La paix de 1783, en me rendant à moi-même, me laissa plus de tems : alors je repris cette tâche avec plus de suite ; mais lorsque je me préparois à donner la traduction du livre des *Airs*, des *Eaux*, des *Lieux*, la révolution me força de renfermer ce manuscrit avec tous les autres, jusqu'à ce que des temps plus propres aux sciences me permissent d'y revenir. Pendant ce tems, des médecins estimables préparoient dans le silence du cabinet des traductions complètes ou partielles des productions d'Hippocrate ; maintenant que leurs traductions sont dans les mains des lecteurs, je présente la mienne, non avec l'orgueilleuse prévention de les avoir surpassées, de les avoir même égalées, mais seulement parce que mon travail a eu un tout autre but que le leur, comme on a déjà pu en juger par ce que je viens de dire.

Cette traduction n'est donc qu'une esquisse formant un moyen d'introduction à la doctrine particulière de l'auteur, et de première donnée à ma nouvelle philosophie médicale de l'homme vivant : telle est la seule prétention que j'y attache. Néanmoins je ne puis taire les idées que m'ont fait naître les diverses traductions françoises que nous possédons des ouvrages du médecin de Cos, et que vraisemblablement beaucoup d'autres auront eues avant moi; c'est qu'en les lisant, on ne peut s'empêcher de croire que le génie et les moyens d'éloquence grecs sont absolument perdus pour nous, ou qu'ils ne sont pas de nature à être échangés par les nôtres, et transportés dans notre langue par ses locutions particulières, ou bien qu'il faut nous résoudre à beaucoup rabattre de l'opinion que nous avons de l'éloquence grecque, puisque les traductions en comportent si peu. Mais ayant trouvé la même disette dans les versions latines, je me suis déterminé à traduire librement, m'attachant seulement à rendre la pensée de l'auteur, et préférant toujours les choses aux mots; de sorte qu'il m'arrivera souvent de rappeller les premières, sans jamais me laisser commander par les derniers.

En considérant les ouvrages d'Hippocrate comme une philosophie médicale générale de l'homme vivant, j'ai estimé son traité des *Airs*, des *Eaux*, des *Lieux*, former le péristile de ce grand édifice, et spécialement les prolégomènes d'une physiologie sublime, en ce qu'il indique les dépendances absolues, premières et principales qui existent entre l'économie de l'homme et les grands phénomènes de la nature, et que par-là même il ouvre une carrière vaste et féconde d'où l'observateur doit nécessairement tirer les lois propres d'action de l'économie de l'homme, et spécialement cette propriété commune à laquelle toutes celles de ses différens systèmes viennent correspondre pour opérer l'action organique ou vitale la plus étendue et la plus admirable. C'est donc d'après ces vues que j'ai fait de ce livre le premier de tous ses ouvrages, et celui de ces traités de physiologie que je me propose de publier, ainsi que celui-ci, avec des notes théori - pratiques et un précis introductif particulier à chaque partie du sujet et à chacune de celle de ma nouvelle philosophie médicale de l'homme vivant.

Quant au livre des *Airs*, des *Eaux* et des *Lieux* qu'on va lire, je l'ai divisé en six chapitres. Dans le premier, où l'auteur m'a paru jeter un coup - d'œil sur toute la nature et marquer les grands points de division de son livre par ceux de cette dernière, indiquant encore l'ordre de succession naturel des phénomènes comme celui dans lequel il va en traiter, j'ai marqué ces points par des paragraphes. Dès le premier pas, il indique les premières causes dont l'économie dépend premièrement et principalement, et la méthode à suivre pour faire toutes les observations subséquentes plus développées.

Le second chapitre a pour objet es *Saisons* et les *Vents*. Je me suis permis cette transposition, 1°. parce qu'elle est commandée par l'auteur dès les dernières lignes du premier chapitre , et les premières du second que j'ai soulignées en raison de cela ; 2⁰. parce que la méthode de l'auteur est de donner presque toujours pour plan à ses digressions, l'ordre de succession des phénomènes qui lui est indiqué par la nature ; méthode que j'ai employée pour coordonner tous ses ouvrages, j'ai ajouté à ce chapitre un morceau tiré du livre intitulé *De la nature de l'homme*, comme étant plus propre à mon sujet.

Le troisième chapitre comprend les *Eaux*. C'est avec grande raison qu'on a introduit ce morceau dans ce livre ; c'est peut-être un des changemens faits dans les ouvrages de notre auteur qui soit le plus dans l'esprit de ses vues et de sa méthode de philosopher.

Le quatrième chapitre traite des *Lieux* en général , considérés spécialement dans leurs aspects particuliers au soleil , à l'habitude de régner des vents, à la nature propre des eaux, et dans les affections plus particulières aux habitans , relativement à toutes ces choses et à leur tempérament propre. J'ai cru devoir rendre encore à ce chapitre un fort long morceau, relatif aux aspects des sites et à la qualité des sols en général , que l'on trouve au commencement du deuxième livre du *Régime*. Je n'ai point assez présumé de moi pour faire beaucoup d'autres additions et changemens de ce genre , que je crois aussi nécessaires qu'utiles ;

c'est le tems qui m'apprendra ce que je pourrai entreprendre dans la suite. Car c'est une mine fort riche, qui a été trop long-tems délaissée, pour espérer y ramener facilement le goût et le génie : au surplus, si j'étois assez heureux pour m'être trompé dans cette conjecture, je suis prémuni sur le fond de manière à préparer la carrière sur tous les points.

Le cinquième chapitre a pour objet la contemplation de l'*Asie*, et le sixième celle de l'*Europe*, dont l'auteur fait un parallèle à certains égards. Ce n'est au fond que la description de faits hors de l'ordre commun, les uns produits par l'influence de la température, les autres par les usages, pour servir à prouver avec plus de force la doctrine des deux ordres de dépendances. Cette partie, que l'auteur avoue lui-même n'avoir traitée qu'en général (*De Europa igitur et Asia in genere ac toto, sic se res habet*), laisse à désirer une plus grande perfection comme parallèle, et de plus grands détails comme exemple particulier. Enfin, j'ai subdivisé tout le livre en vingt-quatre paragraphes capitaux, pour faciliter les renvois aux notes. Quant à celles-ci, je les ai placées à la fin de l'ouvrage pour éviter la bigarrure fatigante à la lecture ; je les ai faites aussi courtes que j'ai pu, préférant placer dans l'introduction bien des choses qui y deviendront utiles, et qui

seroient

seroient entièrement perdues pour l'instruction dans des notes, y étant trop isolées pour frapper profondément l'esprit et la mémoire.

Le même esprit préside à l'ordre du Précis introductif que l'on va lire ; en dire plus seroit oiseux.

CHAPITRE II.

CONSIDÉRATIONS générales sur les dépendances premières et principales entre l'économie de l'homme et les phénomènes d'astronomie atmosphérique, de géographie naturelle et de météorologie médicale, dans lesquelles on fixe les principes de cette dépendance.

Tous les êtres et tous les phénomènes de l'univers sont évidemment liés dans un système de causes et d'effets qui les tiennent dans une *dépendance mutuelle.* Telle fut sans doute la loi ou la pensée élémentaire de l'auteur de toutes choses, que le mouvement imprimé à l'inertie de la masse générale développe et combine sans cesse dans le génie particulier du mode immuable de la nature de chaque être et de chaque phénomène.

L'homme, l'un des êtres le plus admirable de la nature, qui se reproduit, naît, vit et meurt, partie intégrante de ce système, en est, comme tous les êtres organisés et vivans, modifié dans son mode particulier d'organisation par un double génie de rapport et d'action.

Cet être, trop supérieur à lui-même par son intelligence, ne voulut pas borner les facultés de cette dernière aux seules vérités d'observation naturelle; il chercha donc à connoître plus particulièrement, par des raisonnemens, son principe de vie : sa vanité lui fit d'abord admettre qu'il le tenoit immédiatement, et par privilége, de la divinité ; cependant, fatigué d'abstractions et de vains raisonnemens sur une cause que rien n'indiquoit fortement à sa raison et à ses sens, il revint à l'étude des causes physiques plus à sa portée, dont il résulte évidemment, et de celles dont il *dépend encore rigoureusement*, qui l'étendent et le modifient sans cesse.

Rien n'a tant occupé les savans de tous les âges que le principe et les moyens élémentaires de la génération de l'homme, les dépendances de son économie, la nature et la manière d'être et d'agir de son principe de vie ; enfin, le mécanisme naturel de son organisation. Les anciens pensoient généralement que le principe de vie est un feu sublimé, l'*éther*, un *esprit aliment* (spiritus alimentum) qui, dans l'homme *à produire*, est contenu dans les liqueurs séminales, et que l'homme *né* en puise le principe de *suite* dans l'atmosphère ; ils attribuoient encore à ce dernier la faculté de développer, d'étendre et de modifier premièrement et principalement l'économie et l'organisation de l'homme (*); enfin, ils ne regardoient avec Hippocrate, père de cette doctrine, que comme causes secondaires les alimens, les usages, les lois, etc. auxquelles ils n'attribuoient encore que des effets peu solides dans leurs influences (**).

Peu d'entre les modernes sentirent avec Sthaal que la donnée naturelle et absolue de la science de l'homme sain devoit être la connoissance profonde et précise des dépendances de son économie des causes premières, et que cette connoissance de l'économie, en santé, devenoit à son tour la donnée de l'état de maladie ; aussi peu entrèrent dans les vues et les principes du philosophe de Cos et du médecin Allemand. Le plus grand nombre des

(*) Il est évident qu'Hippocrate avoit senti, par la seule voie de l'observation naturelle, la présence dans l'air du principe *éthérien*, ou du gaz oxygène. Pour se convaincre de cette vérité, il ne faut que lire avec attention son livre *de Flatibus*, dont j'ai inséré un morceau dans la seconde partie de ma traduction des livres de sa physiologie. Je ne faispas difficulté de dire qu'en le lisant on croira qu'il est écrit par un chimiste moderne.

(**) *Quod ægrè immutatur, ægrè consumitur ; quod facilè apponitur, facilè consumitur* (*de Alimento*). Ce qui s'animalise lentement jette des racines profondes très-difficiles à détruire ; ce qui s'interpose facilement, au contraire ne fait que des impressions plus ou moins éphémères.

modernes imaginèrent que la vie et tous les phénomènes de l'économie résultoient d'un fluide indépendant, en circulation dans les nerfs. Les uns virent l'homme résulter d'un être vermiforme, contenu dans la semence du mâle ; les autres crurent l'avoir saisi dans des œufs appartenant à la femelle ; l'un d'entre eux, en se rapprochant davantage de la doctrine des anciens, l'attribua à des molécules organiques ; un autre, enfin, imagina que le mécanisme de l'économie de l'homme s'opéroit par les mêmes moyens et d'après les mêmes lois que ceux de la mécanique, de la physique, de la chimie, etc. Mais tant d'efforts et de dépenses d'imagination, faits jusqu'à ce jour, ayant paru stériles et ne produisant pas les lumières sûres et vraies que leurs auteurs en avoient promis, beaucoup reviennent à la doctrine des anciens, et notamment à celle d'Hippocrate, qui indique d'abord les phénomènes astronomiques et atmosphériques comme causes médiates ou immédiates, premières et principales des phénomènes de l'économie ; de la manière à peu près que nous le concevons aujourd'hui au moyen de nos sensations et de nos analogies physiques, etc. Mais la plupart (et ce sont les astronomes) soutiennent qu'il est impossible que les astres, aussi éloignés qu'ils le sont, puissent avoir quelque influence sur nous, et encore moins produire aucun effet sur les corps qui sont au-dessous d'eux ; d'autres au contraire (et ce sont les physiciens) maintiennent que les astres ont une action sensible et suivie de mouvement et de pondérance sur tous les corps organisés qui gissent à la surface du globe, et notamment sur l'économie de l'homme. Mais les uns ne pouvant imposer au mouvement et à l'être électrique universel la loi des distances, et les autres ne fixant point les principes de cette action, il ne résulte encore de cette controverse que des doutes et de l'ignorance sur la dépendance en question, et sur les autres vérités formant les seules bases réelles de la physiologie ou de la philosophie médicale de l'homme vivant. Tâchons de faire quelques pas utiles dans cette carrière importante, en fixant d'abord, autant qu'il sera en notre pouvoir, les principes d'action des premières causes relativement à l'économie de l'homme, pour en établir enfin la dépendance première et principale d'une manière incontestable.

Une vérité, que je crois clairement démontrée, c'est que la force organique de l'univers se compose des propriétés simples de mouvement et d'inertie ; propriétés qui, balancées l'une par l'autre, maintiennent encore toutes les parties d'un système naturel quelconque dans une action immuablement égale et réciproque.

Si donc rien ne peut altérer cette vérité première, il devient incontestable que le mouvement est la propriété identique du calorique, quelle que soit d'ailleurs sa cause et même sa nature, comme l'inertie est celle de la matière. Enfin, qu'il résulte encore que chacune de ces propriétés premières fournit une classe de propriétés de sa nature. On verra donc les propriétés analytiques appartenir au mouvement caloristique, et les propriétés synthétiques à l'inertie matérielle. Ces deux ordres de propriétés actives ne sont point isolés dans la nature; cette dernière décompose sans interruption en construisant, et *vice versa* elle se fait donc une méthode propre d'action de la combinaison de ces deux ordres opposés de propriétés actives; de sorte qu'il faut encore suivre avec une grande attention leur génération successive, si on veut les bien apprécier dans leurs diverses combinaisons et dans leurs lois propres. Je me borne ici à indiquer cette chaîne méthodique d'action de la nature, pour passer à un fait qui y prend son principe.

Si donc le mouvement est la propriété identique du calorique, et que le calorique soit la cause du mouvement universel, il doit suivre rigoureusement que tout milieu qui devient le lien, l'aliment, le modificateur et le régulateur de cet être encore inconçu, en sera mu par un double génie de rapport et d'action, qu'il en sera développé, modifié, détruit même; enfin, que le milieu manifestera des priétés inhérentes à sa nature et aux divers modes des parties qui le composent, qui ne se fussent jamais développécs sans la double propriété du calorique. Par exemple, l'*irritabilité* (*) n'est-elle pas une propriété de la substance animale dans l'état de vie sévèrement subordonné à la propriété motrice du calorique ? Toutes les observations naturelles démontrent cette vérité, l'expérience la constate. Car l'irritabilité se reproduit dans son entier, même long-tems après la mort, pourvu que le milieu, qui dans l'état de vie servoit de lien au calorique, se trouve encore dans un état propre à rendre le mouvement qu'on lui en communique de nouvcau. Dans cet état de choses, on voit encore que l'agent vital ne paroît pas avoir besoin de circuler pour exécuter tous les phénomènes de l'économie de l'homme. Le calorique n'a donc besoin de trouver dans l'économie qu'un milieu avec lequel

(*) Par les expressions *sensibilité*, *irritabilité*, *contractilité*, etc. on ne voit pas encore quelle est l'espèce de propriété ou de faculté que les physiologistes entendent désigner; et quand on a lu la définition qu'ils en donnent, on la conçoit encore moins; car que peut-il résulter de ces expressions, si ce n'est de dire que nos parties ont l'aptitude au mouvement : et que peuvent faire pour l'explication physique de l'économie animale, dans tel état que ce soit, toutes ces abstractions ? N'est-ce pas toujours substituer des qualités occultes à des causes physiques qu'il faut chercher et établir ?

il puisse se combiner, et des organes doués d'une propriété particulière et commune pour que tous existent, se meuvent, se développent, se correspondent, se suppléent et s'unissent ensemble par un double génie de rapport et d'action. Mais ne sont-ce pas ici les élémens qu'Hippocrate reconnoît et indique, lorsqu'il dit dans son livre des *Alimens* : *Il y a plusieurs sortes d'alimens dans l'homme, mais on en remarque un qui réunit en lui tous les genres, et qui se divise en espèces, en raison de l'humidité et de la sécheresse ; d'où il suit que ces espèces sont de plusieurs sortes en raison de leurs forces propres, et en raison de la nature des parties qu'elles ont à alimenter* (*) ? Ces vues ne sont-elles pas en quelque sorte constatées par celles de Newton, consignées dans la vingt-quatrième de ses

---

(*) *Alimentum et alimenti species, unum et multæ. Unum quidem, quatenus genus unum, species verò humiditate et siccitate circumscribitur, in hisque formæ, et quantitas inest, et ad quædam et ad tanta referuntur.* Il est extrêmement important de remarquer que l'auteur de ce passage ne donne pas ici au mot *aliment*, l'acception bornée et matérielle que nous lui donnons ; qu'il le prend bien plus dans l'acception de *principe de vie*, d'*agent vital* ; ainsi que je le développerai dans les notes qui accompagneront ma traduction du livre *de Alimento*, l'un des plus profonds, des plus riches de génie, mais des plus obscurément écrit par rapport à nous, sur-tout quand on voudra tenir sévèrement les expressions d'Hippocrate au niveau des acceptions des nôtres. Avec la science des mots on traduit les mots ; mais avec ce savoir, il n'est que trop commun de voir que le génie des choses ne les suit pas, et que ces dernières même nous échappent.

questions, où il parle du rapport naturel des nerfs, et de leur action avec la nature et les propriétés de l'être électrique ? Enfin, n'est-il pas probable qu'ils ont été conduits l'un et l'autre à cette idée, par la suite observée de la chaîne des propriétés du *mouvement caloristique*, et de celle des propriétés de l'inertie matérielle dans leur ordre de combinaison ? C'est ce que je me propose de developper ailleurs.

Maintenant qu'il n'est plus possible de séparer l'idée de mouvement de celle de calorique, il faudra donc voir tout développement de propriété des corps organisés et vivans en résulter par un double génie de rapports et d'actions. Enfin, tel est l'un des grands principes sur lequel reposent les dépendances premières et principales, encore plus senties que démontrées, entre l'homme et les phénomènes d'astronomie atmosphérique, de géographie naturelle et de météorologie médicale, dont on doit préalablement prendre une idée juste par les faits ou les observations naturelles. Mais pour marcher à ce but avec plus de succès, il convient de prendre d'abord des idées précises de la propriété de la pesanteur, et de la voir balancer celle du mouvement dans les grands phénomènes de la nature ; cependant, comme il est souvent arrivé que les conjectures les plus ingénieuses ont été démenties par l'observation et par l'expérience, il est important, pour ôter toute espèce de crainte et même de soupçons sur toutes les vérités dont je vais parler, de prévenir qu'il ne s'agit pas ici d'un système plus ou moins ingénieux, au moyen duquel on explique tout plus ou moins arbitrairement, et sur-tout selon ses vues particulières ; mais qu'il s'agit d'abord d'un principe clair et précis, dont l'existence est démontrée par des observations multipliées et incontestables, et dont la plupart dérivent par une série de raisonnemens géométriques, qui détruiroient irrésistiblement ce principe, si ces phénomènes différoient en eux-mêmes de ce qu'ils se montrent.

En examinant ce qu'on pouvoit dire sur la force de gravitation ou de pesanteur des corps célestes, qui pût être le plus à la portée de toutes les perceptions, je n'ai rien vu au-dessus de ce qu'a écrit le citoyen Laplace sur ce sujet dans sa *Théorie du mouvement et de la figure des Planètes*, où il présente, en peu de mots, un tableau des idées les plus saines et les plus grandes que l'on ait eues sur cet objet : c'est ce morceau que je transcris ici pour la plus grande partie.

« La pesanteur s'étend à l'infini dans l'es-
» pace, en diminuant dans la raison du carré
» des distances au centre de la terre. Cette

» diminution est presque insensible au som-
» met des plus hautes montagnes, dont l'élé-
» vation est toujours fort petite relativement au
» rayon du globe terrestre ; mais à la moyenne
» distance de la lune, qui, suivant les obser-
» vations de sa parallaxe, est à peu près
» soixante fois plus grande que ce rayon, la
» pesanteur est trois mille soixante fois moin-
» dre que sur la terre. Un calcul très-simple
» fait voir que la pesanteur, ainsi affoiblie
» par la différence, est en équilibre avec l'ef-
» fort que fait la lune à chaque instant pour
» s'éloigner, par la tangente, de son orbite.
» Ainsi le mouvement de ce satellite, dans un
» orbe presque circulaire, est le résultat d'une
» force primitivement imprimée et de l'action
» continuelle de la pesanteur. Sans la résis-
» tance que l'atmosphère oppose au mouve-
» ment des corps, un projectile, lancé hori-
» zontalement du sommet d'une montagne,
» avec une vitesse d'environ quatre cent mille
» soixante toises par secondes, deviendroit un
» satellite de la terre. Cette vitesse excède con-
» sidérablement celles que nous pouvons pro-
» duire ; et les corps projetés à la surface de
» la terre, avec des vitesses beaucoup moin-
» dres, décrivent, en vertu de leur pesan-
» teur, de petits arcs elliptiques qui se con-
» fondent sensiblement avec des paraboles....
    » La figure sphérique de tous les astres

» indique visiblement qu'à leur surface, com-
» me à celle de la terre, les corps sont *ani-*
» *més par la pesanteur;* et tous les phéno-
» mènes célestes déposent en faveur d'une
» gravitation universelle, proportionnelle aux
» masses, et réciproques au carré des dis-
» tances. Le soleil, dont la masse est beau-
» coup plus grande que celle des autres corps
» de notre système planétaire, les entraîne
» autour de lui dans des ellipses dont il oc-
» cupe un des foyers. Les carrés des tems de
» leurs révolutions sont comme les cubes de
» leurs moyennes distances à cet astre : et les
» aires que trace le rayon vecteur mènent de
» son centre à celui de chaque planète, sont
» proportionnelles au tems employé pour les
» décrire. . . . .

» Puisque tous les corps célestes pèsent vers
» le soleil, cet astre doit peser à son tour
» vers chacun d'eux, suivant cette grande *loi*
» *de la nature qui balance les actions de*
» *toute espèce, par des réactions égales et*
» *contraires.* Les planètes pèsent également
» vers leurs satellites, et généralement vers
» tous les corps qu'elles attirent. On doit donc
» considérer toutes les molécules de la nature
» comme les foyers d'autant de forces attrac-
» tives proportionnelles aux masses, et réci-
» proques aux carrés des distances. Les mou-
» vemens célestes étant le résultat de ces forces

» et de forces primitives, la multiplicité des
» attractions rendroit la détermination de ces
» mouvemens impossible, sans une circons-
» tance heureuse qui a lieu dans notre système
» planétaire, et qui tient au rapport des masses
» et distances des différens corps qui les com-
» posent. Leur disposition est telle que cha-
» cun est sollicité par un force considérable,
» et par de petites forces qui ne font qu'alté-
» rer un peu ses effets. Ainsi, la masse du
» soleil, étant excessivement grande relati-
» vement à celle des planètes et des comètes,
» ces corps se meuvent *à peu près* comme s'ils
» n'obéissoient qu'à leur pesanteur vers cet
» astre ; et les mouvemens des satellites au-
» tour de leur planète principale seroient con-
» sidérablement troublés par une attraction
» aussi puissante, si la proximité de la pla-
» nète ne rendoit pas cette attraction à peu
» près égale à celle que le soleil exerce sur la
» planète elle-même. On peut donc, dans la
» recherche des mouvemens célestes, ne con-
» sidérer d'abord que l'effet de la force prin-
» cipale, et déterminer ensuite, par des ap-
» proximations successives, les effets des
» forces perturbatrices. . . . . .

   » C'est ainsi que les géomètres de ce siècle
» ont déterminé les inégalités nombreuses de
» la lune et des satellites de Jupiter. La lune,
» sollicitée par une double pesanteur vers le

» soleil et vers la terre, les satellites de Jupi-
» ter, soumis à son action, à leur attraction
» réciproque, et à celle du soleil, ne décri-
» vent point des ellipses constantes autour de
» la planète principale : la portion de leurs
» nœuds et de leurs apogées, l'inclinaison de
» léurs orbites, leurs excentricités, leurs
» grands axes varient sans cesse. La théorie
» a non-seulement donné, sur toutes ces iné-
» galités, des résultats conformes aux obser-
» vations ; mais en les faisant mieux connoître,
» elle a fourni les moyens d'en dresser des
» tables précises. Les mêmes inégalités s'ob-
» servent, quoique d'une manière moins sen-
» sible, dans les mouvemens des planètes,
» principalement de Jupiter et de Saturne....
» L'analogie nous porte à croire que l'action
» du soleil n'est pas renfermée dans les li-
» mites du système planétaire, et qu'elle
» s'étend jusqu'aux étoiles, en sorte que
» tous ces astres sont soumis à la loi géné-
» rale de la pesanteur. La distance immense
» qui les sépare affoiblit leur action mutuelle
» et rend leurs mouvemens presque insen-
» sibles.......

» Les phénomènes que nous venons d'ex-
» poser sont indépendans de la figure et de
» la constitution intérieure des corps célestes ;
» ils tiennent aux mouvemens respectifs de
» leur centre de gravité : l'attraction univer-

» selle produit encore des effets très-remar-
» quables dans les mouvemens de leurs parties
» autour de ces centres et dans leurs figures.
» La pesanteur, à la surface des astres, est
» le résultat des attractions de toutes les mo-
» lécules : ces attractions combinées avec la
» force centrifuge de leur vitesse de rotation,
» leur donne une figure elliptique applatie, et
» font croître la pesanteur de l'équateur aux
» pôles, proportionnellement au sinus de la-
» titude. L'hétérogénéité des parties qui sont
» à leur surface peut altérer ces lois; mais,
» au milieu de toutes ces inégalités qui en ré-
» sultent à la surface de la terre, on recon-
» noît toujours l'empreinte d'une figure et
» d'une loi de pesanteur, régulières et con-
» formes à la théorie de la gravitation uni-
» verselle. L'action des corps étrangers sur les
» fluides qui recouvrent les astres doit y ex-
» citer des oscillations continuelles, et faire
» varier à chaque instant leur figure. Ce phé-
» nomène s'observe sur la terre, sous le nom
» de *flux et reflux de la mer.* Il a la cause
» dans l'action du soleil et de la lune sur les
» eaux de l'océan; et comme la position res-
» pective de ces deux astres est assujétie à des
» variations périodiques, remarquables par
» les phases de la lune, les lois des oscilla-
» tions de la mer doivent être relatives à ces
» phases, ce qui est conforme aux observa-

» tions de tous les tems. L'atmosphère éprouve
» des changemens semblables, mais trop peu
» sensibles pour avoir encore été déterminés…
» Si le corps étranger qui attire un astre ré-
» pond constamment au-dessus du même point
» de sa surface, son action influe d'une ma-
» nière constante sur la figure de l'astre qu'il
» attire. Telle est la position de la terre rela-
» tivement à la lune, et l'on a quelque rai-
» son de soupçonner que la même disposition
» a lieu généralement entre les planètes et
» leurs satellites. Il en résulte un allongement
» dans le diamètre des satellites, qui, prolon-
» gé, va rencontrer le centre de la planète
» principale.

» Ces légères ellipticités de la figure des
» corps célestes, les empêchent de s'attirer
» aussi exactement que si leurs masses étoient
» réunies à leurs centres de gravité. Les ré-
» sultats de leurs attractions mutuelles pas-
» sent à une petite distance de ces astres, et
» font un peu varier leurs mouvemens de ro-
» tation et la position de leur équateur. Cette
» cause produit, par rapport à la terre, les
» deux phénomènes connus sous le nom de
» *précession des équinoxes,* et de *nutation*
» *de l'axe terrestre.* Par rapport à la lune,
» elle fait coïncider le moyen mouvement de
» rotation de ce satellite avec sa révolution
» moyenne autour de la terre, et la position
» des

» des nœuds de son équateur avec ceux de son
» orbite.

» Mais un résultat très-important, et qui
» tend à maintenir l'ordre de cet univers, c'est
» qu'au milieu de toutes les perturbations que
» les corps célestes éprouvent en vertu de leur
» action mutuelle, leurs moyens mouvemens
» de *rotation* et de *révolution* sont inaltérables
» dans les hypothèses reçues sur l'action de la
» pesanteur......

» Tel est le précis des découvertes que
» Newton et les géomètres de ce siècle ont
» faites dans l'astronomie physique. Si on
» compare la grandeur des objets qu'elle em-
» brasse avec la petitesse de l'homme et celle
» du globe qu'il habite, la grande vérité des
» phénomènes célestes avec la simplicité de la
» loi dont ils dérivent ; si l'on considère d'ail-
» leurs la profondeur des méthodes qu'il a
» fallu inventer pour soumettre ces phéno-
» mènes à l'analyse, et l'accord toujours cons-
» tant des résultats du calcul avec les obser-
» vations, on sera forcé de reconnoître qu'au-
» cune autre science ne fait autant d'honneur
» à l'esprit humain. Dans l'ignorance de la
» vraie constitution de cet univers, l'homme,
» séduit par les illusions des sens et de l'a-
» mour-propre, s'est regardé long-tems comme
» le centre du mouvement des astres, et son
» orgueil a été puni par les vaines frayeurs

» qu'ils lui ont inspirées, en faisant tomber
» le voile qui lui cachoit le système du monde;
» il s'est vu loin du centre de l'univers, placé
» sur une planète presque imperceptible dans
» la vaste étendue du système solaire, qui lui-
» même n'est qu'un point imperceptible dans
» l'immensité de l'espace. Mais les connois-
» sances sublimes auxquelles on est parvenu
» sur ces grands objets, sont bien propres à
» le consoler du peu de place qu'il occupe
» dans la nature. Il ne s'agit point ici de sys-
» tèmes enfantés par une imagination bril-
» lante, et démentis par l'expérience. Les
» résultats que nous venons de présenter sont
» appuyés sur les deux bases des connoissances
» humaines, l'*observation* et le *calcul*, et le
» tems ne fera qu'ajouter aux preuves qui les
» établissent.

» On peut accroître de deux manières la
» probabilité d'une théorie; 1°. en diminuant
» le nombre des hypothèses sur lesquelles elle
» est fondée; 2°. en augmentant le nombre
» des phénomènes qu'elle explique. Or, le
» principe de la pesanteur a procuré ces deux
» avantages à la théorie du mouvement de la
» terre...... Pour expliquer les mouvemens
» de la terre, Copernic admettoit trois mou-
» vemens *distincts* dans la terre..... Le prin-
» cipe de la pesanteur les fait tous dépendre
» d'un seul mouvement imprimé à la terre

» dans une direction qui ne passe pas par son
» centre d'inertie. . . . . .

» La découverte de ce principe a donc ré-
» duit, au plus petit nombre possible, les sup-
» positions sur lesquelles Copernic fondoit sa
» théorie. Elle a d'ailleurs l'avantage de lier
» cette théorie à tous les phénomènes astro-
» nomiques. Sans elle, l'ellipticité des orbites
» planétaires, les lois que les planètes et les
» comètes suivent dans leurs mouvemens au-
» tour du soleil, leurs perturbations, les iné-
» galités nombreuses de la lune et des satel-
» lites de Jupiter, la précession des équinoxes,
» la nutation de l'axe de la terre, la libration
» de la lune ; enfin, le flux et le reflux de la
» mer ne seroient que des résultats isolés entre
» eux. C'est une chose vraiment digne d'ad-
» miration que de voir des phénomènes aussi
» disparates dériver tous d'une même loi qui
» les enchaîne au mouvement de la terre ; de
» manière que ce mouvement étant une fois
» admis, on est conduit par une suite de rai-
» sonnemens géométriques à l'explication de
» la cause de ces phénomènes. Chacun d'eux
» fournit donc une preuve de son existence ;
» et si l'on considère que ce ne sont point de
» ces phénomènes particuliers, qui laissent
» toujours lieu de douter si quelque effet, non
» observé, ne démentiroit pas la théorie qui
» les explique, mais qu'il s'agit de la position

» et des mouvemens des corps célestes à cha-
» que instant et dans tous leurs cours ; il sera
» impossible de se refuser à l'ensemble de ces
» preuves, et de ne pas convenir que rien
» n'est mieux démontré dans la philosophie
» naturelle que le mouvement de la terre et la
» loi générale de la pesanteur en raison des
» masses, et réciproque au carré des dis-
» tances ».

Maintenant, examinons ces deux élémens de l'action organique de l'univers dans leurs résultats séparés, pour avoir la raison de leur réunion organique. Le mouvement extrême du calorique, dans la nature, ou dans l'état de vie organique, ne nous donne que des preuves inductives dans de fortes vaporisations de la matière, et l'inertie parfaite de la matière dans la nature, ou dans l'état de vie organique, ne nous laisse pressentir que sa possibilité dans les êtres inorganisés, mais leur réunion, donne la raison mixte ou moyenne par laquelle tout système naturel est maintenu à son équilibre propre et immuable. Car on sent aisément que dans le cas de prédominance absolue du mouvement calorique, il résulteroit que tous les solides passeroient à l'état de vapeurs ou de gaz, et que dans celui de prédominance extrême de l'inertie absolue, tout se condenseroit par une agrégation rigoureuse ; enfin, que toute organisation naturelle,

privée de mouvement de chaleur et de vie,
seroit détruite.

Telle est donc aussi la loi rigoureuse et essentielle du système organique vital de l'économie, qu'il reçoit premièrement et principalement du système général dont il fait partie, par lequel il commence, il existe et il finit.

CHAPITRE III.

Ce seroit peu sans doute d'avoir posé ces bases ou ces grands principes, si tant de causes qu'il nous importe de mieux connoître en elles-mêmes, et dans leurs rapports avec notre économie, ne venoient s'y rattacher pour former le tableau complet de la chaîne dont l'homme vivant est l'un des plus importans anneaux ; ainsi donc reprenons cette chaîne dans ses premiers phénomènes, pour la suivre dans l'ordre naturel de succession : mais avant tout, jetons un coup-d'œil sur ces premières causes pour obtenir la raison suffisante d'en proposer l'étude au médecin, et lever même jusqu'aux moindres doutes, s'il pouvoit en rester, sur l'utilité pour lui de ce genre d'instruction.

Le soleil, la lune et la terre forment entre eux une espèce de système planétaire, qui a donné lieu au problême dit des *trois corps*, et dont la solution fait un honneur infini aux plus grands géomètres du dix-huitième siècle.

Ces trois corps célestes, par une force ou faculté qui se compose de la pesanteur et du mouvement ou de l'attraction, se meuvent dans l'espace, et s'y maintiennent à des distances réciproques toujours semblables, à des anomalies près, qui ne peuvent, selon les astronomes, être d'aucun effet dans la régularité de l'action générale, non plus que dans l'influence physique. D'où il résulte encore que, quoique l'atmosphère soit une partie intégrante de la terre, la force de gravitation et de mouvement se borne à exciter seulement en elle des oscillations stériles, lorsqu'il est reconnu qu'elle excite dans la masse des eaux un trouble violent et régulier ; mais alors il faut supposer que c'est par *un poids*, et *un mouvement propres, indépendans de tout le système*, que l'air atmosphérique agit sur tout ce qu'il environne, qu'il pénètre, qu'il meut, qu'il alimente, qu'il développe, qu'il constitue, qu'il détruit, qu'il reconstruit, etc. Péut-être cet isolement supposé de l'action de l'air paroîtra - t - il par trop singulier, bizarre, absurde même ? Il faut donc que cette action tienne essentiellement au système général ; mais si la double propriété du calorique solaire lui donne toutes ses propriétés, ne suit-il pas rigoureusement que la force de gravitation ne lui est pas plus étrangère, puisque la nature ne peut les séparer sans cesser d'agir? En un mot, si on observe davantage et mieux, n'est-il pas *évident* qu'on parviendra bientôt à réduire à sa juste valeur cette singulière circonscription de la faculté de la pesanteur et du mouvement du soleil et de la lune sur l'atmosphère de la terre, et sur tous les corps organisés qui existent à la surface du globe? Mais ne devient-il pas encore *évident*, pour le physicien, que des phénomènes effrayans de masse et de vitesse (*) de rotation du soleil, il résulte d'abord l'entraînement de tout le système planétaire dans son même sens, et le développement d'une propriété électrique qui meut, éclaire, échauffe et vivifie toute la nature? Ne devient-il pas également *évident* que cette planète est la source du mouvement universel, autant par sa force de gravitation que par la propriété particulière de son calorique moteur? Il n'est pas moins *évident* que de la combinaison de ces deux propriétés résulte la force projectile et le balancement de la terre dans l'écliptique, pour

(*) On est obligé de rappeler ici au souvenir que la masse du soleil est cent onze fois celle de la terre, son volume quatorze cent fois, et sa rotation sur lui-même cent six fois celle de la terre; enfin, que cette rotation se fait en vingt-cinq jours dix heures. Phénomènes de masse et de vitesse, non moins supérieurs à l'imagination de l'homme par eux-mêmes que par leurs rapports.

sa. révolution annuaire, et la distribution
graduée de la lumière et de la chaleur ; que
de cette dernière (sans paroître lui être positivement inhérente , puisqu'elle dépend de
l'angle d'incidence du rayon solaire et de la
qualité des matières qui s'offrent à son contact) et de sa gradation distributive résulte
évidemment et *immédiatement* pour l'air cette
propriété élastique qui le rend apte à tant
d'emplois divers , et pour la terre deux grands
modes essentiels de température ou saisons
sémestrales , qu'on peut appeler l'une *vive* et
l'autre *morte* , parce qu'il résulte *évidemment*
que tous les êtres organisés périssent ou souf-
frent, ou tendent à l'inertie dans la saison
morte ; qu'au contraire ils naissent, jouissent
de la vie et tendent au mouvement dans la
saison *vive* ; enfin, il est *évident* que ce principe, communiqué par le calorique solaire ,
est retenu et rendu par tous les êtres organisés sous le même mode qui leur a été communiqué. Comment feroit-on maintenant pour
séparer l'idée du mouvement et de la chaleur
solaire, de celle du mouvement que cette
même chaleur produit dans toute la nature?
N'est-ce pas l'identité de l'ombre et du corps?
Il ne faut donc pas perdre de vue la nature
particulière du calorique solaire, lorsqu'on
le voit modifier l'air, la terre et les eaux, et
par ceux-ci devenir le principe géniteur ,

l'agent et le modificateur essentiel, premier et principal de l'économie animale : ainsi il ne peut plus être douteux que l'économie de l'homme portera premièrement et principalement le caractère que l'air, la terre et les eaux auront reçus du principe du mouvement universel ; que de là résulteront ces modes divers de températures et de tempéramens, de santés et de maladies, dont les caractères particuliers seront toujours susceptibles d'être distingués par l'observateur exercé à les reconnoître dans leurs causes premières et principales.

L'action de la lune moins frappante, surtout dans les zones froides et à une certaine distance de l'équateur, n'en est pas moins réelle et profonde ; sa propriété paroît être celle de l'aimant. Plus près de la terre, elle a été destinée à des fonctions dignes d'elle ; ne régulariseroit-elle pas notre marche par la sienne, et *vice versa?* Il est incontestable qu'elle a une action de pondérance et d'attraction sur les eaux ; des observations déposent qu'elle exerce une semblable action sur notre atmosphère. Des observateurs dignes de foi lui ont remarqué la propriété de diriger les paroxismes de certaines maladies et d'en causer quelques-unes ; d'avoir, enfin, un fort grand empire sur les tempéramens les plus foibles et les plus nerveux : de ce nombre

sont *évidemment* les enfans du premier âge
et les femmes de couleur noire, entre les tropiques, sur l'un et l'autre continent. (*Voy.*
l'article de la Lune ci-après.)

Il ne peut donc répugner à la raison de lui
présumer une faculté propre que son mouvement développe, et de regarder comme un
résultat médiat de l'action de cette propriété
particulière de la lune beaucoup de phénomènes de la nature, et singulièrement quelques-uns de l'économie animale qui se montrent sensiblement se régler sur les périodes
de cette planète. Ils ne doivent donc pas être
tous regardés *comme des contes à renvoyer*
aux bonnes gens, ou tout au plus à quelques
philosophes prévenus? Comment, en effet,
admettre l'action de pression et d'attraction
périodiques de la lune sur les eaux, sans admettre un déplacement de la masse d'air qui
pèse sans cesse sur elles? Comment, en effet,
concevoir ce déplacement sans mouvement,
et s'il en éprouve un, comment arriveroit-il
qu'il ne se fît pas sentir à tous les corps organisés qu'il soutient, qu'il alimente, qu'il
modifie premièrement et principalement, et
qu'il régit en quelque sorte par ses propres
états et par ses propres mouvemens? Il reste
donc infiniment probable que tout insensible
et foible que soit ce mouvement à nos yeux,
il est très-considérable à l'égard de notre

sensibilité organique. « Je suis fâché, dit un
» des plus grands physiciens observateur de
» la nature, du dix-huitième siècle, du dis-
» crédit dans lequel est tombé l'opinion des
» influences de la lune.... *Je pense que la*
» *lune influe non-seulement sur la constitu-*
» *tion de l'air et des fluides qui nous environ-*
» *nent, mais encore sur celles des plantes et*
» *des animaux, sur nos vies et sur nos san-*
» *tés* (*) ». Arrêtons-nous à deux qualités des
fluides de l'univers, qui sont essentielles à
l'objet de la question : *Ils nous environnent et*
ils nous pénètrent, dès-lors *ils nous compri-*
ment et ils nous remuent selon le mode par
lequel ils le sont eux-mêmes. Tout physicien
comprend que ce sont-là les deux grandes
sources des effets divers de ces fluides sur nous
et sur les plantes. Il seroit oiseux d'en dire
davantage pour faire sentir cette vérité de fait ;
elle se développera de plus en plus à mesure
qu'on avancera dans les indications de ses
résultats, exposés dans la seconde partie de
ce Précis introductif. En un mot, telles sont
des vérités que les médecins, physiciens, astronomes reconnoîtront plus facilement et
mieux, en revenant au génie de l'observation
naturelle des premiers et des plus grands

(*) *Lettre de Le Cat sur les influences de la lune*, Journal de Ver-
dun, 1741, décembre, page 415 ; et rapportée par Planque dans sa
Bibliothèque de médecine, T. 6, page 249, édit. *in-4°.*

phénomènes de la nature, et de leurs diverses influences sur notre économie.

Parmi les philosophes anciens qui se sont occupés des influences des grands phénomènes de la nature, Hippocrate fut le premier qui établit en principe que les astres avoient une influence médiate sur l'économie de l'homme, et qui en fit la première et la plus importante partie de sa philosophie médicale de l'homme vivant (*Traité des Airs, des Eaux et des Lieux*), partie qu'il recommande singulièrement au médecin *qui veut acquérir un mérite réel et complet dans son art* (*). Dans tous ses ouvrages, et notamment dans cet immortel traité, il parle donc à ses lecteurs comme à des personnes déjà convaincues de l'existence des correspondances médiates et immédiates de l'économie de l'homme avec les grands phénomènes de la nature, et instruites de leurs différents résultats ; mais par quelle fatalité les notions de l'astronomie *atmosphérique,* de la géographie *naturelle* et de la météréologie *médicale,* n'ont-elles jamais fait partie de l'instruction spéciale du médecin ? Avons-nous pu nous estimer de plus grands génies et de plus habiles observateurs de la nature qu'Hippocrate ? Aurions-nous pu nous égarer au point de mettre notre méthode

______

(*) Voyez la traduction ci-après du livre d'Hippocrate, tout le premier chapitre et les notes qui y correspondent.

de philosopher l'économie de l'homme, et nos moyens de l'observer au-dessus des siens, et même les regarder comme exclusifs à cette espèce d'étude? Personne, je pense, ne voudroit avouer s'être laissé égarer par *des fictions si singulières*, ou par un attachement irréfléchi à la routine des écoles modernes et aux abus de l'imagination mal féconde de la médiocrité présomptueuse. Tous ces faits me paroissent donc suffisamment démontrer à l'homme d'un sens droit la légitimité des raisons de nous livrer de nouveau à ces recherches, et d'exposer en général les dépendances premières et principales de notre économie des phénomènes compris dans ces trois classes des sciences naturelles, pour faire sentir toute leur nécessité dans l'instruction du médecin, et toute l'importance qu'ils peuvent avoir dans l'application des moyens de l'art de guérir. Car depuis long-tems les moins initiés en médecine sentent irrésistiblement qu'il y a une liaison des plus étroites entre la constitution de l'air, et nos vies et nos santés; mais, demandent-ils, quelles sont les causes premières et principales, médiates ou immédiates, simples ou combinées qui établissent cette liaison si absolue à l'existence de l'homme, et qui déterminent encore premièrement et principalement sa manière d'exister? Voilà les premières questions de la doctrine d'Hippocrate auxquelles je vais tâcher de répondre par une suite de faits naturels et de résultats conséquens les uns des autres, et dont l'action première et principale ne peut pas être plus contestée qu'une vérité mathématique (*).

Si les rapports des sciences entre elles n'étoient pas généralement reconnus d'une nécessité absolue aux progrès de chacune d'elles, j'établirois cette vérité; de même, s'il m'étoit permis de soupçonner que tel qui se destine à l'étude de la médecine, n'a pas reçu dans sa première éducation les notions de calcul, de géométrie, d'astronomie, de géographie et de météorologie, et que, par conséquent, il n'est pas familier avec les expressions et avec les premières notions de ces parties, qui conduisent à la science des grands phénomènes de la nature, je lui parlerois de toutes ces choses. Je lui dirois donc que pour se faciliter l'intelligence de ces sciences, il est absolument nécessaire de posséder certains termes convenus et certaines racines : par exemple, je lui exposerois que dans la partie du calcul, il faut au moins savoir ce que c'est que rapport de deux grandeurs, carré ou cube

(*) Le gouvernement actuel a tellement senti l'utilité de revenir à la doctrine d'Hippocrate qu'il a institué *par avance*, à l'école spéciale de médecine de Paris, une chaire et un professeur *ad hoc* pour l'enseignement de cette doctrine; c'est le citoyen Thouret qui s'est chargé d'en donner des leçons.

d'un nombre, et sur-tout être habitué de bonne heure à l'usage des décimales.

En géométrie, ce que c'est que ligne, parallèles, cercles, degrés, angle, triangle, ellipse, parabole, tangente, sphère, sphéroïde de révolutions, inclinaisons de deux plans, etc.

En astronomie, ce qu'on entend par planète et par *notre* système planétaire, ce que c'est que la force de la pesanteur et la marche annuaire des planètes, et spécialement de celle réciproque de la terre, de la lune et du soleil, non pas isolément de leurs propriétés physiques, mais sous les rapports d'action évidens et occultes, médiats et immédiats, simples ou combinés, etc. etc.

En géographie naturelle ou physique, ce que c'est que ménisque, continens, montagnes, bassins, atmosphère, températures. Enfin, en météorologie ce que c'est que l'air, le vent et les autres météores dont l'air est alternativement l'excipient ou la base, l'aliment ou le modificateur, le véhicule ou le régulateur, etc. etc.

Je m'étendrois donc sur tous ces points, non isolément, je le répète, non plus que dans une aussi grande étendue que le feroient les géomètres, les astronomes, les géographes, les physiciens, les mathématiciens, etc. mais en médecin observateur, qui part des faits et des résultats *naturels* incontestés, pour se diriger par des inductions *naturelles* vers des fins ou des buts *incontestables*. En un mot, en appliquant, au défaut des moyens *probans* mathématiques, le génie de ces procédés aux observations *naturelles* des premiers phénomènes de la nature, pour obtenir les probabilités rigoureuses.

Hippocrate ne vouloit pas non plus qu'un médecin traitât des corps célestes en astronome, mais en physicien qui doit connoître leurs rapports avec l'économie de l'homme.

« Il n'est pas, dit-il, d'une nécessité abso-
» lue qu'un médecin traite des corps célestes
» comme un astronome, mais seulement (com-
» me je l'ai fait dans mon livre des *Airs*, des
» *Eaux*, des *Lieux*) pour montrer les rap-
» ports et les dépendances qui existent entre
» ces grandes causes, et les hommes et les
» animaux (*) ».

C'est ce que je vais tâcher de faire sentir par la chaîne des faits exposés dans la Partie suivante.

(*) *De cœlestibus autem rebus et in sublimi positis nihil dicere attinet, nisi quantum conferunt ad demonstrandum de homine et de reliquis animantibus.* (Hipp. *de Carnibus*, liber.)

SECONDE

SECONDE PARTIE.

Esquisse de la Topographie médicale de la Terre.

CHAPITRE PREMIER.

Examen des trois corps célestes sous les rapports d'Astronomie atmosphérique médicale.

La terre et les autres planètes décrivent des orbites autour du soleil, et les satellites décrivent aussi les leurs autour de leur planète. Voilà ce que les observations des apparences nous ont appris, par rapport aux positions respectives des corps de notre système planétaire.

L'auteur de la nature, en douant les corps célestes de la propriété de la pesanteur, imprima encore dans le principe à chaque globe qu'il a destiné à faire le tour d'un autre (et à tous les corps de la nature en général), une force motrice ou de tendance sympathique les uns vers les autres ; soit que cette propriété universelle de la matière soit une attraction, soit que ce soit une impulsion, l'effet est toujours le même, *quoique la cause reste* *inconnue* (*). Telles sont les propriétés élémentaires de l'organisation générale, ou de la vie du système planétaire et de tous les corps vivans ; mais comme il ne peut entrer dans le plan de ce Précis introductif de donner les preuves mathématiques qui ont servi à s'assurer de cette cause générale, attendu que ces preuves sont trop compliquées, j'invite ceux qui désireront en connoître plus que ce que nous avons dit précédemment sur cet objet, à se reporter aux ouvrages de Newton, de Laplace (**) et des autres grands géomètres de ce siècle. Mon dessein étant seulement, comme je l'ai déjà dit, d'indiquer les principaux résultats de leurs calculs, pour en partir comme de vérités généralement reconnues. Cependant, quoique toutes les vérités que je vais exposer soient destituées de calculs, et qu'elles ne puissent pas avoir en général la même force de persuasion ou de conviction pour les personnes qui affectent de n'admettre pour vérités que celles qui sont démontrées *mathématiquement*, j'espère néanmoins que l'enchaînement de ces vérités entre elles et avec l'économie de l'homme, et la simplicité du principe qui leur sert de base, inspireront

(*) Tout se meut et sent par le mouvement calorique, ou par le calorique moteur universel.

(**) *Œuvres de Newton*, traduction de Mde. Duchâtelet, et le *Traité de la mécanique céleste*, édit. *in-4°.*, chez Duprat, libraire, quai des Augustins.

beaucoup plus de confiance que toutes les théories hypothétiques qui ont eu lieu jusqu'alors, et dont nos livres et nos écoles retentissent encore.

D U   S O L E I L.

Ceux qui concevront le mieux la nature, seront ceux qui d'abord l'auront le plus et le mieux écoutée (*).

Le soleil et la lune ont une action si évidente et si prononcée sur notre atmosphère, et par cette dernière sur l'économie de l'homme, qu'il est impossible de bien concevoir leur dépendance et l'économie de l'homme même, si on n'a pas la connoissance complète et précise de la chaîne qui amène à ces résultats.

Je commencerai par le soleil, dont la propriété est telle que je ne crois pas que quelqu'un s'avise d'en nier l'influence sur le globe et sur notre économie.

Je rappellerai d'abord que cet astre est un globe lumineux par lui-même, soit que ce soit le produit d'une masse de matière dans une incandescence ou combustion perpétuelle, soit qu'il soit un corps électrique, ce qui paroît plus probable ; quel que soit encore le

(*) Pythagore, dans son école, ne permettoit de parler qu'après avoir écouté pendant trois ans. Aujourd'hui on écrit sans avoir pu voir ni écouter la nature. C'est sans doute très-merveilleux de voir des arbres rapporter des fruits avant des fleurs, et sans en avoir pu même produire aucune qui leur soient propres.

mode de la source et même la nature de l'être qu'il nous envoie : toujours est-il physiquement certain qu'il est le foyer de la lumière dont nous jouissons ; et quoique la chaleur ne lui soit pas positivement inhérente, mais paroisse se former de l'angle d'incidence du rayon solaire et de la qualité des milieux qu'il frappe ou qu'il traverse, toujours est-il physiquement vrai, dis-je, que la présence de cette planète donne lieu à la lumière et à la chaleur que l'atmosphère nous transmet.

Ainsi donc le soleil, cette planète électro-motrice, qui force toutes les autres à tourner autour d'elle aux distances qu'elle leur impose, paroît fixe dans l'espace, du moins par rapport à nous ; car il n'est pas plus improbable qu'impossible, comme le soupçonnent quelques savans, que cet astre, qui est le centre de notre monde planétaire, et la totalité de ce monde, soit emporté par un mouvement translatif turbinant, qui le change de place sans que nous ayons aucun moyen de nous en apercevoir.

Il n'est pas inutile de nous rappeler que le diamètre du soleil est estimé cent onze fois celui de la terre, et que cet astre seroit par conséquent quatorze cent mille fois plus gros que la terre ; que sa distance moyenne de la terre est à peu près de trente-cinq millions de lieues.

Quoiqu'on dise qu'il est fixe dans l'espace, cela ne veut pas dire qu'il soit stationnaire par lui-même ; loin de là, le soleil tourne sur lui-même d'occident en orient, et dans le sens où il paroît entraîner tous les corps célestes en vingt-cinq jours dix heures : de sorte qu'un des points du diamètre solaire tourne cent six fois plus vite qu'un même point de diamètre de la terre. Phénomène de masse et de vitesse que l'imagination de l'homme a peine à supporter, mais qui donne déjà la première probabilité sur la cause du mouvement de tout le système planétaire, de celui habituel de l'atmosphère de chaque corps céleste, de leurs eaux, et par une suite aussi intime que naturelle de la détermination première et principale des modes de nature communs ou propres aux êtres qui gissent à leur surface.

On présume que la lumière emploie environ huit minutes pour arriver du soleil jusqu'à nous. Ce terme est trop long, si la distance de trente-cinq millions de lieues est vraie, pour l'être électrique qui n'a point de résistance à éprouver du milieu qu'il traverse ; s'il en éprouve une, quelle qu'elle soit, ce tems est trop court ; c'est la volonté qui ne connoît point d'intervalle entre elle et l'action. J'ai déjà dit que la chaleur solaire paroît se former de l'angle d'incidence du rayon solaire et de la qualité des milieux qu'il frappe ou qu'il traverse : la lumière et la chaleur se distribuent sur la terre; mais dans l'esprit de la position de marche de cette dernière, c'est-à-dire, dans des lignes combinées de latitude et de longitude, et dans l'étendue des tropiques, qui est celle de vingt-trois degrés vingt-huit minutes de latitude de chaque côté de l'équateur; de manière que le soleil paroît traverser la terre presque toujours obliquement et dans la diagonale de ses pôles, lorsque c'est réellement cette dernière qui se présente ainsi à lui pendant ses deux révolutions semestrales dont se compose sa révolution annuaire.

Il est infiniment important de faire attention à cette marche journellement *obliquante* de la terre, par rapport au soleil, attendu la nécessité de redresser l'opinion vulgaire, qui est encore que la distribution graduelle de la lumière, et spécialement de la chaleur, se fait sur la division géométrique des climats, et que les savans se servent encore de cette expression dans l'acception fausse de température, ce qui n'est vrai sous aucun rapport; car, excepté les deux jours d'équinoxe où la marche de la terre la place droite devant le soleil, la terre va de plus en plus obliquement à l'égard de cet astre : en un mot, il est d'autant plus important de relever cette erreur de doctrine, que cette marche oblique constitue

la loi fondamentale de la gradation de sa température, dont l'esprit est inverse de celui des
latitudes et des longitudes, et que le caractère
des phénomènes des vents, des saisons et des
subséquens, en résulte évidemment. On ne peut
attribuer l'existence actuelle de cette erreur
de principe et de doctrine qu'au peu de rapport qu'ont encore entre elles l'astronomie et
la physique médicale ; car il est infiniment probable que des astronomes médecins physiciens
et des physiciens médecins astronomes eussent
bientôt senti ce vice frappant, et que ses conséquences importantes ne leur eussent pas
plus échappé.

La distribution de la lumière donne lieu à
la différence de longueur des jours dans l'esprit de l'obliquité de la marche de la terre ;
celle de la chaleur donne lieu à la différence
bien plus frappante d'intensité et de caractère de la température générale de l'atmosphère dont la gradation s'exécute dans l'esprit des deux saisons essentielles semestrales
du globe.

La lumière ne paroît que peu soumise à la
marche oblique, aux formes et qualités particulières des sols des différentes régions qu'elle
éclaire ; il n'en est pas de même de la chaleur,
non-seulement la gradation de cette dernière
suit très-régulièrement l'esprit de la marche
oblique de la terre, mais elle est encore modifiée

par les différentes qualités, formes et positions des parties du ménisque de la terre, ce qui ajoute autant encore à la difficulté dans la recherche de la gradation générale des températures que l'erreur de doctrine précitée.

La chaleur solaire paroît être à son plus haut degré de force sous l'équateur et dans la direction de la ligne des nœuds : son action paroît expirer dans cette même direction à l'endroit où la terre s'applatit le plus en fuyant vers les pôles.

Tant que la lumière et la chaleur du soleil sont présens sur l'horizon, ils maintiennent dans l'atmosphère un mouvement intestin continuel, et donnent à l'air, en se combinant avec lui, une virtualité essentielle qui modifie alors tout par un double génie de rapport et d'action, ou en autant de manière qu'il est modifié et modifiant.

Le mouvement de la lumière est transmis à l'économie, et cette dernière en est aussi évidemment mue que par la chaleur. Si vous exposez à une lumière vive et continuelle la chauve-souris, la marmotte, etc. etc. lorsqu'elles sont plongées dans leur engourdissement habituel le plus profond, vous les en verrez sortir peu à peu. Si vous éclairez pendant la nuit l'appartement des mélancoliques, vous rendez leur sommeil moins laborieux, et ils cessent à la longue d'être tourmentés des songes affreux auxquels ils sont sujets par tempérament (*). Pour bien des gens, la lumière est un besoin la nuit.

Le sommeil est incomplet et presque toujours pénible dans le jour. Le sommeil est généralement plus profond dans les nuits que la lune n'éclaire pas, toutes choses égales entre elles. Les nuits longues rendent le sommeil long; si elles sont obscures, le sommeil devient plus profond.

Sur l'ancien continent, entre les tropiques, le sommeil est généralement peu profond et souvent pénible. Il est généralement meilleur et moins pénible entre les deux tropiques au continent d'Amérique; aussi est-il d'usage dans la première de ces régions de le provoquer par les alimens, et de le saisir à la suite de la digestion (**). Enfin, il est certain que les plus longs jours, à l'exposition du midi, sont très-fatigans par le seul éclat de la lumière.

La chaleur ou l'être électrique meut et vivifie tout d'une manière plus sensible à nos yeux:

(*) Un convalescent, de ce tempérament, qui ne pouvoit se rétablir, en raison des rêves fatigans auxquels il étoit sujet, y parvint cependant à la faveur d'une grande lumière que je fis établir toute la nuit dans sa chambre. Le hasard me fit découvrir cet effet de la lumière, et m'a conduit à faire d'autres expériences de ce genre, dont je rendrai compte ailleurs.

(**) En Espagne, en Italie, en Grèce et dans tout l'Orient, le potage et les autres alimens sont préparés avec la pomme d'amour ou le petit solanum, ce qui provoque au sommeil après dîner, et ce qu'on appelle *faire la sieste.*

contenu dans l'air, dans une quantité déjà su-
rabondante, il rend l'existence pénible, et
son excès peut aller jusqu'au point de devenir mortel pour celui qui respire l'air qui en
est surchargé. Il est peu de personnes qui
n'aient pas observé le premier état, les jours
qui précèdent un grand orage ; le dernier a lieu
entre les tropiques, en Asie et en Afrique,
lorsque le *simoom* ou *scimousa* souffle (*).

Entre ces deux extrêmes, il est un grand
nombre de nuances d'affections résultantes
de l'excès d'*électrique* dans l'air ; telles sont
beaucoup de différentes insolations, les différentes dépravations de la bile chez la nuance
blanche, la qualité de cette liqueur poussée
jusqu'à la *rancidité acide* chez la nuance
noire, etc. etc.

Parmi les peuples qui avoient senti profondément les avantages que le soleil procuroit
à toute la nature, et qui lui rendoient hommage dans un culte sage et épuré, on remarque

(*) Vent ou mouvement de l'air dans la ligne du sud-sud-est par
lequel est portée une humidité enflammée. Je crois cette humidité
n'être que le produit d'une transpiration terrestre. Ce vent qui se
fait sentir également en Italie, et qu'on y appelle *siroco*, se manifeste encore dans des latitudes plus nord. C'est ordinairement le
porteur des épidémies pour l'ancien continent, lorsqu'il a lieu dans
le printems ; s'il a lieu dans l'hiver, il amène la peste dans les pays
chauds et près des tropiques. Enfin, c'est le *chenchron des Phasiens*
(actuellement Colchidiens ou Mingréliens), dont parle Hippocrate
dans son livre des *Airs*, des *Eaux*, des *Lieux*. (Voyez la page 57
de ma traduction.)

les Incas, qu'au seizième siècle une nation,
alors ivre de fanatisme et d'avarice, détrui-
sit sans humanité au nom d'un dieu humain
et généreux.

Enfin, parmi les philosophes, celui qui a
poussé le plus loin l'admiration et les idées
attributives sur l'être électrique ou éthérien,
c'est encore Hippocrate. « Je pense, dit-il,
» que ce que nous appelons le chaud ou le feu
» est l'*immortel*, qui connoît, voit et entend
» tout, qui sait le présent et le futur ; et lors-
» qu'il eut disposé, destiné et mu toutes choses,
» se retira en grande partie dans les régions su-
» périeures (*) ». On sait assez de combien de
manières cette idée sublime de l'ancienne philosophie a été brodée par les *dogmatistes* de
toutes les sectes religieuses. Elle date de 430
ans au moins avant J. C.

De la Lune.

La lune est une planète en second ordre,
attachée au sort et au mouvement de la terre ;
cela a fait présumer qu'elle en étoit *le satellite*
ou *le garde*. Par cette dénomination, les anciens auroient-ils entendu que la lune fût le
régulateur de la marche de notre globe, et
qu'au dépens de ses librations elle préservât.

(*) *Quod calidum vocamus, id mihi immortale esse videtur, cuncta-*
que intelligere, videre et audire, sentireque, omnia tum præsentia tum
futura. Cujus pars maxima, cùm omnia perturbata essent, in su-
premum ambitum secessit. . . . . (Hipp. *de Carnibus, liber.*)

la terre de plus grandes et plus brusques divagations dans l'espace, que nos grandes inégalités de forme et de densité nous occasionneroient en n'obéissant qu'à la seule attraction du soleil? Cette vue seroit grande et cette fonction seroit au moins digne d'elle.

Cette planète tourne autour de la terre environ treize fois et un quart pendant que cette dernière fait sa révolution autour du soleil. Son diamètre est estimé de sept cent vingt-cinq lieues, et par conséquent sa grosseur d'un trente-neuvième de celle de notre globe; néanmoins la différence de sa masse avec celle de la terre est beaucoup plus grande que la différence de sa grosseur : la différence de la masse de la lune est donc d'environ soixante-dix fois moindre que la masse du globe terrestre. Sa distance moyenne de la terre est estimée quatre-vingt mille lieues, et elle tourne sur son axe et autour de la terre en vingt-sept jours sept heures quarante-trois minutes douze secondes, d'occident en orient, ce qui fait qu'elle ne nous montre toujours que le même hémisphère, comme nous ne lui montrons que la même partie : d'où il résulte que la lumière du soleil, reçue par la terre, se réfléchit sur elle comme elle réfléchit sur nous celle qui lui est également envoyée du soleil. Néanmoins, si les observations sont justes, c'est-à-dire, que la lune n'ait point d'atmosphère sensible, il est au moins très-probable qu'elle ne reçoit pas de nous la lumière dans le même mode et avec la même intensité que nous la recevons d'elle.

La lune pèse continuellement sur la terre dans un rapport inverse du carré de sa distance ; cette pesanteur est également accompagnée d'attraction, ce qui se manifeste sur les eaux et sur l'atmosphère de la terre, et par ce dernier sur les corps organisés vivans et sans vie.

La plus grande influence de la lune s'observe dans les pays qui sont près de l'équateur, lieux où les marées sont les plus fortes, ce qui coïncide avec sa position par rapport à la terre dans sa révolution. Quant à son action sur l'économie, Balfour s'est assuré au Bengale que la lune dirigeoit la marche de différentes maladies, et spécialement les fièvres intermittentes (*). J'ai observé dans les îles du vent, dans le golphe du Mexique, son influence sur le tétanos, ou la maladie convulsive des enfans dite *mal-mâchoire* ; sur des torticolis suivis de paralysie, résultats de longues promenades au clair de la lune. Bruce assure avoir observé plus d'une fois dans le Sennaar l'influence de la lune sur les épileptiques, dont les paroxismes se terminoient régulièrement le troisième jour de la pleine lune, par une fièvre intermit-

(*) *Journal de médecine*, volume 67, page 139.

tente(*). Ce fait avoit été observé par les anciens Orientaux qui, en raison de cela, donnoient le nom de *lunatiques* à ces malades. Enfin, les observations de Fontana (**) sur les influences de la lune, faites aussi dans les pays chauds, sont également concluantes. Si on ne possède pas encore des connoissances plus nombreuses et plus certaines sur ce fait, cela se doit sans doute à ce que les influences de la lune sont moins sensibles et moins fréquentes à une certaine distance de l'équateur et dans les températures froides, mais mieux encore à ce que nous n'observons ces phénomènes ni assez souvent, ni avec assez d'attention et d'intérêt.

Mais, comme le soleil, la lune ne communiqueroit-elle pas à l'air une faculté ou virtualité qui seroit propre à sa nature? et cette faculté ou virtualité propre de la lune ne se développeroit-elle pas par le mouvement et la lumière réflétée de cette planète? C'est ici le cas de redoubler d'attention en écoutant mieux la nature lorsqu'elle paroît s'envelopper davantage de l'ombre du mystère, ou que la foiblesse de nos organes ne nous en permet pas une aussi facile perception. Néanmoins, je le répète, si nous partons d'un principe certain essentiel à l'objet de la question, c'est-à-dire, que tous les fluides de l'univers nous

(*) *Voyage aux sources du Nil*, vol. 4, page 556.
(**) *Journal de médecine*, vol. 43, page 335.

environnent et nous pénètrent, que dès-lors ils nous compriment et ils nous remuent selon le mode par lequel ils le sont eux-mêmes et dans le génie d'organisation de chacun des êtres qu'ils modifient ; il reste évident, pour tout physicien, que la lune ne peut pas en rester à sa faculté de pesanteur et d'attraction, pour remuer seulement les eaux et l'atmosphère, et réfléter stérilement une lumière inutile ; qu'il est probable qu'elle jette encore dans l'air avec cette dernière, un principe virtuel pour des fins grandes et importantes (*).

L'inégalité des phases de la lune a donné lieu d'en calculer les périodes et de les distinguer en mois et en années, de sorte que le mois lunaire est de vingt-neuf jours douze heures quarante-quatre minutes trois secondes ; d'où il résulte que l'année lunaire ou synodique se compose de douze révolutions, plus environ onze jours d'une treizième révolution.

Plusieurs phénomènes paroissant revenir aux époques lunaires, on a attribué à cette planète, indépendamment de son action pondérante

(*) Si j'ai hasardé quelques conjectures sur les fonctions et sur la faculté propre de la lune, c'est par le désir sincère de voir les astronomes médecins physiciens et les physiciens médecins astronomes, *s'il y en a*, s'occuper de nous faire connoître distinctement toutes les fonctions de la lune, par rapport à la terre et à ce qui l'habite ; enfin, de nous aider à fixer les principes de ses rapports, relativement à l'économie de l'homme sain ou malade.

et attractive, certaine action sur les corps organisés, et spécialement sur l'économie animale. Indépendamment de ce qui vient d'être
dit ci-dessus, sur ce sujet, j'ai constamment
observé dans les pays chauds que tous les êtres
chez qui la diathèse nerveuse est d'institution
naturelle, sont sensiblement plus soumis à
son influence, d'abord les enfans et les femmes
blanches plus que les hommes de cette couleur, mais les femmes noires plus que tous les
autres. Les nuits éclairées par la lune sont
moins fatigantes pour certains malades, et pour
les mélancoliques que des songes affreux tour-
mentent par tempérament. Les maniaques
et les épileptiques m'en ont toujours paru
plus tourmentés, et j'ai vu des imbéciles devenir furibonds lors de la pleine lune.

Les anciens calculoient les époques de l'accouchement par celles de la grossesse dans
telle ou telle époque lunaire ; les femmes re-
gardent que leur flux menstruel est soumis
pour ses retours à la loi des retours des phases
lunaires, etc. etc. On attribue encore beaucoup d'autres phénomènes à l'action de la lune.
Je crois qu'il s'est glissé beaucoup d'erreurs
dans toutes ces attributions, ce qui a conduit
à renvoyer tout aux bonnes gens ou aux philosophes faciles à se prévenir, et par-là même
discréditer des faits naturels qui, mieux dis-
cernés entre eux et mieux observés en eux-
mêmes

mêmes et dans leurs influences, auroient porté de grandes lumières dans des problèmes importans, tel que celui de l'accouchement tardif (*) et beaucoup d'autres.

La lune a eu un culte comme le soleil ; on l'adoroit comme un dieu et non comme une déesse dans la Syrie et dans la Mésopotamie : on la faisoit présider aux accouchemens.

DE LA TERRE.

La terre est ce corps céleste que nous avons le plus d'intérêt de mieux connoître, relativement à la liaison de notre économie avec sa nature particulière ; nous devons donc l'étudier dans ses dépendances de la lune et du soleil avant de l'étudier en elle-même. La terre, placée dans l'espace, circule sous les influences

(*) Hippocrate dit que la grossesse peut prendre quelques jours sur le onzième décours lunaire, ce qui porte l'accouchement au neuvième mois solaire plus onze jours, ou dix mois et un jour lunaire. Tel est le terme de rigueur que les tribunaux ont adopté. Un accouchement tardif a donné lieu de nos jours à une discussion très-vive entre les médecins justement célèbres, Antoine Petit et Bouvard. L'un et l'autre connoissoient bien les jeux ou les écarts de la nature, néanmoins ils ne leur attribuèrent pas les mêmes limites. Antoine Petit les étendit fort loin, Bouvard les resserra trop. Malgré cela, la Cour qui avoit à juger sur le fait d'un accouchement tardif, le fit sur les principes du dernier, sans cesser d'admirer et d'applaudir même aux principes et à l'éloquence de son antagoniste. Mais il ne falloit pas ouvrir une porte aux accouchemens tardifs, qu'il eût été impossible de refermer dans un tems où les mœurs marchoient à grands pas vers leur corruption totale. (*Accouchemens tardifs*, chez Croullebois, libraire, rue des Mathurins.)

directes du soleil à la distance moyenne de trente-quatre millions de lieues, et sous celles de la lune à la distance de quatre-vingt mille. Cette planète est de la forme d'un élipsoïde très-irrégulier et applati par ses pôles. Son diamètre est de trois mille lieues de deux mille deux cent quatre-vingt-deux toises chacune, à raison de vingt-cinq lieues au degré d'une ligne méridienne, qui est de cinquante-sept mille soixante toises. Il résulte de l'applatissement des pôles que l'axe de la terre est plus court que le diamètre de l'équateur ; ce renflement, à l'équateur, donne une différence dans la proportion de deux cent vingt-neuf à deux cent trente, ce qui fait environ treize lieues sur trois mille, c'est-à-dire, à peu près six lieues et demie de moins de chaque côté vers les pôles. C'est ce que Newton avoit trouvé sans expérience, et ce que les expériences ont constaté dans le cours du dix-huitième siècle. Cette différence, qui nous paroît peu considérable, doit avoir de grandes et fortes raisons dans le système de la nature, c'est ce que nous reconnoîtrons avec le tems.

La terre exécute sa révolution de trois cent soixante-cinq jours cinq heures quarante-huit minutes quarante-huit secondes par trois mouvemens combinés ; le premier est celui où elle décrit son orbite autour du soleil ; le second, celui où elle tourne sur ellé-même en vingt-

quatre heures ; le troisième enfin est celui
d'inclinaison de vingt-trois degrés vingt-huit
minutes sur le plan de son orbite : mais il est
extrêmement important, comme je l'ai déjà
dit, de remarquer ce mouvement d'inclinaison, relativement à la distribution de la lumière et spécialement de la chaleur ; car cette
inclinaison étant toujours dans le même sens,
il est facile de concevoir que, dans le cours de
son orbe, la terre présente chaque jour au
soleil un point différent de sa latitude. Il suit
donc que la diversité périodique des saisons,
plus encore que la longueur des jours, résulte
immédiatement de l'inclinaison de l'axe de la
terre, qui la force encore à plus ou moins
obliquer chaque jour. Mais développons et
appuyons cette vérité encore trop peu sentie
dans ses conséquences.

En examinant l'inclinaison de l'axe de la
terre, toujours dirigée du même côté du ciel,
on verra que c'est sur le soleil qu'il a fallu
prendre un moyen de mesurer la durée du tems,
puisque le soleil est pour nous le plus grand,
le plus apparent et sur-tout le plus influençant
des astres ; que c'est lui qui nous éclaire et qui,
par sa chaleur, vivifie sans cesse la nature sur
notre globe.

Si l'orbite de la terre se décrivoit dans le
plan de son équateur, tous les jours auroient
la même durée de tems, parce qu'il y auroit

toujours le même intervalle de tems entre chaque retour d'une même ligne méridienne du globe au même diamètre du soleil; mais comme cette différence presque continuelle provient, comme je l'ai déjà dit, de la complication des deux inégalités qui existent dans le mouvement annuel de la terre autour du soleil, la première produite par l'inclinaison du plan de son orbite à l'équateur, la seconde, à cause de l'ellipticité de cette orbite, il en résulte déjà, par rapport à la distribution de la lumière, non-seulement une différence entre le jour vrai et le jour moyen, mais encore une différence de distribution et d'intensité de lumière. Mais ceci est encore bien plus remarquable pour la distribution et l'intensité de la chaleur, attendu qu'elle dépend essentiellement du plus ou moins d'obliquité du rayon lumineux, d'où ressort immédiatement le plus ou le moins d'intensité de la chaleur.

Je ne m'arrêterai point aux anomalies des trois corps, ne pouvant entrer dans le cadre étroit de ce Précis introductif, et ne pouvant d'ailleurs être considérées par leurs influences sur notre globe, avant que notre dépendance des causes réglées soit bien établie.

CHAPITRE II.

DE l'atmosphère de la terre et de sa température en général.

ON appelle *atmosphère* le volume, sensible par ses effets, de l'air qui entoure la terre, dont l'épaisseur est estimée de quinze à seize lieues au-dessus de sa surface.

L'atmosphère, par tous ses rapports évidens et incontestables avec le globe terrestre, doit en être regardée comme une partie intégrante. Considérée par ses rapports non moins évidens avec l'économie de l'homme, elle doit être vue comme le moyen absolu de la vie et le premier et principal modificateur de toutes ses diverses idiosyncrasies ou tempéramens.

L'atmosphère ou l'air ambiant du globe n'a encore pu être observée dans ses effets sensibles et soumise à l'expérience que sur les parties de ce fluide qui sont à la portée des hommes, c'est-à-dire, qui posent sur la surface du globe jusqu'aux hauteurs où ils ont pu s'élever et faire des expériences.

Les effets que l'atmosphère produit sur notre globe, son influence profonde sur tout ce qui s'y passe, la puissance universelle qu'elle y exerce, pour ainsi dire, sont d'une telle étendue et d'une telle évidence qu'il reste toujours aussi étonnant de voir les modernes, et notamment les médecins, avoir négligé jusqu'à l'oubli l'étude, par la voie de l'observation *naturelle*, des dépendances premières et principales qui existent entre elle et l'économie animale, que singulier d'entendre quelques-uns d'eux faire l'étrange aveu : *Qu'ils n'entrevoyent pas encore la dépendance qu'il y a entre les tempéramens des hommes et les climats qu'ils habitent* (*), *lorsqu'ils s'immiscent à faire des topographies médicales de pays encore inconnus à eux et à nous, et de nous les proposer pour modèles* (**) : et d'autres se proposer de réfuter Hippocrate sur ce point (***). De telles contradictions étant inconciliables de leur nature, et par conséquent non avenues pour l'opinion et pour la doctrine, je les passe sans m'y arrêter.

Mais l'embarras est de savoir quel ordre on peut donner à la description de tous les phénomènes atmosphériques, et par où il faut la commencer ; car, pour la bien faire, il faudroit

(*) L'acception du mot *climat* ne peut être prise pour celle du mot *température*, sans tomber dans une double erreur, car ce n'est ni le mot ni la chose ; on n'habite pas un *degré* ou un *climat*, mais bien *à tel degré*, et le degré ne peut pas être pris pour la température ; et on n'habite pas la température, mais bien tel lieu à tel degré, sous l'influence de telle ou telle température.

(**) *Topographie médicale de l'Afrique ; Encyclopédie méthodique ; Dictionnaire de médecine.*

(***) Le citoyen Moreau de la Sarthe, *Essai d'hygiène*, p. 45.

la présenter tout d'un jet dans la démonstration pour être saisie dans son génie d'ensemble,
comme on saisit la ressemblance dans un portrait ; mais on conçoit facilement que cela est
au-dessus de notre foible portée. Il faut donc
dissiper d'abord, autant qu'il sera en nous,
les premières ténèbres de l'ignorance qui mettent toujours l'humanité en péril, et tâcher
de faire naître chez les jeunes médecins le
goût de l'observation *naturelle*, qui mène par
un chemin plus court et plus sûr aux vérités
de la nature qu'ils ont le plus grand intérêt
de connoître promptement et bien. Je commencerai donc, à l'imitation des anciens, par
la description générale de l'état de l'atmosphère, et de ses principaux effets sur le globe
et sur l'économie. Car le médecin, avant d'être
observateur selon les lois de la physique expérimentale, de la chimie, etc. doit l'être selon celles de la nature dans son état de vie
particulier ; puisque la nature avant l'art a fait
tout mieux que lui (*). L'état ou température
de l'atmosphère se compose essentiellement
de chaleur ou d'humidité, de sécheresse ou
de froid, ensemble ou séparément ; puis elle
est plus ou moins salubre, selon que l'air pur
devient par des combinaisons multipliées un

(*) *Quandoquidem natura, ut arbitror, et prior tempore sit, et in
operibus magis sapiens quam ars.* Galenus, *De usu partium, lib.* 7,
caput 13.

excipient plus ou moins favorable aux miasmes ou gaz délétères qui viennent se joindre à lui, tels que l'azot, l'acide carbonique et autres.

Enfin, toutes ses qualités se varient encore par les divers mouvemens ou vents, par les deux saisons essentielles du globe, et par le jour et la nuit. La température se gradue vulgairement pour tout le globe du froid au chaud, des pôles à l'équateur. Il n'en est pas de même de l'humidité, la température du nord de l'ancien continent très-froide, est d'une humidité moins grande, ou beaucoup moins développée (*) qu'au nord de l'Amérique; dans cette dernière région le froid est moindre, quoiqu'il paroisse le contraire, ce qui manifeste une humidité plus grande et plus développée. A mesure que l'on marche du pôle septentrional à l'équateur, on voit la température de l'ancien continent se varier graduellement du chaud au froid et du sec à l'humide. En marchant dans la même direction, sur le nouveau continent,

(*) Je ne pense pas comme beaucoup de personnes que l'air des zones glaciales soit très-sec, je l'estime au contraire très-humide. En voici la preuve : Si vous allumez un grand feu en plein air, lors d'un froid très-vif, vous verrez tomber de la pluie sur le feu et tout autour, et à quelque distance une neige très-fine. Ce fait n'est pas rare et est fort connu en Russie. Il est telle circonstance où vous rendez le brouillard comme vous le prenez par la respiration, parce que l'eau, en suspension dans l'air, le rend trop dense pour permettre la séparation facile de l'oxygène; aussi la respiration est-elle très-pénible et l'air peu favorable à l'économie animale.

vous observez la température générale être uniformément très-humide, et par conséquent infiniment moins variée dans ses états secondaires ; de sorte qu'arrivé sous l'équateur la chaleur est grande, mais beaucoup moins qu'elle le seroit si l'humidité excessive ne la tempéroit pas.

De sorte que si on compare les résultats thermométriques du continent d'Amérique à ceux de l'ancien continent, on trouve la chaleur de l'air du premier, sous l'équateur, ne pas excéder par accident trente-deux degrés, lorsque, dans la même région de l'ancien, il monte communément au-delà du cinquantième du thermomètre de Réaumur. (Voyez *Chaleur du Sénégal.*)

Ce caractère général d'humidité de la température de l'atmosphère se soutient, pour le continent d'Amérique, jusqu'à son extrémité méridionale ; toutes les îles en de-çà et en de-là, qui avoisinent ce continent, ont comme lui une température extrêmement humide, et leur chaleur est infiniment moins grande que dans celles des mêmes régions de l'ancien continent. Cette différence de la température générale du globe détermine déjà, premièrement et principalement, une différence générale dans les idiosyncrasies des habitans de ces deux grands continens de la terre. « L'unifor-
» mité est si grande entre tous les habitans du

» nouveau continent qu'ils semblent tous ne
» faire qu'une même race, ce qu'il faut at-
» tribuer principalement, disent les plus cé-
» lèbres observateurs, *à la plus grande uni-
» formité de la température dans toute l'éten-
» due de ce continent;* ce qui ne peut avoir
» lieu sur l'ancien, attendu que la tempéra-
» ture y est infiniment plus variée dans ses
» nuances de froid et de chaud, d'humide
» et de sécheresse ». Chaque hémisphère a
deux saisons essentielles de chacune six mois
ou à peu près, l'une *vive* et l'autre *morte*. La
température générale change sensiblement à
l'époque du changement de ces saisons, mais
bien plus particulièrement à l'équinoxe de
septembre ; car c'est toujours à cette époque
que les grandes révolutions du globe se font
à l'équateur, pour l'un et l'autre hémisphère,
tems qu'on appelle encore l'hivernage. Malgré
que les anciens avoient remarqué comme nous
des nuances intermédiaires, il paroît qu'ils ne
regardoient spécialement que deux saisons à
peu près semestrales. Enfin, la température
générale des jours et des nuits éprouve nécessairement une différence bien importante
à connoître en elle-même et dans ses résultats.
En général, l'air des nuits plus humide et
plus froid que celui du jour, est encore moins
salubre, attendu l'air terrestre qui se jette dans
l'air respirable, et qui ne trouve de principe

actif qu'autant que la lune lui en prête un plus désavantageux à l'économie que favorable. La température, en Amérique, passe généralement du jour à la nuit par une transition subite et forte du chaud au froid, ce qui n'a pas lieu pour l'ancien continent. J'indiquerai incessamment les résultats de ce phénomène, lorsque je traiterai des températures particulières (*).

Si on passe de cette température générale aux premières températures particulières, on voit qu'indépendamment qu'elles conservent leur attache à la température générale, elles affectent un mode local qui leur devient propre. Peu des grandes parties de l'ancien continent qui n'ait sa température très-distincte de toutes, et même de ses voisins. La Tartarie, la Chine, l'Allemagne, la Hollande, la France, l'Angleterre, la Grèce, l'Italie, l'Espagne, l'Égypte, la Nubie, la Perse, l'Abissinie, l'Indoustan ont chacune une température très-distincte, et dont les influences portent évidemment sur les hommes, premièrement et principalement leur caractère propre. J'indiquerai ci-après

(*) L'opinion vulgaire est encore fort égarée sur le fait de la température du continent d'Amérique comparée à celle de l'ancien continent, sur-tout relativement leurs régions équatoriales. On est donc persuadé que la chaleur est tout dans les unes comme dans les autres, et que ce sont *uniformément des pays chauds*. L'erreur est grande, l'humidité influe et modifie tout dans les régions équatoriales de l'Amérique, c'est au contraire la chaleur qui commande à tout dans les mêmes régions de l'ancien continent.

ce qui est particulier à quelques-unes d'elles en général.

La gradation générale vraie ou précise de la température, ne peut se chercher ni se rencontrer que dans le sens des lignes de l'écliptique ; car il est facile de sentir que la distribution de la chaleur du soleil, qui est la base fondamentale de toute température, ne peut se faire que dans le sens du double mouvement journalier de l'inclinaison *obliquante* de la terre, par rapport au soleil, et non selon la gradation des parallèles ou latitudes directes de l'équateur aux pôles. Enfin, que les erreurs que cela jette dans les conséquences importantes que le médecin doit tirer des températures, méritoient bien qu'on relevât cette erreur de principe d'astronomie atmosphérique.

Aperçu de la théorie-pratique des Vents.

L'agitation de l'air atmosphérique produit ce qu'on appelle *vent*. Le vent se fait sentir de tous les points du cercle, ce qui a donné lieu, chez les anciens comme chez les modernes, à une division de cette figure en un certain nombre de parties égales, marquées par des rayons qui vont de la circonférence au centre ; puis on a donné à chacun de ces rayons un nom dérivé de celui du pays d'où le vent venoit, ou du caractère qu'il donnoit au ciel, ou de la qualité de la température, ou de quelques autres renseignemens vulgaires.

Les Grecs firent d'abord une division de huit, puis de douze; les Romains la portèrent à vingt-quatre. Les modernes, lorsqu'ils imaginèrent la boussole, la portèrent à trente-deux. Dans la pratique maritime, elle se porte à un bien plus grand nombre pour obtenir des résultats de routes plus précis; enfin, ils formèrent une nomenclature des diminutifs des quatre dénominations cardinales, *nord, sud, est* et *ouest*, pour désigner tous les rumbs ou airs collatéraux. (Voyez le n°. 1 du *Tableau indicatif.*)

Je ne m'étendrai point ici sur la partie historique des différens moyens imaginés pour s'aider à reconnoître la direction et le caractère des vents, non plus que sur leurs causes premières. Je me bornerai, pour le moment, à faire connoître le moyen actuel de les distinguer, et à indiquer dans un tableau la manière générale la plus habituelle qu'ils affectent dans chaque région de l'ancien continent pour l'hémisphère septentrional, relativement aux régions d'où ils viennent, aux saisons semestrales et aux caractères atmosphériques.

Il est extrêmement important de se rendre

familier avec la théorie-pratique des vents sur terre, non-seulement pour apprécier mieux et plus facilement le caractère vrai de l'air respirable par celui de l'atmosphère, mais encore pour se diriger d'un lieu à un autre ; car avec le seul ton de couleur du ciel, si on est familier avec la théorie-pratique de la boussole, on reconnoîtra facilement la position des lieux par rapport à eux, à soi et aux divers orients du soleil ; on évitera même d'être induit en erreur par des vents qui, de très-loin brisés par des montagnes ou des gorges, prennent souvent des directions peu concordantes avec le caractère de l'air atmosphérique, qui est le seul renseignement qu'on doive croire sur l'espèce de vent supérieur régnant. En un mot, je crois cette connoissance très-importante, mais encore très-peu répandue et encore moins employée.

Quand on considère l'extrême inégalité des vents dans leurs variations, on se persuade aisément qu'il faut, comme le dit M. de Buffon, *s'en tenir à en faire l'histoire.* Néanmoins, avec des observations soutenues et méditées, on arrive à tirer de ce chaos mobile une espèce de *théorie-pratique*, qui, en indiquant leurs plus grandes habitudes de régner, relativement aux régions, aux saisons semestrales et aux caractères atmosphériques, montrent qu'ils affectent encore le mode de marche de la terre dans l'écliptique.

D'abord deux choses importantes doivent se remarquer dans la théorie-pratique des vents; 1°. leur caractère général prenant pour principe le mode de la marche de la terre par rapport au soleil; 2°. le mode le plus habituel de leurs variations, suivant celui de l'ascension et de la déclinaison du soleil; de sorte que, selon la saison, ils adonnent encore plus ou moins dans les airs collatéraux de l'*est* ou de l'*ouest*.

Il est aisé de sentir que les variations des vents doivent être moins nombreuses à la surface des mers qu'à celle des terres, cette dernière leur présentant à chaque pas des obstacles contre lesquels ils viennent se briser, et par-là même changer leur direction; néanmoins on observe que dans les régions équatoriales, et dans les régions polaires, elles ont une habitude plus soutenue, ce qui s'étend à trente degrés à peu près de l'un et l'autre point. C'est donc seulement dans l'étendue des trente degrés intermédiaires où les variations se multiplient et se combinent, et spécialement dans l'étendue du quarante-cinquième au cinquantième, où les variations sont à tel point fréquentes et combinées que leur règne habituel est difficile à fixer : cependant, avec de l'attention et en rapprochant les observations météorologiques, il en résulte que, pour Paris, l'habitude des variations est de cinq mois *nord-est* pour la saison semestrale *vive*, et de sept mois *sud-ouest* pour la saison semestral *morte*. (Voyez le *Tableau indicatif*, n.ºs 6 et 16). A mesure qu'on marche de ce point vers les pôles, les vents prennent une habitude plus longue et moins variée dans la saison *morte* ; en marchant de ce même point à l'équateur, la même chose a lieu par rapport à la saison *vive*, ainsi qu'on peut le voir sur le *Tableau indicatif*.

Enfin, dans la partie de l'ancien continent de l'hémisphère septentrional tous les vents qui soufflent du *nord* par le *nord-ouest*, l'*ouest* jusqu'au *sud*, portent communément l'humidité et le froid, la tristesse du ciel et l'insalubrité de l'air, dans l'une et l'autre saison ; lorsque ceux qui soufflent dans toute l'étendue du demi-cercle opposé donnent généralement au ciel un caractère plus serein, à l'air plus de salubrité, de sécheresse et de chaleur.

TABLEAU indicatif des plus grandes habitudes des vents pendant les saisons semestrales vives *et* mortes *dans chaque région de la partie de l'ancien continent de l'hémisphère septentrional.*

N°. I.	Habitudes de la saison semestrale *morte* ou d'hiver.	Habitudes de la saison semestrale *vive* ou d'été.
Liste des 32 vents du compas des modernes.	Pôle nord.	
	— 9 o	
NORD.	N°. 2. Habitude par nord- Variation de septembre	nord-est ouest. équinoxiale par sud-ouest.
Nord-quart-nord-est. Nord-nord-est. Nord-est-quart-nord.	8 o	
NORD-EST.	N°. 3. Habitude par nord-nord- ouest et ouest pendant 9 mois.	Habitude N°. 13. par nord et nord-est pendant 3 mois.
Nord-est-quart-est. Est-nord-est. Est-quart-nord-est.	7 o	
EST.	N°. 4. Habitude nord-ouest et sud-ouest pendant 8 mois.	Habitude N°. 14. par nord et nord-est pendant 4 mois.
Est-quart-sud-est. Est-sud-est. Sud-est-quart-est.	6 o	
SUD-EST.	N°. 5. Habitude par ouest-nord- ouest et sud-ouest pendant 8 mois.	Habitude N°. 15. de nord et nord-est pendant 4 mois.
Sud-est-quart-sud. Sud-sud-est. Sud-quart-sud-est.	5 o	
SUD.	N°. 6. Paris sud-ouest pendant 7 mois. N°. 7. Région des plus 4|5 N°. 8. Région des va-	Paris nord-est N° 16. pendant 5 mois. grandes variations. riations moins fréquentes,
Sud-quart-sud-ouest. Sud-sud-ouest. Sud-ouest-quart-sud.	4 o	
SUD-OUEST.	N°. 9. Habitude par sud-ouest et sud pendant 4 mois.	Habitude N°. 17. par nord-est, est-sud-est et sud pendant 8 mois.
Sud-ouest-quart-ouest. Ouest-sud-ouest. Ouest-quart-sud-ouest.	3 o	
OUEST.	N°. 10. Habitude par sud et sud-ouest pendant 4 mois.	Habitude N°. 18. par est et sud-est pendant 8 mois.
Ouest-quart-nord-ouest. Ouest-nord-ouest. Nord-ouest-quart-ouest.	2 o	
NORD-OUEST.	N°. 11. Habitude par sud-ouest et ouest pendant 3 mois.	Habitude N°. 19. par nord et sud pendant 9 mois.
	1 o	
Nord-ouest-quart-nord. Nord-nord-ouest. Nord-quart-nord-ouest.	N°. 12. Habitude par sud Variation à l'équinoxe	et est. par sud-ouest de septembre.
	0	
	Équateur.	

CHAPITRE III.

Du Ménisque de la terre et de ses eaux.

Il ne paroît pas que les anciens aient connu la mesure ni la figure de la terre ; quoiqu'ils en soupçonnassent la sphéricité, ils n'en connoissoient qu'une partie : leurs connoissances se bornoient donc à la partie septentrionale de l'Afrique ; les deux tiers de l'Asie, tout au plus, puisqu'ils n'ont pas connu la Chine, ni la plus grande partie de la Tartarie ; enfin, ils n'ont assez bien connu de l'Europe que les parties méridionales et un peu le milieu, et le nord-ouest : l'Amérique dans son entier, les Terres Arctiques, telles que la Nouvelle-Zemble, le Spitzberg, le Kamtschatka, les Terres Australes, c'est-à-dire, la Nouvelle-Guinée, la Nouvelle-Hollande, la Nouvelle-Zélande, et les îles méridionales et orientales de l'Asie leur étoient totalement inconnues (*).

Telles sont nos conquêtes en géographie naturelle, depuis la fin du quinzième siècle, où les peuples de l'Europe commencèrent, à

(*) Sur ce point il faut encore avoir recours à la carte de M. Danville, intitulée : *Orbis veteribus notus*, ou Monde connu des anciens.

l'aide de la boussole dont ils venoient de faire la découverte à entreprendre des voyages de long cours , dans le dessein d'envahir et de nouvelles terres et de nouvelles richesses.

La sphéricité du globe est fort loin de la régularité générale , et même de la symétrie, dont les globes figurés et les théories entretiennent les idées fausses ; loin de là , le globe de la terre est un élipsoïde très-irrégulier , et vraisemblablement plus irrégulier encore , dit M. de Buffon , que nous ne le connoissons. Ces inégalités de formes et de densité des parties du globe , ne sont-elles pas les causes des nombreuses librations de la lune et de la terre ? Ceci n'est point de mon sujet en ce moment. Sa surface est divisée d'un pôle à l'autre par deux grandes bandes de terre et deux bandes de mer. La première et principale bande de terre est l'ancien continent , dont la plus grande longueur se trouve être en ligne diagonale avec l'équateur , s'écartant de la perpendiculaire de trente degrés vers l'occident, dans l'hémisphère méridional , et de trente degrés vers l'orient , dans l'hémisphère septentrional. Les calculs ont donné en dernier résultat quatre millions neuf cent quarante mille sept cent quatre-vingt lieues carrées à la surface de cette bande, appelée *l'ancien continent,* ce qui ne s'élève pas à la cinquième partie de la surface totale du globe, qui est portée à environ vingt-six millions de lieues carrées.

La deuxième bande de terre est également inclinée sur l'équateur, mais dans un sens contraire à la ligne ci-dessus, s'écartant de la perpendiculaire d'un peu moins de trente degrés vers l'orient, dans l'hémisphère méridional, et d'autant vers l'occident de l'hémisphère septentrional; les calculs ont donné en résultat deux millions cent quarante mille deux cent douze lieues carrées. Il résulte donc en dernière récapitulation, que toutes ces terres réunies font environ sept millions quatre-vingt mille neuf cent quatre-vingt-douze lieues carrées; ce qui n'est pas, à beaucoup près, le tiers de la surface du globe, qui en contient, comme on vient de le dire, environ vingt-six millions.

Comme on a observé que toutes les terres du globe ont été recouvertes d'eau, et qu'elles en sont sorties successivement, on a appelé *ancien continent* la bande de terre qui en a été délivrée la première, et *nouveau* celle qui en est sortie la dernière.

Les caractères d'ancienneté ou de nouveauté, se reconnoissent à différentes circonstances, dont les unes appartiennent à la nature, les autres sont l'ouvrage des hommes, et dépendent par conséquent de l'ancienneté de la population. Le sol des terres anciennes

est plus desséché, les montagnes plus vol-
canisées, les minéraux de toute espèce mieux
formés, plus organisés, plus figurés, les
pierres précieuses plus parfaites, la terre plus
féconde et mieux cultivée, les animaux quadrupèdes plus grands et plus vigoureux, et
sur-tout l'air respirable plus salubre.

Dans les terres nouvelles, au contraire, le
sol est plus humide, plus marécageux, les
forêts plus étendues, les plantes, les productions spontanées plus abondantes, les matières minérales moins formées, moins orga-
nisées, les hommes et les quadrupèdes moins
grands, mais les terres plus froides, l'atmosphère moins salubre, et les insectes et les rep-
tiles beaucoup plus gros. Il est extrêmement
important de remarquer cette différence de
la nature et du tems, relativement à l'un et
l'autre continent, et d'en distinguer encore ce qui se doit à la nature de ce qui est
le résultat de la main des hommes (*). Car il
résulte évidemment une amélioration première et principale du tempérament des hommes par celle de la température. L'une des influences de ce genre, la plus incontestable et
la plus importante, est l'extinction de la dia-

____

(*) Des notions sur les révolutions du globe se placent naturellement ici, mais le plan circonscrit de ce Précis m'empêche d'en rien
dire, parce que cela me jetterait trop loin de mon sujet principal et
de mes vues.

h iij

thèse mélancolique originelle, et par elle, celle de la maladie qui a le plus long-tems affligé l'espèce humaine. Il est incontestable que l'on doit spécialement l'affoiblissement de la lèpre et de toutes les affections chroniques de la peau, à l'amélioration de l'atmosphère par celle du sol, et il n'est pas moins certain que c'est encore là la première et la meilleure partie de la médecine d'observation *naturelle* qu'on n'a jamais enseignée, et qu'on n'enseigne pas encore dans nos écoles et dans nos livres (*).

Mais revenons à la configuration du ménisque du globe, dont une épisode médicale très-importante nous a un peu écarté.

Nous devons d'abord considérer la forme des deux grandes masses ou continens, sous le rapport général de deux immenses montagnes, dont la disposition des parties donne lieu à des inégalités de toutes espèces, et à des aspects très-variés au soleil et aux vents, ce qui donne lieu à des influences aussi immédiates sur la température, que la qualité

______

(*) La force des circonstances et de l'industrie mercantile ayant conduit, dans le quinzième et seizième siècle, à des défrichemens considérables, dans quelques-unes des provinces de France, on en vit disparoître peu à peu la ladrerie; maintenant on n'y voit plus que les hospices hors des villes, destinés à recevoir les malheureux qui étoient profondément grevés de cette épouvantable et dégoûtante maladie, et quelques diathèses mélancoliques qui attestent son existence par les accidens dont elles sont encore accompagnées.

propre de chaque sol ; enfin, que cette dernière modifie *premièrement* et *principalement* le tempérament des hommes qui habitent ces sols dans le génie de leur tempérament propre, et dans celui où leurs températures le sont elles-mêmes, comme cela sera dit et prouvé ci-après dans les températures locales.

On observe donc de plus grandes masses sous l'équateur, d'où partent des chaînes de montagnes qui se distribuent de l'occident à l'orient, et du nord au midi : de semblables masses se font voir dans les zones tempérées ; déjà moins élevées que les premières, elles fournissent comme elles de grandes chaînes de montagnes ; enfin on en remarque également de cette espèce dans les zones froides, encore moins élevées que les précédentes, mais fournissant comme elles des ramifications. Toutes ces montagnes primitives semblent, par leurs ramifications et leurs communications générales, faites pour lier les pôles à l'équateur (*).

La hauteur particulière de ces montagnes élémentaires ou primitives, a été évaluée pour les plus hautes, qui sont les Cordilières, dans le Pérou, à trois mille toises au-dessus du niveau de l'océan ; celles d'Afrique et celles de

____

(*) Voyez sur cette partie la *Géographie physique*, aussi intéressante qu'utile, de feu M. Buache, qui se trouve chez le citoyen Desauche, rue des Noyers.

l'Asie , qui sont le Taurus , l'Imaüs , le Caucase , et les montagnes du Japon , ont paru égales d'élévation , cependant moins hautes que celles d'Amérique , et plus élevées que celles d'Europe : la plus haute de l'Europe, qui est l'Etna , est évaluée à dix-huit mille toises, et les Alpes Suisses sont portées à deux mille cinq cents toises ; quant à la hauteur particulière de celles des zones froides , elle est estimée moindre encore que celle des montagnes des zones tempérées (*).

Il résulte déjà que ces grandes masses donnent lieu , par leurs différentes hauteurs et distributions , à des enfoncemens ou bassins plus ou moins profonds , et plus ou moins vastes , dont les bas-fonds servent de lit aux plus grands fleuves , qui tous se portent des montagnes primitives , où ils prennent leur source , aux différentes mers , et indiquent par-là la direction et la force de la pente générale du sol ; enfin, cela forme des vallons et des plaines qui se présentent diversement au soleil et aux vents. Ceci suffira, je crois, pour faire sentir qu'on ne peut être trop familier avec le gisement général et particulier des terres, et avec la théorie-pratique des aspects aux vents et au soleil, si on veut acquérir une connoissance profonde et précise de la tem-

(*) Sur cette partie consultez les *Voyages en Russie* du célèbre Pallas.

pérature commune ou propre aux grandes
parties du globe , et de toutes celles subséquentes ou propres aux plus petites parties ;
car il est très-important de remarquer que
sur cette connoissance repose essentiellement
l'esprit de la disposition générale des continens ; esprit qui se continue sans interruption à ces plus petites distributions , et dont
on ne peut encore séparer toute topographie
médicale , sans tomber dans l'inconvénient
de la stérilité , par la nullité de caractère
propre.

On a observé que toutes les pentes des bords
de la mer sont plates et longues vers l'orient ,
courtes et rapides du côté de l'occident ; que
de même dans tous les continens , la pente
des terres , à la prendre depuis le sommet des
montagnes , est toujours beaucoup plus rapide du côté de l'occident que du côté de
l'orient.

Il suit donc de cette disposition générale ,
dont l'esprit est commun à toutes les distributions subséquentes des parties du ménisque de la terre , que leur aspect déterminera
toujours les caractères de leur température ,
et qu'indépendamment de leur latitude , les
choses y seront bonnes ou mauvaises , ou médiocres dans le même aspect des pôles à l'é-
quateur.

La température , les eaux , les produc-

tions, les animaux, etc., seront donc généralement plus avantageusement traités à
l'aspect de l'orient qu'à tous les autres ; l'aspect du nord jouira déjà d'une bien moindre
somme d'avantages ; l'aspect de l'ouest sera
très-défavorable ; et l'aspect du sud ne rache-
tera pas ses maux par ses avantages.

Le noyau de la terre est de matière vitreuse,
homogène, et de la nature du *quartz*. Cette
matière impassible au feu, sert de support à
des substances calcaires, aux eaux, aux métaux, aux sels, aux soufres, et à d'autres
agrégats qui, travaillés par la chaleur cen-
trale du globe, se volatilisent plus ou moins
selon leur plus ou moins de disposition, et
selon leur état et leurs propriétés particulières ; enfin, elles ajoutent à celles des parties
constituantes de l'air ; c'est ce qu'on appelle
la transpiration terrestre. Dans bien des endroits elle fournit des miasmes très-viru-
lens, dans d'autres elle procure de grands
avantages aux végétaux, et quelques animaux
s'en accommodent ; l'homme est celui qui s'en
accommode le moins. La transpiration terrestre rend généralement l'air des nuits moins
salubre que celui des jours, ce qui est encore
augmenté par le clair de la lune, ainsi que
bien des faits le dénoncent.

Coup d'œil général sur les Eaux.

Le globe considéré par sa surface, montre d'abord plus des deux tiers de cette dernière formés par l'eau des différentes mers, et par cela seul atteste déjà que la terre est une planète bien plus aquatique que terrestre.

Il suit nécessairement qu'une aussi immense surface d'eau, offre au soleil le moyen d'en élever sans cesse dans l'atmosphère de la terre une portion considérable qui, portée par les vents sur les terres, y tombe en pluie, les rafraîchit et les fertilise ; que l'excédent vient se réunir aux eaux qui sourdent de la terre pour former les grands fleuves qui se rendent à la mer, pour tenir l'équilibre entre la recette et la dépense ; enfin, qu'il paroît que c'est à cet équilibre admirable que nous devons celui de tous les phénomènes particuliers à la terre. C'est donc premièrement et principalement par cette quadruple union du feu, de l'air, de la terre et des eaux, que tous les êtres acquièrent une existence, la conservent et la déposent dans les modes et les termes assignés à leur nature ? Mais revenons aux eaux.

Il se présente encore à la surface des terres dés portions d'eau considérables, stagnantes ou coulantes. L'une des propriétés de ces dernières, est de démontrer le sens et le degré de déclivité des sols qu'elles parcourent, ce qui devient extrêmement utile à connoître quand on veut se donner une idée juste des aspects généraux ou particuliers de toutes les terres.

Lorsqu'on considère le continent d'Amérique, on voit presque tous les fleuves couler de l'*ouest* à l'*est* avec une assez grande rapidité.

Les grands fleuves de l'ancien continent indiquent diverses grandes pentes se présentant à tous les aspects.

Le sol du nouveau continent a en général beaucoup plus d'eau à sa surface que l'ancien, toutes choses égales entre elles. Il est donc très-naturel que l'atmosphère de cette partie du monde et son sol, soient beaucoup plus humides que ceux de l'ancien.

L'eau joue un trop grand rôle dans la nature pour qu'elle n'ait pas dû fixer toute l'attention des hommes dans tous les tems. Quoique privé des moyens de la chimie, de la physique, etc. Hippocrate a observé et traité cette partie avec le génie du Médecin Physicien supérieur à son siècle, et supérieur au nôtre par quelques vues (*). Si quelques-unes de ses idées semblent contre-

(*) La sensation délicieuse que la meilleure eau fait éprouver au sens de l'*odorat*, présente des vues que nos expériences contasteront un jour. Beaucoup d'autres qu'on regarde aujourd'hui comme des fautes des copistes auront le même sort.

dire les nôtres, gardons-nous qu'une prévention indiscrète, en faveur des lumières acquises, nous fasse dédaigner ce qui doit rester éternellement le motif d'une juste admiration.

On a distingué et classé les différentes eaux, et les systèmes d'hydrologie que nous possédons en ce moment sont ceux de Valerius, de Cartheuser, de Monet, etc. Il résulte donc qu'on peut distinguer les eaux en *douces* et en *minérales*; sous la première dénomination on peut y comprendre les eaux du *ciel* et celles de la *terre*, et sous la seconde les *gaséuses*, les *salines*, les *sulphureuses* et les *ferrugineuses*. On peut encore porter ces distinctions plus loin pour aider à s'entendre, à mesure que les lumières s'étendent et que leurs rapports se compliquent.

La principale propriété de l'eau est d'être dissolvante; mais elle ne jouit de cette propriété que dans la proportion que lui en laisse la nature et la quantité des parties hétérogènes, dont elle est toujours plus ou moins chargée.

L'eau est très-avide d'oxygène ou d'air pur, mais elle s'en sature plus ou moins facilement, selon qu'elle est plus ou moins propre à le recevoir, et que la température de l'air et de l'eau convient plus ou moins à cette intromission.

L'eau acquiert différentes propriétés en raison du plus ou moins d'air pur qu'elle contient. Si elle contient beaucoup d'oxygène, elle est sensiblement d'une *bonne odeur*, ou elle fait éprouver cette sensation délicieuse à l'odorat, qu'Hippocrate a désigné par la *bonne odeur* de la meilleure eau possible ; et sur ce point il ne s'est pas trompé, car il a désigné l'eau de pluie pour être de toutes les eaux la meilleure, ce qui est généralement avoué.

On peut se donner une idée générale des différentes eaux en les classant ainsi qu'il suit. Néanmoins on ne doit pas regarder ces distinctions comme rigoureuses et les prendre à la lettre. Ces sortes de tableaux *synoptiques, analytiques*, etc. ont toujours le défaut essentiel de classer et de séparer ce qui appartient en même tems à différentes parties, et de toujours pécher contre le génie de l'ensemble et souvent contre la vérité des faits, et par-là même de ne pouvoir pas servir de table de matières au livre dont ils prétendent offrir le dessin, ou de programme au cours dont ils croient donner le plan (*).

(*) Pour juger ces sortes de tableaux synoptiques, il ne faut que suivre avec attention l'ordre *naturel* de succession des phénomènes de la nature dans un de ses systèmes d'organisation, tel, par exemple, que celui de l'économie animale, où les dépendances *absolues, premières et principales de ses premières causes*, ne sont point d'abord fixées dans leurs principes et dans leurs rapports, où des *mots insignifians* tiennent lieu des *choses*, telles que du *principe*

TABLEAU *de la division des Eaux.*

DIVISION DES EAUX EN	**DOUCES.**	**Eaux du ciel.** { Eaux de pluie. / Eaux de rosée. / Eaux de neige. / Eaux de grêle.
		Eaux des citernes et des mares.
		Eaux de terre. { Eaux de puits. / Eaux de sources. / Eaux de rivières et de fleuves. / Eaux de lacs. / Eaux d'étang et de marais.
	MINÉRALES.	**Gaseuses ou acidules.** { Acidules froides, telles que les *Eaux de Seltz.* / Acidules chaudes, telles que les *Eaux du Mont-d'or, de Vichi*, etc.
		Salines, telles que les *Eaux de Sedlitz, de Balaruc, de mer et les saumâtres.*
		Sulfureuses, telles que les *Eaux de Barrège*, etc.
		Ferrugineuses. { Acidules martiales, telles que les *Eaux de Spa, de Pyrmont.* / Martiales simples, telles que les *Eaux de Forge, d'Aumale*, etc. / Vitrioliques, telles que les *Eaux de Passy.*

Après avoir considéré l'eau en observateur naturiste, il convient de la considérer maintenant sous ses rapports chimiques.

L'eau a été long-tems regardée comme un principe élémentaire ou comme un être parfaitement simple; mais des expériences rigoureuses ont prouvé qu'elle est une substance composée d'oxygène et d'hydrogène, et que

vital, de la nature et de la propriété du milieu organique de l'agent de la vie; enfin, des lois auxquelles obéissent ces premiers moteurs, etc. etc.

sur cent parties d'eau, le premier s'y trouve pour quatre-vingt quatre et un quart, et le second pour quinze trois quarts : d'où il résulte que l'eau est spécialement composée de ces deux principes connus, et qu'elle doit agir comme les autres corps composés que nous connoissons, c'est-à-dire, en raison des affinités de ses principes constituans. Néanmoins, il ne faudroit pas partir de tels principes pour asseoir son jugement sur ses produits dans la digestion et dans ses effets subséquens.

Enfin, l'eau joue dans l'atmosphère et dans l'air respirable un rôle trop important pour ne pas mériter toute notre attention : c'est ce que nous aurons occasion de faire remarquer plus particulièrement à l'article de la *Météorologie médicale*.

Tels sont donc les phénomènes généraux, à l'esprit desquels se rallient évidemment celui de tous les autres phénomènes de la nature, parce qu'ils reçoivent leur caractère essentiel, premièrement et principalement de la nature particulière des sols et de leur température propre, ensemble ou séparément. Mais une idée générale de la météorologie médicale achevera de nous donner celle du génie particulier de la chaîne des premières causes, dont notre économie dépend premièrement et principalement.

CHAPITRE

CHAPITRE IV.

Météorologie médicale.

LE plus grand et le plus important des mé·
téoresest l'air atmosphérique ; placé entre tous
les êtres, il sert encore d'excipient et de base à
toutes les causes qui affectent l'économie , il
développe leurs diverses propriétés. Il importe
donc essentiellement à l'homme de le connoître en lui-même et dans ses résultats naturels , pour distinguer et apprécier les impressions de ce fluide dont la vie de l'homme
est le résultat rigoureux, et dont son organisation dépend premièrement et principalement.

Cet être se présente toujours à nous dans
un état très-composé : l'air pur en forme la
base, auquel viennent se joindre sans cesse des
fluides d'espèces très-différentes et tout-à-fait
distinctes, ce qui donne à l'air atmosphérique
des propriétés très-variées en raison de celles
que chacun des autres fluides y apporte.

L'air considéré d'abord comme nous pouvons le faire maintenant, est composé , sur
cent parties, 1º. de soixante-douze d'une
substance à laquelle les chimistes modernes
ont donné le nom de nitrogène (*), gaz azote

(*) Cette première dénomination est préférable à toute autre,

i

ou mofette atmosphérique; 2°. d'un fluide que ces mêmes chimistes ont appelé acide carbonique ; 3°. et de vingt-sept parties d'air vital, qui est lui-même composé d'oxygène ou principe acidifiant, et de calorique ou principe de la chaleur; mais on ignore les proportions de ces deux derniers fluides entre eux , quoique leur existence ne soit pas plus douteuse que celle des deux autres. Néanmoins, il nous est permis d'espérer, par ce que le génie des chimistes a découvert sur la nature de l'air, qu'on forcera la nature à livrer son dernier secret sur ce point.

Par rapport à l'homme, l'air respirable est plus ou moins avantageux à son économie, et cela en raison composée des proportions et des propriétés diverses des différens fluides qui viennent sans cesse varier sa composition, et en raison de son tempérament propre.

Deux manières ont été employées pour discerner et apprécier les influences et les résultats de toutes ces diverses combinaisons, la première est l'observation *naturelle* des impressions, dont la seule raison forme le jugement qu'on en porte, par la faculté qu'elle a reçue de combiner, de redresser et d'apprécier nos sensations. Tel est le fruit de l'obser-

étant plus précisément dans l'esprit de la nouvelle nomenclature, ce que Chaptal a très-judicieusement discuté et établi dans ses *Élémens de Chimie* , auxquels je renvoie.

vation *naturelle* mais attentive, et du raisonnement dont la faculté ne nous a été aussi
donnée que pour en faire cet usage.

La seconde est de se procurer, au moyen
d'instrumens, une donnée commune sur laquelle on calcule les résultats des expériences
auxquelles on a soumis l'air. Cette donnée
s'obtient donc au moyen d'instrumens qui
éprouvent l'air et qui rendent compte des différentes impressions qu'ils en éprouvent.

Chacune de ces méthodes a ses avantages
et ses inconvéniens; tout gît dans l'à-propos
de leur emploi. Sans doute nos sensations
sont toujours vraies, et ne nous trompent jamais dans le but auquel elles ont été destinées;
mais les conséquences que nous en tirons sont
souvent fausses : l'erreur vient de ce que nous
nous pressons trop d'expliquer le mécanisme
ou le *quomodo* d'un phénomène, ou de juger
des choses en elles-mêmes; que sans un très-
profond examen du jeu des circonstances,
nous appliquons à certaines choses les apparences de beaucoup d'autres; que souvent
nous forçons à l'assimilation des faits qui
sont tout-à-fait différens entre eux, etc. etc.
Mais que devons-nous conclure de tout ceci?
Que ce seroit le comble de la déraison de rejeter l'instrument le plus propre à traiter un
sujet, en raison de la maladresse et du manque de génie de l'ouvrier à s'en servir. Les

anciens ont été fort avant dans les vérités de la nature avec cette seule méthode.

La méthode d'analyse mécanique a sans doute son mérite, par rapport aux sciences exactes, elle peut être même utile aux sciences naturelles ; mais la nature ayant des lois, des moyens et un génie d'action qui lui sont propres, elle ne fournit souvent, par cette méthode de la philosopher, que des principes précaires et des certitudes stériles, qui, loin de ramener au génie des opérations de la nature, en éloigne sans retour. En définitif, par la première, avec du génie et de l'attention on arrive aux vérités très-élevées de la nature ; avec la seconde, il est physiquement certain qu'on ne pénétrera jamais aussi avant.

Si je me suis arrêté un instant sur ces deux méthodes de philosopher les sciences naturelles, c'est, qu'indépendamment du vice venant d'un attachement *exclusif* à la méthode d'analyse mécanique ou d'expérience, nous allons entrer, au siècle de raison, dans une carrière où cette méthode de philosopher ne peut plus avoir la prépondérance par l'état actuel de nos lumières, et relativement à la nature particulière du sujet (*).

(*) Il paroît depuis quelque tems plusieurs essais sur l'espèce d'analyse la plus propre aux faits de la médecine guérissante ; de ce nombre est celle du citoyen Clos de Sorèse. Cette méthode de philosopher l'économie animale est très-bien présentée ; mais

J'ai déjà dit, en parlant de la température, que l'état de l'air se basoit essentiellement sur la combinaison de la chaleur, du froid, de l'humidité et de la sécheresse ; il faut encore en revenir aux différentes combinaisons de ces propriétés pour apprécier l'intensité d'action des diverses parties qui entrent dans la composition de l'air respirable.

Si donc on fait attention au petit nombre de combinaisons que cela peut produire, on sentira aisément, qu'en généralisant les circonstances, on obtiendra les principales nuances de température, auxquelles viendront se rallier toutes les nuances intermédiaires.

L'air peut être chaud et sec, froid et sec, froid et humide, et chaud et humide : dans les deux premiers états, les fluides additionnés à l'air pur sont soumis à trop ou trop peu d'expansion pour être nuisibles; le seul calorique agit trop dans le premier, et pas assez dans le second. Dans les deux derniers, et spécialement dans le chaud et l'humide, les fluides d'addition y auront donc une activité d'autant plus grande que l'humidité devient

il me semble que son application eût dû être faite préalablement à l'homme en santé, puisque celle-ci est la donnée naturelle et absolue de l'état de maladie, et que ce dernier n'en est que la dérogation immédiate. Au surplus, on ne présente pas communément un génie aussi propre à l'observation et un jugement aussi sain que le citoyen Clos de Sorèse, à l'âge de 26 ans. Son essai est un véritable coup de maître.

le conducteur le plus puissant du calorique et de tous les autres principes composant de l'air.

Les circonstances sont celles des lieux et de leurs aspects : celles des lieux se réduisent à trois, le niveau des eaux, la haute plaine et la cîme des montagnes habitées. Les aspects se réduisent à quatre principaux, le nord, l'est, le sud et l'ouest. Enfin, le souffle le plus habituel des vents, par rapport à chaque nature de lieu et de zone, et à chaque aspect et saisons, décidera, 1°. du plus ou moins de chaleur et d'humidité, ensemble ou séparément ; 2°. du plus ou moins de salubrité et de ressort. Tel étoit le moyen que les anciens s'étoient donné pour apprécier toutes les influences de l'air respirable sur l'économie de l'homme, par les seules observations naturelles des phénomènes combinés et appréciés par approximation des circonstances. Avons-nous fait autre chose jusqu'alors avec nos instrumens, que de confirmer leurs résultats ou leurs vues? Et lorsque nous nous porterons encore en avant sur ce point, n'arriverons-nous pas seulement à constater leur *spiritus alimentum,* leur *pabulum vitae* (*)? Je suis loin de vouloir

(*) Le génie de la chimie vient de constater les vues d'Hippocrate sur l'air; car nous ne pouvons nous dissimuler que notre air vital ne soit ce qu'il désigne par le *spiritus alimentum,* le *pabulum vitæ,* qu'il avoit discerné dans l'air par les seules observations naturelles faites sur l'économie de l'homme.

insinuer que les instrumens de physique soient inutiles, et qu'on ne tire aucun fruit des résultats des expériences ; étranger à toute espèce d'excès, je n'*exclus* point une méthode de philosopher pour en préférer *exclusivement* une autre. J'examine celle de la nature, et je m'en donne une qui puisse le mieux coïncider avec le génie de la sienne : 1°. j'observe dans la sienne que moins de moyens, plus de sublime dans les résultats, donc plus d'instrumens, moins de génie sera toujours une méthode de philosopher plus éloignée du génie de la sienne ; mais si, par la foiblesse de mon être, je suis obligé de m'aider de moyens étrangers à ceux de la nature, c'est avec la certitude que, même en l'approchant de très-près, je resterai toujours très-loin d'elle, et qu'enfin j'arriverai encore à la nécessité de chercher *ses vérités finales* avec la seule induction de l'observation naturelle, attendu l'impossibilité physique de les saisir par la voie des expériences et des calculs. Telle est celle des lois d'action propre à l'économie animale.

Je ne m'étendrai point ici sur la dissolvabilité, la pesanteur et les autres propriétés de l'air respirable que tout le monde connoît, et dont tous les livres peuvent donner les détails ; je ferai seulement mention de la donnée commune convenue entre les savans, pour apprécier la chaleur, l'humidité et la pesanteur de l'air, d'après la supposition uniforme de vingt-huit pouces du baromètre, de dix degrés au-dessus de zéro du thermomètre de Réaumur, et d'un certain nombre de degrés de l'hygromètre de M. de Saussure. Cette donnée, malgré les vices et l'insuffisance reconnus des instrumens et de leurs résultats, n'est pas sans utilité dans bien des cas, et peut conduire à en former une propre à l'économie de l'homme. L'air de l'atmosphère n'est pas partout, ni en tout tems, ni à toutes les hauteurs, composé de la même quantité proportionnelle des fluides dont on vient de parler, mais il s'y trouve sur-tout tantôt moins de calorique que d'humidité, et *vice versa ;* d'où il résulte le plus ou le moins de pesanteur et d'élasticité de l'air, ce qui change, indépendamment de toutes ses autres combinaisons, ses propriétés principales, en changeant leurs combinaisons les plus importantes à connoître par rapport à l'action première et principale la plus évidente de l'air sur l'économie animale. Un instrument qui nous donneroit le moyen de discerner à l'instant les quantités et les qualités des différentes espèces de principes qui viennent varier sans cesse la composition de l'air, compléteroit cette donnée, qui deviendroit alors bien plus directement utile à la médecine par son application plus immédiate à l'économie animale. Mais les instrumens sont encore trop loin de leur perfection particulière et de celle de leurs rapports, pour que l'observateur puisse se confier à leurs résultats.

A mesure qu'on s'éloigne de la partie de la terre la plus au niveau des eaux, l'air devient plus simple et plus froid, son action de pesanteur diminue dans la même proportion, les phénomènes d'observation naturelle coïncident parfaitement avec les résultats d'expériences ; et si ce principe constant reçoit des exceptions, ce n'est plus que des diverses zones, des aspects des lieux, et suivant les diverses circonstances des saisons, des vents, des nuages, des vapeurs et des autres météores. Il faut donc ramener les phénomènes de ces trois points à des caractères fixes, autant que la théorie-pratique des phénomènes atmosphériques, dans ces circonstances, peut le permettre, et se procurer la donnée la plus propre à estimer les phénomènes de l'économie de l'homme. A l'aspect du nord, près du pôle septentrional, l'air est plus habituellement moins composé et moins pesant ; les vents de cette partie ont une allure plus constante, portent de l'eau dans l'atmosphère, sur-tout quand ils soufflent dans la dépendance du nord-nord-ouest ; alors les vents et les nuages y sont par grains (*) ; le contraire

(*) Voyez le Tableau Nᵒˢ. 3, 4 et 5.

arrive dans l'aspect du nord-nord-est et du nord-est : ce vent peut être regardé comme le purificateur de l'air. A l'aspect de l'est, l'air resplendissant de lumière est plus composé et plus léger que dans l'aspect du nord. Les vents de cette partie ne portent point de météores aqueux, mais bien des ignés très-secs et très-brûlans dans la dépendance du nord-est : humide et suffocant dans la dépendance du sud-est (*). A l'aspect du sud, l'air surabonde de lumière et de chaleur; selon la proximité des eaux, les vents du sud jettent beaucoup de nuages dans l'air, qui alors déroge souvent et beaucoup à son équilibre le plus avantageux à l'économie dans l'une et l'autre de ses dépendances (**) ; enfin, dans l'aspect de l'ouest, le ciel toujours triste est encore obscurci par les vents qui soufflent avec constance de cette partie, qui surchargent l'air d'une excessive humidité, sur-tout dans la dépendance du sud-sud-ouest. Enfin, dans la dépendance du nord-nord-ouest le ciel a des éclaircis, et les vents y portent des nuages très-considérables, qui font varier l'air d'une manière aussi brusque dans sa composition que dans l'intensité de son action (***).

L'impossibilité encore existante de détermi-

(*) Voyez le Tableau N°s. 17, 18 et 19.
(**) Voyez le Tableau N°. 17.
(***) Voyez le Tableau N°s. 17, 18 et 19.

ner à l'instant les proportions de la chaleur, de l'humidité, du poids et de la pureté de l'air par les instrumens, et de convenir d'une donnée commune de température propre à l'économie animale, d'après la supposition uniforme du degré déterminé de chaque qualité; il faut donc s'en composer une en appréciant les résultats des impressions premières et principales de l'air dans les différentes températures de la terre. En jetant les yeux sur le globe on voit l'espèce humaine se distinguer sensiblement en deux parties; l'une blanche, qui est la plus nombreuse et de la meilleure constitution, l'autre noire forme une espèce très-dégradée dans ses principes constitutifs. Ces deux nuances extrêmes, que des nuances intermédiaires rapprochent, sont diversement influencées; la première par l'humidité, la seconde par la chaleur de l'air. Il est évident que la noire l'est par une force de chaleur que rien ne tempère. Enfin, que cette impression est tellement profonde qu'elle en fait une classe d'hommes d'une nature essentiellement différente par une combinaison particulière de ses principes constituans. La nuance blanche, au contraire, en obéissant à la puissance de la chaleur, est plus ou moins modifiée par sa propre humidité et par celle de l'air. Il résulte donc de la combinaison de la chaleur et de l'humidité quatre nuances distinctes de température, 1°. chaude et sèche ; 2°. froide et sèche ; 3°. froide et humide ; 4°. enfin, chaude et humide.

Ceux d'entre tous les peuples qui réuniront le plus éminemment les conditions de la plus excellente constitution , sera celui qui indubitablement naîtra, s'élèvera et vivra sous la meilleure température ; celui enfin qui formera encore la donnée commune naturelle la plus vraie et la plus sûre des idiosyncrasies ou des tempéramens. On a beaucoup cherché ce point de perfection de l'économie ; mais l'ayant voulu trouver comme le point géométrique, on l'a manqué de même : trouvé dans la nature , dans des peuples entiers, sera-t-on obligé alors de se le figurer dans l'Apollon du Belveder , dans l'Hercule Farnèse , dans la Vénus de Médicis ou dans toute autre perfection outrée et fantastique ; ou sera-t-on réduit à dire , avec Galien, que cette perfection n'a dans l'homme qu'un instant d'existence ? Ces deux propositions sont également paradoxales ; et je me propose de faire disparoître ces erreurs dans mon cours de philosophie médicale de l'homme vivant, lorsque je traiterai des idiosyncrasies ou des différens équilibres sanitaires justifiés par des exemples pris parmi les hommes en masse de peuple comme dans le seul individu ; car la donnée commune naturelle et absolue des diverses santés est la santé la plus parfaite, comme la santé parfaite, de telle nuance qu'elle soit, est celle de toute dérogation ou maladie.

Tout état de santé est un état d'équilibre propre qui n'admet aucune *prédominance.* Le cercle amené à l'ellipse n'augmente ni ne diminue de surface, et le rayon le plus court ne pèse ni plus ni moins sur son centre que le plus long. Pourroit-on dire que les jeunes gens sujets aux hémorragies sont dans la prédominance sanguine ? Si ensuite ils passent à l'ictère, qu'ils soient dans la prédominance bilieuse ? Un vase de la continence de dix pintes est mis sur le feu avec une chopine de lait ; celui-ci entre en ébullition, passe pardessus les bords du vase : y a-t-il prédominance laiteuse ? Dans les deux premiers cas, il y a prédominance de chaleur vitale, et c'est celle dont on ne parle pas, dont on ne s'avise pas même, et cette prédominance est toujours maladie.

Toute prédominance est donc illusoire dans l'état de santé ; dans tel tempérament ou système de l'économie que ce soit, il ne peut y avoir que tendance commune de tous les principes, disposition, diathèse, et jamais prédominance d'un seul ; car dès qu'elle se manifeste, c'est état de maladie que des symptômes attestent toujours. En un mot, c'est prouver qu'on n'est point à la hauteur du génie particulier du système de l'économie de l'homme sain, que de prêcher tout haut une doctrine sans principes sûrs, qu'on ne peut rallier à aucune donnée commune, et qu'on ne peut même faire coïncider avec les faits, sans s'abuser et sans abuser les autres avec soi.

Boerhaave a tellement senti le vice de ce moyen, qu'il n'a pas jugé à propos de l'employer. Loin de là, il reconnoît d'abord que les phénomènes de l'économie animale composent un tel cercle d'action, que par une récombinaison perpétuelle, à tout instant, les effets y deviennent des causes, et les causes, à leur tour, y deviennent des effets. Enfin, il avoue qu'il ne peut assigner à ce cercle ni commencement ni fin. Pour ne pas s'embarrasser dans ce dédale, il a préféré marcher des détails particuliers de la digestion aux principes généraux. Tout le monde sait les erreurs dans lesquelles on peut tomber par cette manière de philosopher l'économie animale et le peu de lumières qu'en doit retirer la doctrine (*).

Les premiers moyens naturels de la vie sont l'air et la respiration, ils sont encore ceux

(*) Boerhaave fut toujours trop exclusivement attaché à la physique d'expérience, ce qui l'empêcha d'employer son génie à scruter l'observation naturelle.

absolu de sa durée (*). Une telle vérité naturelle méritoit bien que le génie se portât
d'abord à l'étude de ses causes premières,
pour les connoître mieux en elles-mêmes dans
leurs lois d'action et dans leurs résultats finals.
Cependant, jusqu'alors, c'est la fonction de
l'économie la moins connue dans ses premières causes, dans ses lois d'action et dans ses
résultats.

L'air pris par la respiration est le point qui
commence le cercle de la vie, il est aussi celui qui commence le cercle d'action de notre
système d'organisation. Hippocrate et Staahl
ont particulièrement tenu à cette idée, ce qui
est prouvé par les efforts de génie qu'ils font
tous deux dans leurs écrits pour saisir le rapport général des mouvemens de la vie entre
eux, et de ceux-ci avec leur cause première.
Mais la manière dont Hippocrate discute cette
question, se ressent d'autant plus de l'obscurité de la philosophie de son tems, qu'elle
avoit alors moins de moyens de l'éclairer sur
ce point; et celle de Staalh est si enveloppée
dans son système de l'ame ouvrière de toutes
les fonctions, qu'il perd de vue la nature et
le *quomodo* de la cause vivifiante qui commence la chaîne, et que cet oubli étoit le seul

(*) *Pulmo contrarium corpori alimentum trahit, et reliqua omnia
idem.* (*De Alimento.*) Le poumon a un aliment particulier, toutes
les autres parties du corps ont un aliment commun.

moyen de manquer l'intelligence du mécanisme de cet enchaînement, bien qu'ils fussent convaincus, l'un et l'autre, de son existence.

L'homme, pour vivre, s'empare à chaque
instant d'une grande quantité d'air, auquel
il enlève *évidemment* ce qui lui convient, avec
autant de rapidité qu'il se l'approprie par la
double faculté d'*organe* et de *similitude de
son agent vital* : il y a donc digestion et assimilation de l'air à chaque inspiration. Quelqu'étonnant que puisse paroître ce phénomène par son extrême rapidité, il cessera de
l'être lorsqu'on connoîtra mieux la nature et
la propriété uniforme ou commune du milieu
qui sert de lien et de régulateur à l'agent vital, ainsi que les lois d'action propres auxquelles il obéit. C'est de cet objet qu'il faut
aujourd'hui s'occuper ; mais ce point, tenant
essentiellement aux lois d'action propre de
l'économie, je me réserve de le traiter, dans
toute sa latitude, dans mon cours de philosophie médicale de l'homme vivant.

J'ai déjà dit que c'est aux différens états de
l'air que sont dues, premièrement et principalement, toutes les idiosyncrasies ou les tempéramens différens ; les équilibres propres de
santé, d'où dérivent encore toutes les diathèses ou dispositions plus particulières à telle
ou telle classe d'affection. Je vais terminer ce
Précis

Précis introductif par des exemples irrécusables, pris dans la masse des phénomènes naturels qui se présentent à nous sur le globe : tels seront ceux que nous fourniront les températures de la Tartarie, de là Hollande, de l'Asie et de l'Afrique sous l'équateur, et de l'Amérique entre les tropiques, des îles Philippines et de celles du golfe du Méxique.

Des quatre températures principales considérées dans leurs influences évidentes et dans l'ordre du moindre avantage au plus grand.

1º. De la température chaude et humide du continent d'Amérique entre les tropiques, et de celle des îles Philippines et du golfe du Mexique (*).

2º. De la température froide et humide de la Hollande.

3º. De la température chaude et sèche de la Syrie, de l'Égypte et de l'Afrique sous l'équateur, jusqu'à l'un et l'autre tropique.

4º. De la température froide et sèche de la Tartarie.

(*) La température de ces contrées est une de celles qu'Hippocrate n'a point connu, et dont il n'a pu prendre d'idée par celle des lieux qu'il connoissoit ; d'où il suit qu'il a considéré la température froide et humide comme la plus défavorable à l'économie animale. Il est certain, au contraire, que celle chaude et humide, particulière à l'Amérique, attaque et dégrade plus sensiblement l'économie, dans la cohérence essentielle de ses principes constituans, que la température froide et humide.

Dans quelque température que ce soit, qui aura un extrême, on n'y trouvera jamais la constitution de l'économie complètement parfaite : il faut donc un accord rare de toutes les circonstances dans leur état moyen pour donner à l'économie toute la perfection à laquelle elle puisse atteindre; c'est-à-dire, pour jouir autant que possible, 1°. du plus heureux développement; 2°. de la vie la plus longue; 3o. de la santé la plus imperturbable; 4°. de la force physique et morale la plus étendue (*). On ne trouvera point dans les quatre constitutions atmosphériques, dont je vais indiquer les principaux caractères par leurs influences particulieres, le tempérament parfait, *naturel*, qu'Hippocrate croyoit exister en Ionie(aujourd'hui l'Asie mineure) ;que Galien ne voyoit exister dans l'homme qu'un instant, et que les médecins de nos jours ne considèrent encore à peu près que comme les peintres et les sculpteurs, c'est-à-dire, comme une perfection idéale ou fantastique ; et que cependant j'assure exister dans des peuples entiers encore à peu près dans les mains de la nature. Attendu que la description de ce tempérament n'eût pu être placée dans ce Précis qu'isolée de ses dépendances développées, ou par extrait et tout-à-fait en hors-d'œuvre : j'en

(*) Voyez, page 5o de la traduction, les principes de ces conditions.

renvoie donc la démonstration à mon cours de philosophie médicale de l'homme vivant (*).

Si on se rappelle qu'une des conditions rigoureuses de l'état de l'air pour pouvoir pénétrer tous les corps organisés, est d'être chargé de calorique et d'humidité, et que c'est spécialement à l'aide de cette dernière qu'il s'introduit plus facilement avec tous ses principes constituans et tous les miasmes qui viennent s'y unir, on sera déjà plus disposé à reconnoître que c'est par les modes variés de ces deux circonstances que l'air nous pénètre et nous remue plus facilement et mieux dans toute l'étendue de sa composition, et que par-là même il imprime premièrement et principalement à l'essence des idiosyncrasies leur caractère natal dans le génie commun et dans le génie propre ou individuel, et que de ce caractère suit naturellement et sans effort toutes les diathèses ou dispositions différentes plus particulières à telle ou telle classe d'infirmités ; enfin, que ce caractère est tel que les usages secondaires

(*) Je ne me dissimule pas que je prive les lecteurs d'un tableau intéressant et utile, mais cette donnée commune des idiosyncrasies ne pouvant être séparée de toutes ses dépendances déterminantes, cela m'eût entraîné beaucoup au-delà de mon but et de la proportion du cadre de ce Précis ; d'ailleurs, en n'en présentant pas même l'esquisse, j'ai désiré éviter le double inconvénient de n'être pas suffisamment entendu par les uns ou d'être traduit d'avance, bien ou mal, par des *metteurs en œuvre*, qui n'ont que le singulier mérite, ou de déprécier les idées des autres, ou de s'en emparer pour en tirer parti à leur profit.

peuvent bien l'altérer, mais jamais le détruire (*).

Il ne peut donc plus paroître étonnant que, sous ce point de vue, fondé en principe, je place d'abord ici la constitution atmosphérique chaude et humide, comme la moins avantageuse à l'économie animale : je vais maintenant indiquer les faits résultans de cette chaîne de principes, en marchant du *minimum* au *maximum* des avantages.

Du continent d'Amérique et des îles entre les tropiques.

Dans la constitution atmosphérique chaude et humide de l'Amérique entre les tropiques, et sous l'équateur, les Philippines, et les îles du golfe du Méxique, les enfans y naissent sensibles et foibles ; et plus que toute autre cause, le passage subit de l'air, de la chaleur humide au froid humide, qui a lieu tous les jours à l'instant où le soleil tombe sous l'horizon, en moissonne d'abord une grande partie par des convulsions qui attaquent principalement les muscles du col et ceux de la mâchoire,

---

(*) L'usage très-long d'un autre air que celui où l'on est né et élevé jusqu'à l'âge de vingt ans, mais plus particulièrement le croisé des espèces et des nuances, sont les seuls moyens d'altérer le caractère essentiel des idiosyncrasies d'*espèce*, ou de le perfectionner. Tout usage secondaire peut bien le masquer, mais non le détruire. *Quod ægrè immutatur, ægrè consumitur : quod facilè apponitur, facilè consumitur.* (Hipp. de *Alimento*.)

ce qui a fait donner à cette maladie le nom de *mal-mâchoire :* la nuance noire, plus que la blanche, éprouve cette influence. Dans le même sens, plus que partout ailleurs, les accidens plus particuliers à l'enfance y sont plus orageux et plus funestes ; l'avortement, la leucophlegmatie, la dentition, les vers, la petite-vérole, ont une telle intensité qu'elles tempèrent par la mort la population de ces contrées. Ceux qui survivent se développent sous le rapport commun du tempérament flegmatique nerveux avec diathèse pituito-bilio-putride. Il est évident que, dans cette constitution atmosphérique, la *solidité matérielle* (*) est fort au-dessous de la faculté sensitive ; d'où il suit nécessairement la nuance d'équilibre sanitaire la moins avantageuse à l'économie de l'homme, sous le plus grand nombre de rapports. En un mot, on pourroit regarder leur état de vie comme une diathèse cachectique, ou pituito-bilio-nerveuse perpétuelle.

Les femmes y étant encore d'un tempérament plus inférieur, elles conçoivent de bonne heure, avortent facilement et accouchent péniblement. Le flux blanc leur est habituel, et la vieillesse comme la jeunesse

(*) Dans cette température, la partie solide des végétaux et celle des animaux a peu de consistance, et donne très-peu de principe nutritif : ces êtres sont de véritables efflorescences chimiques. (*Voyez* l'observation dans la Note 3ᵉ. du 6ᵉ. Chapitre.)

adulte est très-précoce pour elles. Le terme commun de la vie est cependant fort long pour les premiers naturels de ces contrées ; les créoles, ou issus d'étrangers, sont au terme de leur carrière à soixante ans : on cite les hommes de soixante-dix ans. La faculté morale des uns et des autres s'étend singulièrement aux arts mécaniques ; il s'en faut beaucoup qu'ils aient la même aptitude aux sciences intellectuelles. Sans manquer de constance, toute application forte de l'esprit est généralement au-dessus de leurs moyens naturels de perception.

Il est bien important de remarquer que toutes ces choses n'ont encore lieu qu'à l'égard des hommes de l'ancien continent et de leurs enfans, qui depuis trois siècles s'efforcent, envers tous et contre tous les obstacles naturels, de se *naturaliser* avec une température qui ne peut être *et ne sera jamais propre* qu'aux Caraïbes ; enfin, que dans cette température le tempérament de la constitution chaude et sèche y dégénère encore, que celui de la constitution humide et froide et celui de la constitution froide et sèche s'y maintiennent le mieux.

De la Hollande.

Dans la constitution atmosphérique froide et humide de la Hollande, les enfans y naissent gros, flasques et peu sensibles. Peu après leur naissance ils diminuent de volume, ou il se manifeste des infiltrations, des leucophlégmaties pituiteuses : la dentition, plus longue que pénible, ne donne que des dents peu solides, qui sont bientôt attaquées et détruites dans les adultes : la génération peu rapide y multiplie lentement l'espèce, qui d'ailleurs y est peu consommée par les maladies aiguës et les épidémies.

L'adulte se développe sous le rapport commun de tempérament pituito-muqueux avec diathèse cachecti-pituiteuse. Les fièvres intermittentes, les affections pituitaires, rhumatisantes, goutteuses, et spécialement le scorbut chronique, qui sont très-généralement endémiques dans cette constitution atmosphérique, prouvent assez que les humeurs naturelles, mal digérées dans leur principe par le défaut de calorique, ne sont, dans cette nuance de l'économie, que d'une efficacité relative trèséquivoque.

Les femmes, comme les hommes, sont d'un embonpoint très-considérable, mais d'une graisse molle et pituiteuse, ce qui les rend tous très-lents dans tous leurs mouvemens.

Les femmes sont pubertés très-tard, et sur ce point elles sont vieilles de bonne heure ; elles conçoivent rarement et avortent de même; enfin, elles accouchent avec facilité. La durée commune de la vie y seroit certainement très-longue , si un régime malentendu ne venoit pas ajouter aux maux de la température. Dans une température humide et froide il faut un régime sec et énergique , et il n'est pas de pays où l'eau froide ou chaude soit plus en usage pour tout et dans tout qu'en Hollande. Néanmoins la durée commune de la vie est de quatre-vingt à quatre-vingt cinq ans. La faculté morale est lente mais forte , profonde et juste. Toutes les facultés veulent être exercées pour acquérir de l'activité et de l'énergie.

On voit cette nuance de tempérament , analogue à la précédente par la surabondance de l'humidité, se soutenir d'autant mieux dans les températures chaudes et humides, que le calorique vient digérer ses humeurs , rehausser sa sensibilité, et devenir la cause de toute efficacité relative de ses principes. La constitution chaude et humide lui est moins défavorable qu'à tous autres tempéramens ; la constitution atmosphérique froide et sèche rectifie encore mieux ce tempérament ; enfin , il supporte très-difficilement la constitution atmosphérique chaude et sèche (*).

(*) J'ai préféré cet exemple , bien que je regarde l'existence des Hollandois comme une maladie continuelle ; mais en jetant les yeux sur le globe, je n'ai vu , dans un certain état de santé , aucun peuple dans une température froide et humide aussi marquante, et où les usages soient encore plus d'accord avec la température pour en aggraver les maux. Le régime des Anglois est mieux raisonné.

De l'Asie et de l'Afrique entre les tropiques.

Dans la constitution atmosphérique chaude et sèche, de l'Asie et de l'Afrique sous l'équateur, toutes les parties constituantes de l'air respirable sont dans une expansion si considérable que le calorique en fait la principale partie, sur-tout si le sol n'est pas extrêmement pourvu de végétaux ; car alors les hommes et les plantes ne se suffisent plus mutuellement, et l'air vital manque à l'économie par le défaut des plantes, et les plantes sèchent et périssent faute du nitrogène que la terre et les animaux ne peuvent leur porter.

Les enfans de cette température sont très-vivaces et très-sensibles, peu de maladies leur font un mauvais parti, si ce n'est la petite-vérole naturelle. Les adultes se développent avec une grande rapidité, la nuance blanche est d'une belle taille et a les apparences de la force, cependant elle est indolente ; la nuance noire, plus rapidement développée, a un ensemble de formes et de traits qui annonce le tumulte du développement. Dans cette température, la population seroit excessive si les épidémies varioliques et les pestilentielles ne venoient, tous les ans, régulièrement dévaster ces contrées par des vents de sud-sud-est, aux époques des solstices d'hiver de l'un et l'autre hémisphère : la lèpre leur est particulière.

L'adulte de la nuance blanche est de tempérament sanguin bilieux-nerveux avec diathèse atrabilaire : celui de la nuance noire est de tempérament muqueux melancolico-nerveux avec diathèse atrabilaire acide.

L'une et l'autre nuance de tempérament dégénère davantage dans la température chaude et humide, mais très-rapidement la noire ; elles se rectifient, au contraire, dans la température froide et sèche. La nuance noire dégrade toutes les nuances par le croisé de l'espèce.

Les femmes de l'une et l'autre couleur sont pubertes de sept à neuf ans, et cessent d'être réglées de trente à trente-cinq ; elles conçoivent facilement et fréquemment, avortent rarement et accouchent sans peine.

La durée commune de la vie de l'espèce *blanche* est de soixante-dix à soixante-douze ans ; celle de l'espèce *noire* est beaucoup plus courte : chez cette dernière, les signes de la décrépitude s'annoncent de très-bonne heure ; les infirmités chroniques, et spécialement la lèpre et les maladies vermineuses sont particulières à l'essence de sa complexion, trèsdifférente de celle de l'espèce blanche.

Je ne dirai qu'un mot en passant relativement à cette différence qui fait encore, en ce moment, le sujet d'une controverse, où les lumières et le génie paroissent toujours dans un tel état de désaccord, et souvent de nullité, qu'il seroit bien étonnant qu'on n'en tirât jamais un résultat que la raison pût adopter.

« Le noir ne diffère pas seulement du blanc
» par la couleur, il en diffère encore *essen-*
» *tiellement* par tous les points et toutes les
» faces par lesquels on peut l'envisager. Sa
» charpente osseuse, examinée dans l'en-
» semble, présente de grandes ressemblances
» avec celles des femmes, sur-tout dans la
» forme du sphéroïde de la tête et dans celle
» de la poitrine. Leurs os sont généralement
» moins denses; les muscles plus grêles sont
» d'une chair muqueuse d'un rouge faux. Les
» ligamens et les membranes aponévrotiques
» ont la texture moins serrée et moins solide,
» mais elles offrent une couleur d'un blanc
» bleu et ont une grande élasticité. Le sang
» d'un rouge plus noir dans l'état de chaleur
» et de fluidité, n'offre, lorsqu'il est refroidi,
» qu'une grande quantité d'une lymphe d'un
» blanc olivâtre très-visqueuse, au milieu de
» laquelle nage un misérable champignon
» plus noir que rouge. La bile excessivement
» noire est encore *moins amère* que d'une

» acidité semblable à celle de l'acide sulfu-
» rique , etc. etc. etc. (*) ».

Avec de telles différences dans les systèmes qui dénoncent, sinon celles évidentes de la nature des principes constituans , mais une si grande différence de leurs combinaisons pre- mières et essentielles qu'elle doit fournir la raison suffisante d'une distinction d'*espèces*, indépendamment de la conformité dans les formes générales. Maintenant, je crois qu'il devient déjà plus aisé de sentir que de la diffé- rence *essentielle* du physique dérive immédia- tement la différence *essentielle* du moral , ce qui établi et établira éternellement une diffé- rence bien distincte entre les individus noirs et les blancs, encore que des nuances intermédiai- res de couleur sémblent rapprocher ces extrê- mes pour les mettre en contact. Mais tel est le génie du faire de la nature de mettre ses phé- nomènes en rapports par des formes ou des caractères généraux communs, et de les dis- tinguer *essentiellement* par la combinaison première de leurs principes. Il est donc pro- bable qu'avec des connoissances plus vraies et plus profondes de l'économie de l'homme en général , et de celle du noir en particulier, on adoptera des distinctions pour l'espèce

(*) Partie extraite de mon Mémoire intitulé : *Question : Veut-on des Colonies, oui ou non ?*

humaine plus précises et plus lumineuses que celles dont nous nous servons en ce moment.

En définitif, on n'a jamais senti aussi vivement le besoin d'une science *vraie* et *précise* de l'économie de l'homme vivant, et spécialement des *idiosyncrasies*, que depuis que la philosophie spéculative, appréciant le *noir* par le *blanc*, a établi des principes faux, dont les applications ont eu et peuvent encore avoir long-tems des résultats très-funestes. Car, je le répète, s'il ne falloit que des formes générales communes pour constituer *essentiellement* la similitude parfaite des hommes, sans doute un *noir* seroit un homme comme un *blanc*; mais on sentira qu'une telle conséquence résulte d'un principe trop superficiel et trop évidemment vicieux, sous tous les rapports, pour que j'en dise davantage en ce moment (*): puisque le blanc même peut n'être pas *essentiellement* le semblable d'un blanc et n'être point une simple dégénérescence, mais une espèce distincte (**).

(*) Peut-être, un jour, me sera-t-il permis de publier le Mémoire sur ce sujet important (intitulé : *Question : Veut-on des Colonies, oui ou non ?*), que le décret sur la liberté indéfinie des Noirs me força de retirer de l'impression. Le motif qui fit rendre cette loi est sans doute très-louable, mais une sensibilité malentendue a produit souvent de plus grands maux que ceux auxquels on a prétendu remédier : *le mieux est l'ennemi du bien*. Plus de lumières sur les faits eût préservé des écarts de l'esprit et de leurs funestes résultats.

(**) Les Albinos.

De la Tartarie ou Tatarie.

Enfin, dans la constitution atmosphérique froide et sèche de la Tartarie ou Tatarie, la conception est rare et la génération peu nombreuse ; mais elle s'y conserve d'autant mieux que l'enfance n'est sujette à aucune infirmité qu'elle ne surmonte facilement : l'espèce est petite et mal développée dans sa taille et dans ses traits. Néanmoins l'homme de cette espèce est agile et belliqueux, les forces de son esprit paroissent à peu près égaler celles du corps qui sont, quant à présent, l'une et l'autre d'une médiocre étendue. La santé imperturbable conduit généralement la vie commune à cent ans sans infirmités. Les femmes diffèrent si peu des hommes, qu'il est difficile de les distinguer : d'ailleurs, les incommodités du sexe sont si peu actives en elles, qu'elles peuvent se livrer aux mêmes occupations que les hommes.

Dans cette température, l'air atmosphérique frappé d'une foible lumière et privé de chaleur, l'air vital ne peut recevoir son principe de virtualité ou se combiner avec le calorique que difficilement et en petite quantité ; de là, ces corps sans développement de taille et de formes, ces santés sans maladie, cette durée la plus longue, et cette propriété sensitive, difficile et bornée.

Le tempérament tartare est de nuance mélancolique sanguine avec diathèse atrabile. Ce tempérament se développe dans la température chaude et humide , il supporte difficilement et mal la température chaude et sèche ; enfin , il paroît moins déplacé dans la température froide et humide. Cette température extrême et ses résultats n'étoient point connus d'Hippocrate. D'ailleurs , il paroît prouvé , par ce qu'il nous dit des Scythes et des Phasiens , qu'il n'a vu ces peuples et leur pays que par les yeux des autres, et non par les siens; ce qui étoit alors infiniment différent, et ce qui seroit encore très-important en ce moment; car, indépendamment des moyens que nous avons de plus que lui , il faudroit être son égal en génie et aussi riche en observations *naturelles*.

Je termine ici cet aperçu ou essai de topographie médicale du globe , où j'indique les causes dont la vie de l'homme dépend rigoureusement, et dont les différens modes de son être résultent premièrement et principalement. J'ai essayé en outre de fixer les principes de ces dépendances, et de partir de cette base pour marcher à la connoissance de l'agent de la vie dans l'homme et aux lois propres auxquelles il est soumis. Nécessité de parcourir cette carrière à grands pas, j'ai tâché de me tenir toujours le plus près possible de la méthode et des principes de philosopher d'Hippocrate. Si j'ai pu me tromper dans l'application que j'en ai faite, le lecteur en jugera mieux que moi : l'homme, semblable à certaines peintures dont l'effet ne se prononce qu'à une distance fort grande, est toujours trop près de lui pour se bien juger. Ainsi donc, j'ai tâché de parcourir la carrière indiquée, en partant de principes *naturels incontestés*, pour de là me diriger dans l'ordre successif naturel sur tous les points de la chaîne des dépendances, et enfin arriver à celui *le plus incontestable* et *le plus important* à connoître.

Dans cette marche même, plus occupé de rapprocher les faits *naturels* et d'en faire sentir les rapports que de les analyser ; avoir diminué autant que possible le nombre des hypothèses pour augmenter celui des phénomènes et en rendre les rapports plus sensibles ; enfin, avoir tiré de cette source les principes communs aux dépendances et à l'organisation de l'homme vivant, et par-là même m'être dirigé vers la connoissance de la propriété commune de la vie, à laquelle viennent se réunir toutes les différentes propriétés des systêmes qui entrent dans la composition de l'économie de l'homme vivant. Tels sont la méthode et les moyens que j'ai employés pour indiquer dans ce Précis introductif la voie à tenir pour rappeler, s'il est possible, le goût et le génie à

à

la philosophie médicale d'Hippocrate et à une nouvelle (*à bien des égards*) de l'homme vivant.

Autant pour l'utilité que pour l'honneur de ma patrie, je me suis fait un devoir d'entrer dans cette carrière vaste et laborieuse. Quel besoin plus grand, en effet, avons-nous que celui d'une connoissance vraie et précise de notre économie dans ses dépendances et dans ses lois propres d'organisation ? Qui illustreroit mieux le siècle de raison qui s'ouvre, que le retour à cette doctrine, et dont le résultat seroit la connoissance la plus précieuse aux hommes ? N'en doutons plus, cette doctrine sublime dans ses vues, naturelle dans ses moyens, et vraie et précise dans ses principes, augmente encore la perception dans celui qu'elle éclaire. Qui ne se sent pas plus fort de ses propres forces après la lecture du sublime traité que nous offrons ici ? Qui n'avoue pas, avec l'auteur, d'après ses propres sensations, toute la vérité des dépendances médiates et immédiates qui lient l'homme aux plus grands phénomènes de la nature ? Alors, qui ne se sent pas le désir de chercher, d'après les vues d'un si grand génie, le principe organique de l'homme ? Qui n'espère pas même découvrir les lois propres d'action de l'agent vital, et de la propriété concordante avec toutes celles des divers systèmes de notre économie, en suivant les

HIPPOCRATES

HIPPOCRATES,

DE AERE, AQUIS ET LOCIS.

TRAITÉ

D'HIPPOCRATE,

DES SAISONS ET DES VENTS;

DES EAUX ET DES LIEUX.

A

HIPPOCRATES,

DE AERE, AQUIS ET LOCIS.

CAPUT I.

PROLEGOMENA.

§. 1. Qui artem medicam recta inves-
tigatione consequi volet, is primùm quidem anni tempora in considerationem
adhibere debet, quid horum quidque
possit. Neque enim quicquam habent simile, sed cum inter se plurimùm differunt, tam etiam propter varias quæ in
eis contingunt mutationes. Deinde verò
ventos tum calidos, tum frigidos, præcipuè quidem eos qui omnibus sunt communes, ac deinceps eos qui cuique regioni sunt familiares. Quinetiam aquarum facultates animo reputare oportet.
Quemadmodum enim gustu et pondere, ita
et facultate singulæ plurimùm differunt.

TRAITÉ D'HIPPOCRATE,

DES SAISONS ET DES VENTS; DES EAUX ET DES LIEUX.

CHAPITRE PREMIER.

PROLÉGOMÈNES (1).

§. 1. **T**OUT homme qui veut acquérir un mérite réel et complet (2) dans l'art de guérir, doit premièrement observer les caractères des saisons de l'année; car non-seulement elles diffèrent entre elles, mais chacune d'elles diffère encore beaucoup de sa semblable par les variations extraordinaires qu'elle peut éprouver. Secondement, il prendra connoissance de la nature des vents chauds ou froids, communs à toute la terre, et de ceux particuliers à chaque région. Troisièmement, enfin il lui sera également important de reconnoître les diverses qualités des eaux; car non-seulement elles diffèrent entre elles par le poids et par le goût, mais elles diffèrent au moins autant par leurs propriétés.

A 2

Quare si quis ad urbem sibi ignotam pervenerit, is ejus situs curam habere debet, ut cognoscat quomodo ad ventos aut solis exortum sit exposita. Neque enim easdem vires habet, quæ ad septentrionem, et quæ ad austrum sita est, ut neque ejus quæ ad exorientem solem aut occidentem spectat. Et hæc quidem optimè animo concipienda sunt, et quomodo ad aquas habeant, num palustribus et mollibus utantur, an duris, et ex sublimi ac saxosis locis scaturientibus, sive salsis ac coctu difficilibus. Terra etiam ipsa inspicienda, nudane sit, et aquis careat, an densa et irrigua et an cavo loco sita sit et aestuoso, an verò sublimi et frigido.

§. 2. Hominum quoque victus ratio, quanam maximè delectentur, inspicienda, an potui et cibis, et otio dediti, an exercitationibus et laboribus gaudeant, et an edaces sint, et à potu sibi temperent. Et ex his singula reputare oportet. Hæc enim

Il résulte donc de tout ceci que la première chose que doit faire l'observateur qui arrive dans une ville à lui inconnue, est d'en remarquer l'aspect, relativement aux vents, au lever et au coucher du soleil; car la salubrité de l'air n'est pas la même dans les aspects du nord ou du midi, au lever ou au coucher du soleil. Il doit encore examiner aussi attentivement la qualité des eaux dont ses habitans font usage, afin de reconnoître si elles sont agréables au goût *et à l'odorat* (3), où si elles sont dures : si elles viennent de lieux élevés et pierreux, où si elles sont crues et saumâtres. Il doit en outre remarquer si le sol est nud et sec, ou couvert d'arbres et humide ; s'il est enfoncé, et affecté d'une chaleur forte et accablante, ou si c'est un lieu élevé et froid (4).

§. 2. Puis il passera à examiner attentivement le genre de vie des habitans (5), (leur régime civil et politique (6)), quels sont leurs goûts ; s'ils sont adonnés à la gourmandise, à l'ivrognerie et à l'oisiveté, ou s'ils préfèrent les exercices de gymnastique et le travail, et s'ils sont en même tems grands mangeurs et

præcipuè quidem omnia, aut certè plurima probè qui agnoverit, cùm ad urbem sibi ignotam pervenerit, eum neque morbi regioni familiares, neque communium quæ sit natura latêre poterit, ut neque in eorum curatione hæsitare aut aberrare possit. Quæ certè contingere solent, si quis istorum cognitionem non ante animo perceptam habuerit.

Qui verò ista rectè cognoverit, is cujusque temporis impendentis et anni statum prædicere poterit, et quinam morbi tam æstate quàm hyeme, in urbe communiter sint grassaturi, tum etiam quinam cuique privatim ex victus mutatione impendere debeant. Qui enim temporum mutationes, astrorumque ortus et obitus, ut horum quæque eveniant, tenuerit,

grands (ou peu) buveurs. Tels sont les faits qu'il doit spécialement observer (7) ; car c'est au moyen du rapprochement de ces connoissances qu'il parviendra à juger de tout le reste.

Ainsi , l'observateur médecin qui aura pris tous ces renseignemens , ou la plupart, en arrivant dans une ville qui lui seroit inconnue, ne sera pas embarrassé par la reconnoissance de la nature des maladies qui lui sont propres, et par celle , telle qu'elle soit , des maladies qui lui sont communes, de sorte qu'il ne pourra ni hésiter , ni se tromper dans leur traitement : ce qui ne manqueroit pas d'arriver s'il ne s'étoit pas instruit provisoirement de toutes ces choses (8).

Or donc, l'observateur médecin qui aura les *prénotions* (9) de la constitution des saisons qui viennent d'avoir lieu , pourra pronostiquer, à mesure que les phénomènes passeront, quelles seront les maladies communes à tous dans la ville, soit en été, soit en hiver(10), ainsi que celles, qui propres à chacun, pourront devenir l'effet d'un changement dans sa manière habituelle d'être ; car ayant remarqué les différens changemens des saisons, les le-

is utique futurum anni statum prævidere poterit. Hac ratione investigando qui temporum occasiones præsenserit , is maximè cujusque naturam cognoverit, et plærumque sanitas illi succedet, minimùmque in arte a recta via aberraverit.

Quòd si cui ista ad rerum sublimium speculationem pertinere videantur, is si sententia destiterit, facilè intelliget, ad artem medicam astronomiam ipsum non minimùm sed plurimùm potius conferre, quippe cùm unà cum anni temporibus hominum ventriculi mutationem accipiant.

* Hominum enim et reliquorum animantium corpora triplici alimento nutriuntur, cujus hæc sunt nomina, cibus, potus, *spiritus.* Ac spiritus quidem qui

vers et les couchers des astres qui les marquent et les produisent, il pourra, à la faveur du rapprochement bien entendu de tous ces phénomènes, en prévoir les résultats : ainsi celui qui aura prévu, par cette suite d'observations, ce qui doit résulter le plus habituellement du concours d'action de ces causes premières, se rendra facile la connoissance des cas particuliers ,. ainsi que des moyens de préserver et de rétablir la santé ; en un mot, par cette voie, la plus courte et la plus sûre , il ne pourra nullement se tromper dans l'art de guérir (11).

Si quelqu'un pouvoit douter (12) que toutes ces choses soient absolument nécessaires au médecin, parce qu'elles paroissent appartenir à la *météorologie* (13), il s'en convaincra aisément par la pratique de la médecine, dans laquelle il verra les phénomènes astronomiques concourir pour beaucoup, et le plus souvent faire tout dépendre d'eux (14); car l'état du corps change en même tems que les saisons.

* L'économie de l'homme s'alimente de trois choses, d'alimens solides, de boissons et de souffle (ou esprit d'air); l'homme mange , boit et respire. On distingue le vent ou esprit qui est contenu dans le corps, sous la déno-

in corporibus insunt, flatus nominantur, qui verò extra corpora, aër. Qui cùm in omnia quæ corpori accidunt plurimùm habeat facultatis, illius vim inspicere operæ pretium videtur..... De tota re igitur hæc mihi sufficere videntur. * (*a*)

Quonam autem pacto quæ diximus singula consideranda et exploranda sint, deinceps aperiam.

(*a*) *De Flatibus*, lib. Hipp.

mination de *souffle* ; celui qui l'environne est appelé *air*. C'est le souffle ou esprit qui produit dans l'économie animale les plus grands phénomènes ; son pouvoir mérite toute notre attention (15). . . . Il me suffit ici d'établir ce principe général. * (a)

Au surplus, je vais exposer la manière et l'ordre particulier (16) *qu'il faut employer pour observer et développer chacun des sujets que je viens d'énoncer.*

(a) Hipp. du livre des *Vents*.

CAPUT II.

Prognostica ex temporum qualitate.

§. 3. **D**E *annis autem hoc modo consideratione adhibita quis statuat, qualisnam annus futurus sit numne salubris, an morbosus.* Si quidem secundùm rationem in syderum ortu et occasu signa appareant, si per autumnum pluat, et hyems sit moderata, neque admodum blanda, neque præter modum frigida, et verè ac æstate aquæ tempestivæ eveniant, sic annum saluberrimum esse consentaneum est.

* Per hyemem verò augetur in homine pituita, cùm ea ex omnibus quæ in corpore insunt, ad hyemis naturam maximè accedat, quòd sit frigidissima. Cujus rei hæc sunt indicia pituitam esse frigidissimam, quòd si pituitam et bilem et sanguinem attingere voles, pituitam

CHAPITRE II.

Des Saisons et des Vents (1).

§. 3. Q*UANT aux saisons, voici la manière de les observer pour préestimer si la constitution d'une année sera plus ou moins avantageuse aux hommes.* D'abord, si les phénomènes atmosphériques habituels sont venus avec leurs forces et leurs caractères naturels ou propres (2), puis si l'automne a été pluvieux, et l'hiver ni trop doux ni trop rude; enfin, si le printems et l'été suivans n'ont eu que des pluies en tems convenables : une telle constitution est celle d'une année très-saine (3).

* L'hiver est la saison pendant laquelle la pituite s'accroît dans l'économie; aussi est-ce l'humeur qui a le plus d'analogie avec cette saison, ce dont on peut s'assurer si on touche successivement du sang, de la bile et de la pituite, on trouve cette dernière la plus froide. Elle est en outre fort visqueuse, et ne se mêle que très-difficilement avec la bile ; (cepen-

frigidissimam esse comperies. Quæ quamvis est lentissima, nec nisi summa vi, secundùm atram bilem, educitur. (Quæ verò per vim veniunt, ea per violentiam compulsa calidiora redduntur.) Nihilominus tamen præ his omnibus pituita suapte natura frigidissima esse conspicitur. Quòd autem hyeme corpus pituita repleatur, hinc constat, quòd per hyemem homines maximè pituitosa tum expuunt, tum emungunt, hocque anni tempore præcipuè, tumores laxi et albi et reliqui morbi pituitosi oriuntur.

At verò adhuc quidem in corpore viget pituita, sed sanguis increscit, quòd et frigora remittant, et imbres succedant. Tuncque sanguis augetur, tum ex imbribus, tum ex dierum calore. Eorum enim naturæ id anni tempus cùm sit calidum et humidum, maximè respondet. Quod hinc cognoscas, quòd homines verno æstivoque tempore potissimùm intestinorum difficultatibus corripiantur, iisque

dant on pourroit m'objecter, et cela est généralement vrai, que tout ce qui est tenace et
visqueux est de nature chaude, et se laisse
fortement pénétrer de la chaleur par l'action);
il n'en demeure pas moins certain que la pituite est réellement plus froide, que c'est dans
la saison d'hiver qu'elle s'augmente le plus
dans tout le corps; ce qui se prouve encore
par la quantité de pituite que l'on mouche et
que l'on crache pendant cette saison. Enfin,
tels sont encore le tems et la source qui produisent les œdèmes ou tumeurs lymphatiques
et toutes les maladies pituiteuses.

Dans la primeure de la température du
printems la pituite est encore forte; mais
le sang commence à se développer à mesure
que les froids diminuent et que les pluies arrivent. En effet, le sang doit prendre de
l'accroissement *par développement*, ayant,
par sa nature, plus d'analogie avec la constitution humide et chaude de la température de cette saison, étant lui-même humide et chaud. La preuve de ce que j'a-
vance est fournie par les hommes qui, dans

sanguis ex naribus profluat, et sint maximè calidi et rubicundi.

AEstate verò sanguis adhuc viget, et bilis in corpore attollitur, et in autumnum protenditur. At per autumnum modicus quidem sanguis gignitur, quòd illius naturæ autumnus adversetur. Bilis autem æstate et autumno in corpore obtinet. Quòd his indiciis cognoscas, cùm hac tempestate homines sua sponte bilem evomant, et per medicamentorum potiones biliosa repurgentur. Id quoque ex febribus et hominum coloribus patet. At pituita æstate longè imbecillior est, quòd ea tempestate, ob siccitatem et caliditatem, ejus naturæ adversetur.

Per autumnum verò sanguis paucissimus in homine gignitur, si quidem siccus est autumnus, et hominem jam refrigerare incipit. Bilis autem atra autumno, tum plurima, tum vehementissima est.

le

le printems et dans l'été, montrent plus de disposition aux dyssenteries et aux hémorragies nasales, par un teint ardent et rubicond.

Dans l'été, on voit donc le sang soutenir encore son développement, lorsque la bile le surpasse et s'étend jusqu'à l'automne; le sang diminuant en raison de ce que l'été devient contraire à sa nature, la bile se prononce plus fortement en été et en automne; car c'est plus particulièrement dans ces tems que l'on voit vomir spontanément de la bile, et que les purgatifs en entraînent plus facilement une plus grande quantité. On continue d'apercevoir les effets de la bile par le caractère des fièvres automnales, et à la couleur de la peau. Alors la pituite est très-foible, l'été étant naturellement chaud et sec, il lui devient plus contraire.

Dans l'automne, le sang se manifeste moins, parce que cette saison est sèche (et fraîche en Grèce), et que le corps commence à se refroidir; mais l'atrabile devient alors plus abondante et plus forte.

At ineunte hyeme, bilis perfrigerata pauca gignitur, et pituita rursus augetur, tum ob pluviarum copiam, tum noctium longitudinem. Hæc igitur omnia perpetuò hominis corpus obtinet, sed pro circunstantis anni temporis ratione, singula tum pro parte, tum pro natura, modò inter se augentur, modò etiam imminuuntur. * (a)

§. 4. Quòd si hyems quidem sicca et aquilonia, ver verò pluvium et austrinum fuerit, æstatem febribus abundare, et lippitudines inducere necesse est. Ubi enim ab imbribus vernis et ab austro terra humectata fuerit, et plenior æstus derepente supervenerit, tum à terra madida et calida existente, tum à sole adurente, ardorem conduplicari necesse est, hominum ventribus minimè consistentibus, neque resiccato cerebro. Neque enim ubi ver tale existerit, fieri potest, quin corpus et caro nimio humore diffluant, ita ut

____

(a) *De natura hominis*, liber, Hipp.

L'hiver revenant refroidit et diminue l'atrabile, et l'abondance des pluies, ainsi que la longueur des nuits, augmente de nouveau la pituite. Il suit donc constamment que ces quatre humeurs sont en tout tems affectées à l'économie de l'homme ; mais qu'elles augmentent ou diminuent chacune (de volume ou de masse) à raison de la saison régnante, selon qu'elle est favorable ou contraire à leur nature (4). * (*a*)

S. 4. Mais si l'hiver a été sec, et que les vents aient tenu long-tems au nord, et qu'à cette température succède un printems humide et chaud, il résultera nécessairement dans l'été des ophtalmies, des fièvres et des dyssenteries. Car il est de règle générale que, toutes les fois que l'air devient tout-à-coup d'une chaleur étouffante, parce que la terre est imbibée par les pluies du printems, et influencée par les vents du midi, alors l'action du soleil, conjointement avec l'humidité de la terre, donne nécessairement beaucoup de force à une telle constitution atmosphérique ; ajoutez à cela que la tête et le ventre n'ont pu encore se débarrasser des humeurs

(*a*) *De la nature de l'homme,* Hipp.

omnibus, ac maximè pituitosis, acutissimæ febres immineant. Mulieribus verò et naturis maximè humidis, intestinorum difficultates contingere par est. Ac si quidem sub caniculæ exortum aquosa et hyberna tempestas supervenerit, etesiæque spiraverint, quietis spes est, autumnumque salubrem fore. Alioqui periculum est ne pueri et mulieres moriantur, minimè verò senes, aut ne qui evaserint in quartanas tandem incidant, et ex quartanis in aquam inter cutem.

§. 5. At si hyems quidem austrina pluviosa et placida fuerit, ver verò aquilonium, siccum et tempestuosum, primùm quidem mulieres quæ prægnantes extiterint, et quibus partus in ver imminet, abortionem facturas est verisimile, quæ verò etiam pepererint, adeò imbecillos ac morbosos fœtus parituras, ut aut

qui, dans un pareil printems, doivent naturellement imbiber d'humidité toute la substance
du corps (5). Ainsi les fièvres seront très-aiguës,
sur-tout chez les sujets d'un tempérament
flegmatique ; et les femmes seront attaquées
de dyssenteries, de même que les hommes
d'une complexion très-humide. Mais si le lever
de la canicule amène des orages, des pluies,
et que les vents étésiens soufflent à cette époque, il est à présumer qu'elles cesseront, et
que l'automne sera saine. Dans une disposition différente, on doit redouter que ces maladies, qui n'ont point de danger pour les
vieillards, ne deviennent mortelles pour les
femmes et pour les enfans ; d'ailleurs, que
ceux qui en réchappent ne tombent dans les
fièvres-quartes, et ne finissent par l'hydropisie :
ce qui est assez ordinaire.

§. 5. Lorsque l'hiver les vents du sud ont
régné avec des pluies et de la chaleur, et que
le printems est boréal, sec et froid, les femmes
enceintes, dont le terme de l'accouchement
arrive au printems, courent les risques d'accoucher sans causes manifestes, ou si elles vont
jusqu'au terme, de ne mettre au monde que
des enfans malades ou malsains qui périssent

statim pereant, aut tenues, debiles, et va-
letudinarii vivant. Atque hæc quidem
mulieribus, reliquis verò intestinorum difficultates et lippitudines siccas, nonnul-
lisque defluxiones à capite in pulmonem.

Pituitosis itaque intestinorum difficultates fieri par est, ac mulieribus pituitâ
à cerebro defluente propter naturæ humiditatem. Biliosis verò lippitudines siccas, ob carnis caliditatem et siccitatem.
Senibus autem defluxiones ob venarum
raritatem ac distentionem, ùt ex his non-
nulli repente intereant, alii dextra parte resoluti jaceant. Cùm enim hyeme
existente austrina et calida, corpus non
constringatur, neque venæ, verè aquilo-
nio et sicco ac frigido superveniente ,
cerebrum quod unà cum vere dissolvi et
purgari à gravedine et raucedine oportebat, tunc densatur et cogitur, proindeque

bientôt après leur naissance, ou qui vivent maigres, débiles et valétudinaires. Non-seulement, voilà ce qui vraisemblablement se passera par rapport aux femmes enceintes d'un tempérament foible et humide ; mais dans une telle température de saison, il existera encore chez quelques-uns des dyssenteries et des ophtalmies inflammatoires, et chez d'autres des affections catarrhales à la tête et aux poumons (6).

On peut encore préestimer que les dyssenteries attaqueront les hommes flegmatiques comme les femmes, par la raison que dans ces tempéramens la pituite descend de la tête (et se jette sur les intestins). Les sujets d'un tempérament bilieux seront plus particulièrement affectés d'ophtalmies sèches, en raison de la plus grande chaleur de leurs parties solides. Ceux d'un âge avancé seront affectés de fluxions, parce que chez eux les vaisseaux sont lâches et dans l'état d'*inanition* (7) et de foiblesse. Enfin, il résultera encore que les uns seront frappés de mort subite, et que les autres deviendront paraplectiques de l'une ou l'autre moitié du corps (8). Il est donc certain que toutes les fois qu'à un hiver austral, pluvieux et chaud, pendant lequel le corps

accedente derepente æstate , æstuque
ac mutatione contingente , hi morbi in-
gruant, tandemque reliquis morbis, cùm
ventres facilè resiccari nequeant, intestinorum lævitates, et aquæ inter cutem
succedant.

§. 6. Si verò æstas pluviosa fuerit et
austrina, et autumnus similiter, morbo-
sam esse hyemem necesse est, iisque qui
pituita abundant, et quadragesimum annum excesserunt, febres ardentes contingere æquum est, biliosis verò morbos
laterales, et pulmonum inflammationes.

§. 7. At si æstas sicca et aquilonia
fuerit, autumnus verò pluvius et aus-
trinus, sub hyemem capitis dolores et
cerebri syderationes fieri par est , ac

et tout le système vasculaire n'auront pu se raffermir, il succédera un printems boréal, sec et froid; le cerveau, qui à l'entrée de cette nouvelle saison devoit se détendre et se débarrasser spontanément de toutes les humeurs qui forment les fluxions pituitaires et les enrouemens, se resserre au contraire et se condense; de sorte que si les chaleurs de l'été viennent le surprendre dans cet état, ces maladies devront résulter de ce changement brusque, auxquelles succéderont enfin les lienteries et les hydropisies, par la difficulté qu'éprouve le ventre à se débarrasser.

§. 6. Si à un état pluvieux et austral succède une automne pareille, l'hiver qui suivra sera nécessairement malsain. Les sujets d'un tempérament flegmatique, qui auront passé l'âge de quarante ans, seront travaillés de fièvres ardentes, et les hommes d'un tempérament bilieux, le seront d'inflammations à la plèvre et aux poumons.

§. 7. Si à un été sec et boréal succède une automne pluvieuse et australe, il est présumable qu'il y aura, l'hiver suivant, des maux de tête, des *sphacèles* (9) (ou des évacuations purulentes inopinées), des enrouemens, des

præterea raucidines, gravedines, et tusses, et nonnullis quoque tabes.

§. 8. Quòd si aquilonius et siccus fuerit autumnus, ac neque sub canem, neque sub arcturum pluviosus, pituitosis quidem præcipueque natura humidis et mulieribus confert, biliosis verò hoc est maximè adversum. Admodum enim resiccantur iisque lippitudines aridæ contingunt, et febres acutæ ac diuturnæ quibusdam etiam melancholiæ. In bile namque quicquid est humidissimum et aquosissimum consumitur, quòd verò crassissimum et acerrimum remanet, quod in sanguine eâdem quoque ratione accidit, unde ii morbi illis contingunt. Pituitosis verò hæc omnia auxilio sunt. Resiccantur enim et ad hyemem perveniunt, ab aliis temporibus invicem succedentibus resiccati. Qui igitur hæc mente complexus et contemplatus fuerit, is ex mutationibus plurima ferè prævidebit.

§. 9. Præcipuè verò maximæ anni

fluxions pituitaires ou coryzes, des toux, et que chez quelques-uns la phthisie s'établira.

§. 8. Mais si une automne boréale et sèche succède à un été de même caractère, et qu'il n'y ait eu de pluies ni au lever de la canicule, ni à celui de l'arcturus, une telle constitution sera très-favorable aux tempéramens flegmatiques, ainsi qu'aux femmes; mais elle sera très-contraire aux tempéramens bilieux, en les desséchant trop; elle leur causera donc des ophtalmies sèches, des fièvres aiguës et des chroniques, et chez quelques-uns même elle déterminera des affections mélancoliques. Il arrive donc que la partie la plus aqueuse et la plus tenue du sang et de la bile se dissipe, et qu'il ne reste plus que la partie la plus épaisse et la plus âcre, d'où il suit encore qu'une telle disposition des humeurs produit ces maladies dans les tempéramens bilieux, et qu'elle est au contraire très-favorable aux personnes de tempérament flegmatique, en ce qu'elle les conduit à l'hiver allégées de toute humidité superflue.

§. 9. Non-seulement il faut examiner de

temporum mutationes observandæ sunt, ut neque medicamentum purgans lubenter exhibeamus, neque partes circa ventrem uramus aut secemus, ante dies decem, aut etiam plures. Maximè tamen sufficient decem. Ac maximi periculi plena sunt ambo solsticia, præcipueque æstivum. Periculosissima etiam ambo æquinoctia existimantur, maximè verò autumnale.

Syderum quoque ortus observandi, præcipueque caniculæ, deinde arcturi, et vergiliarum occasus. His enim potissimùm diebus morbi judicationem subeunt, et alii quidem perimunt, alii verò desinunt, aliique omnes in aliam formam et statum transeunt. Ac de his quidem ad hunc se res habet modum.

telle sorte la nature des saisons différentes, les
unes par rapport aux autres (10), de manière
qu'on puisse prévoir la plupart des effets qui
doivent résulter de leurs variations; mais il faut
sur-tout prendre garde à leurs changemens les
plus considérables, pendant lesquels on ne
doit donner ni des purgatifs sans de fortes raisons (11), ni brûler, ni couper près des capacités que dix jours au moins se soient écoulés
après les changemens qui influent le plus sur
la constitution des saisons, tels que ceux qu'on
est convenu de désigner par *équinoxe de
printems* et *équinoxe d'automne, solstice
d'été* et *solstice d'hiver ;* mais c'est spécialement pendant le solstice d'été et l'équinoxe d'automne qu'il faut se préserver d'agir.

Il n'est pas moins important d'user de la
même circonspection par rapport au lever des
astres, sur-tout à celui de la canicule (12),
ensuite à celui de l'arcturus et au coucher des
Pléïades. C'est principalement à ces époques
que les maladies éprouvent des crises (13), et
que les unes se jugent pour la mort ou pour
la vie, et les autres cessent ou tombent dans
l'espèce et la constitution de maladies différentes. Voilà ce que j'avois à dire sur ce sujet.

* Ut annus omnis omnium quidem et calidorum, et frigidorum, et siccorum, et humidorum est particeps: neque enim eorum quicquam, ne minimo quidem tempore, sine omnibus quæ in hoc mundo existunt, perduraverit, verùm si unum quodpiam deficiat, omnia aboleantur, cùm ex eadem necessitate consistant omnia et alantur invicem: ita si quid ex his quæ in homine sunt connata defecerit, is utique vivere nequeat. * (*a*)

(*a*) *De natura hominis*, liber, Hipp.

* Comme le caractère de l'année se compose essentiellement du chaud et du froid, de
l'humidité et de la sécheresse , il suit que rien
dans ce monde ne peut subsister un seul instant , à moins que ces quatre choses ne s'y
trouvent; de sorte que si l'une d'elles manquoit, tous les êtres actuels seroient détruits;
ainsi donc la loi par laquelle ils furent formés, sert à les entretenir; d'où il faut encore
conclure que si le corps de l'homme manquoit
d'une seule de ces choses qui le constituent, il
ne pourroit prendre vie (14). * (a)

(a) *De la nature de l'homme* , Hipp.

CAPUT III.

Aquarum.

§. 10. Deinceps verò de aquis nobis commemorandum est, et quæ morbosæ, et quæ saluberrimæ existant, et quæ ab aqua tum mala, tum bona provenire æquum est. Plurimùm enim momenti ad sanitatem confert. Quæ igitur sunt palustres, et stabiles, et lacustres, eas per æstatem quidem calidas, crassas et olidas esse necesse est. Cùm enim non perfluant, sed semper novo imbre accedente augeantur, et à sole exurantur, eas decolores esse et pravas, et biliosas necesse est. Per hyemem verò glaciatas et frigidas, et tum à nive, tum à glacie returbidas, adeoque maximè pituitam gignere et raucedinem excitare. Bibentibus autem lienes semper magnos esse et compressos, ventres verò duros et tenues, ac calidos. Humeros verò et jugula, et faciem

CHAPITRE

CHAPITRE III.

Des Eaux. (1)

§. 10. Je vais maintenant exposer tout ce que je dois dire sur les eaux (2), relativement à leurs qualités plus ou moins salubres, ainsi que les biens et les maux qui résultent de leur usage et de toutes leurs autres influences sur la santé des hommes.

Les plus mauvaises eaux sont, sans doute, celles de marais (3), d'étang, et en général toutes les eaux dormantes ; parce que, privées de mouvement, elles sont nécessairement chaudes en été, épaisses et d'une mauvaise odeur. Entretenues seulement par de nouvelles pluies, et sans cesse brûlées par la chaleur du soleil, elles se dépravent, deviennent obscures, malsaines et propres à augmenter la bile. En hiver, c'est un autre mode, les neiges et la gelée les rendent froides et troubles, de manière qu'elles augmentent beaucoup la pituite, et qu'elles deviennent très-propres à causer des enrouemens.

Ceux donc qui en font usage ont toujours

C

extenuari. In lienem enim carnes colliquescunt, ideoque graciles sunt. Tales verò edaces et siticulosos esse necesse est, ventresque tum superiores, tum inferiores siccissimos habere, proindeque medicamentis valentioribus indigere. Hic quidem morbus ipsis et per æstatem et per hyemem est consuetus.

Ad hæc etiam aquæ inter cutem tum frequentes, tum maximè lethales contingunt. Multæ enim intestinorum difficultates et alvi profluvia per æstatem incidunt, et febres etiam quartanæ diuturnæ. Hi autem morbi cùm longiùs producuntur, hujusmodi naturas ad aquam inter cutem deducunt, et perimunt. Et hi quidem morbi ipsis per æstatem contingunt. Per hyemem verò junioribus pulmonum inflammationes et insaniæ: senioribus autem febres ardentes, ob ventris duritiem.

la rate très-volumineuse et dure (4) , le ventre tendu, émacié et aride ; les épaules, les clavicules et la face plus maigres encore. Cet état de maigreur paroît tenir à celui particulier de la rate , dont le volume semble n'augmenter qu'aux dépens de l'embonpoint des autres parties. Ceux qui sont dans cette position mangent et boivent beaucoup (5). Ils ont (comme je viens de le dire) le ventre fort sec, de sorte qu'il leur faut des purgatifs très-forts pour les évacuer ; enfin cet état leur est familier en été comme en hiver.

Indépendamment de cet état , ils sont communément attaqués d'hydropisie mortelle ; attendu qu'en été , s'il a régné beaucoup de dissenteries , de dyarrhées et de fièvres-quartes très-longues, et que ces maladies traînent en longueur , elles finiront par jeter les sujets ainsi disposés dans des hydropisies mortelles. Telles sont du moins les maladies qui les affligent pendant l'été. Quant à celles de l'hiver, les jeunes gens sont sujets dans cette saison aux péripneumonies, aux accès de manie (mélancolique), et les plus âgés aux fièvres ardentes, à cause de la dureté du ventre. Les

Mulieribus verò tumores proveniunt et pituita alba, vixque concipiunt, et cum difficultate fœtus magnos et tumidos pariunt, quique postea dum educantur contabescunt, et deteriores evadunt. Neque bona post partum mulieribus purgatio contingit. Pueris verò herniæ potissimùm superveniunt, et varices viris, tibiarumque ulcera, ut proindè ejusmodi naturæ longæ esse vitæ nequeant, sed antè tempus senescant. Præterea mulieres sibi prægnantes videntur, et cùm pariendi tempus instat, ventris moles disparet. Quod contingit ob aquam inter cutem, cùm ea uteri laborarint. Ac hujusmodi quidem aquas ad quidvis paratas esse censeo.

§. 11. Secundo loco eas quarum fontes in saxosis locis sunt (quas duras esse necesse est), aut si ubi calidæ aquæ existunt, aut ferrum nanciscitur, aut æs, aut argentum, aut aurum, aut sulphur, aut alumen, aut bitumen, aut nitrum. Hæc

femmes sont sujettes aux œdèmes et aux leu-cophlegmaties ; elles conçoivent rarement, et elles accouchent péniblement. Leurs enfans, d'abord gros et boursoufflés, maigrissent bien-tôt et ne s'élèvent que chétifs. Enfin, les éva-cuations particulières aux couches se font dif-ficilement, et sont de mauvaise qualité.

L'enfance est familière avec les hernies ; l'âge viril est sujet aux ulcères et aux varices des jambes : il est donc impossible que des hommes d'une telle complexion jouissent d'une existence longue, puisqu'au contraire ils vieillissent avant le terme le plus commun. Il arrive encore que les femmes se croient en-ceintes, et que, lorsqu'elles sont parvenues au terme de l'accouchement, le ventre s'éva-nouit ; cette prétendue grossesse n'étant qu'une hydropisie de la matrice. Je regarde donc ces sortes d'eaux comme mauvaises à tous égards.

§. 11. Après ces eaux de marais et d'étang, les plus mauvaises sont celles qui sortent des rochers, car elles sont nécessairement dures. Il en est de même de celles qui sortent chaudes des terres qui les contiennent, ou de mines de fer, de cuivre, d'argent, d'or, de soufre, d'alumine, de bitume, de natrum, etc. La

C 3

enim omnia caloris vi proveniunt. Neque igitur ex hujusmodi terra bonæ aquæ nascuntur, sed duræ et æstuosæ, quæque per urinas non facilè feruntur, et alvi egestioni adversantur. At verò optimæ sunt, quæ ex sublimibus locis et terræ tumulis profluunt. Hæ enim dulces sunt et albæ, modicumque vinum ferre queunt, per hyemem calidæ, per æstatem frigidæ. Tales enim ex profundissimis fontibus proveniunt. Maximè verò commendantur, quarum fontes ad solis exortus, præsertimque æstivos decurrunt. Limpidiores enim et *boni odoris*, et leves esse necesse est.

Salsæ verò et indomitæ, et duræ in totum quidem ut bibantur, improbandæ. Sunt tamen naturæ quædam et morbi, quibus tales aquæ potu sunt commodæ, de quibus mox dicam. Ac de his res ita se habet. Quarum quidem fontes ad orientes spectant, eæ inter omnes optimæ. Secundum has, quæ sunt inter æstivos

force de la chaleur étant la cause productrice
de toutes ces matières (6), les eaux qui sortent d'une terre de cette nature ne peuvent
être que mauvaises, dures et échauffantes;
elles passent difficilement par les urines, et
resserrent le ventre.

Les eaux supérieures en qualité, qui découlent des terres élevées, sont agréables au goût,
limpides, et ne veulent qu'une très-petite
quantité de vin pour les rompre (7). Elles sont,
en outre, chaudes l'hiver, et fraîches l'été;
ce qui indique la grande profondeur de leurs
sources. Mais de toutes, les plus recomman-
dables sont celles qui coulent à l'aspect du
levant, et spécialement du levant d'été, parce
qu'elles sont communément plus limpides, de
bonne odeur et légères.

Toute eau salée, dure et crue, est généralement mauvaise à boire; il y a cependant quelques tempéramens qui s'en trouvent bien, et
certaines maladies auxquelles ces sortes d'eaux
peuvent convenir, et dont je parlerai incessamment. Au surplus, il faut encore juger de
ces eaux d'après leur aspect, puisque cela
décide de leurs qualités plus ou moins bonnes :
les meilleures sont celles dont les sources se

solis exortus et occasus, sed præcipuè ad
exortus. Tertio loco, quæ sunt inter occasus, æstivos et hybernos. Deterrimæ verò
quæ ad austrum spectant, quæque sunt
inter æstivum ortum et occasum. Et hæ
iis quidem qui sunt ad austrum, valdè pravæ, iis verò qui ad septentrionem, præs-
tantiores. His hoc modo uti convenit.
Qui sanus est ac valet, is nullo habito
discrimine, semper eam quæ adest, bibat.
Qui verò morbi causâ eam quæ maximè
conveniat bibere volet, is hoc modo præcipuè sanitatem consequatur.

Quorum quidem ventres duri sunt, et
qui promptè succenduntur, iis certè dulcissimæ , levissimæ , et limpidissimæ
conferunt. Quibus verò ventres inferiores
molles sunt, humidi et maximè pituitosi,
iis durissimæ, et maximè coctu difficiles, et aliquantulum salsæ accommodatæ

présentent au levant (directement à l'est), puis
celles qui coulent entre le levant et le couchant d'été, mais singulièrement au levant :
celles qui coulent entre les couchans d'été et
celui d'hiver, commencent déjà à être moins
bonnes ; enfin les plus mauvaises sont celles
qui se présentent au sud , ainsi que celles qui
coulent entre le levant et le couchant d'hiver ;
leurs mauvaises qualités augmentent sur-tout
durant les vents du midi , et ne sont remises à
leur état que par les vents du nord (8). Néanmoins je pense que celui qui est bien portant
et vigoureux doit boire, sans distinction, celle
qui sera à sa portée (9) ; mais si quelque indisposition l'oblige à chercher l'eau la plus convenable à son état, les conseils qui vont suivre
lui seront d'une grande utilité pour recouvrer
sa santé.

Tous ceux qui ont le ventre maigre, brûlant et sujet à se constiper, se trouvent bien
de l'usage des eaux les plus douces, les plus
légères et les plus claires ; ceux, au contraire,
qui ont les capacités humides et surchargées
de pituite, les eaux très-dures, très-crues et
saumâtres leur conviennent mieux, par cela
même qu'elles sont très-propres à dissiper les

sunt. Hoc enim modo maximè resiccari poterint. Quæ namque aquæ coquendo sunt optimæ et facilè liquescunt, eas ventrem dissolvere ac liquefacere maximè æquum est. Indomitæ verò ac duræ et quæ coquendo minimè idoneæ, eæ ventres magis cogunt et resiccant. At verò de aquis salsis propter imperitiam falluntur quidam, quodque alvum solvere existimentur, cùm maximè alvi dijectioni repugnent. Indomitæ enim sunt et coqui nequeunt proindeque ab eis venter potiùs adstringitur quàm eliquetur. At de fontium quidem aquis hoc modo se res habet.

§. 12. Quæ autem ex imbribus colliguntur, et ex nive fiunt, quomodo se habeant enarrabo. Aquæ igitur ex imbribus collectæ, levissimæ et dulcissimæ sunt, tenuissimæ et limpidissimæ. Sol enim quod imprimis in aqua est tenuissimum et levissimum sursum educit et rapit. Id autem ex ipso mari patet, in quo

humeurs. En effet, toutes les eaux qui sont très-tenues, et qui sont les plus convenables à la digestion, doivent être aussi plus propres à lâcher et humecter le ventre, lorsque les eaux crues, dures et les moins convenables à la digestion, le resserrent et le dessèchent. On ne peut donc attribuer qu'au défaut des lumières de l'expérience l'erreur de ceux qui croient que les eaux salées sont laxatives (10), lorsqu'elles sont d'une nature toute contraire et qu'elles resserrent le ventre au lieu de le relâcher. Telles sont les remarques à faire relativement aux eaux de source.

§. 12. Maintenant il faut parler des eaux de pluies et de celles du produit de la fonte de neige. Les premières surpassent toutes les eaux en légèreté, douceur, ténuité et limpidité, parce que le soleil enlève d'abord la partie la plus tenue et la plus légère de tous les fluides. Ce qui se passe dans la formation du sel en établit la preuve; car cette substance, n'étant que le résidu d'une eau salée, elle

quod salsum est, propter crassitudinem
et gravitatem remanet, et mare evadit;
tenuissimum verò propter levitatem sol
ad se rapit. Neque verò tale quid ex aquis
solùm lacustribus sursum educit, verùm
etiam ex ipso mari , et ex omnibus in
quibus aliquid humoris inest, quod quavis in re inest. Quinetiam ex ipsis hominibus tenuissimum ac levicissimum humorem educit. Cujus rei maximum est
indicum, cùm homo vestibus indutus in
sole ambulaverit aut sederit. Quascum-
que enim corporis partes sol aspicit, hæ
nullum sudorem emittunt. Sol enim quicquid sudoris comparet, ad se rapit. Quæ
verò veste, aut alia quavis re contegun-
tur, hæ exudant. Per vim enim à sole
sudor elicitur, servatur autem à tegu-
mento, ne à sole deleatur. Cùm verò ad
umbram pervenerit, tum corpus æqua-
liter sudore diffluit. Neque enim ampliùs
sol affulget.

elle n'est restée au fond du vase que parce qu'elle étoit trop grossière et trop pesante pour être enlevée comme les parties les plus subtiles de l'eau, que le soleil avoit d'abord saisi à cause de leur plus grande ténuité.

Ce n'est pas seulement sur les eaux d'étang ou de mer que le soleil exerce cet empire, son action est la même par rapport à tous les corps de la nature où il existe de l'humidité, et il en existe partout ; enfin, il attire même du corps de l'homme ce qu'il y a de plus subtil et de plus léger dans ses humeurs. La preuve la plus complète de cette assertion résulte d'un fait. Toutes les fois qu'un homme habillé marche ou se repose au soleil, le plus communément ce ne sont pas les parties nues exposées au soleil d'où découlent la sueur, ce sont, au contraire, les parties garanties de l'ardeur de ses rayons, par les habits ou autres choses, qui s'humectent et d'où découle la sueur ; et quoique le soleil la force de sortir, cependant les habits l'empêchent de s'évaporer. Mais si ce même homme se met à l'ombre, alors il est également couvert de sueur par tout le corps, étant tout entier préservé de l'action du soleil (11).

Atque eam ob causam inter aquas etiam hæ citissimè putrescunt, odoremque pravum habet aqua pluvia, et quòd ex pluribus collecta est et permixta, proindeque celerrimè putrescat. Ad hæc quoque cùm rapta est in sublime, evecta circumfertur et aëri permiscetur, quod quidem in ea est turbidum et noctem referens, excernitur et secedit, et aër ac nebula evadit. Tenuissimum verò et levissimun relinquitur, et à sole ustum et coctumdulcescit. Quin et alia omnia quæ coquuntur semper dulcia evadunt. Dùm igitur dispersa nec dùm collecta fuerit, in sublime fertur. At ubi coacervata et à ventis inter se adversariis derepentè in se coacta fuerit, tum deorsum prorumpit, qua parte copiosa collecta fuerit. Tunc enim istud magis contingere par est, cùm nubes vento stabilitatem minimè habente agitatæ ac delatæ, derepentè contrario vento et aliis nubibus occursarint. Hic quidem prima ipsius pars cogitur. Posterior

Aü surplus, il faut remarquer que c'est en raison de son origine que l'eau de pluie est, de prime-abord, de toutes les eaux la plus propre à se corrompre et à acquérir une mauvaise odeur, n'étant qu'un amas de plusieurs espèces d'émanations aqueuses, dont le mélange favorise et accélère la putréfaction (12). Cependant, après quelque tems d'élévation, elle reprend de bonnes qualités ; car une fois attirée et élevée par le soleil, mêlée et portée en tout sens par les vents, elle se dépure de sa partie la plus trouble et la plus épaisse, et forme les brumes et les brouillards, lorsque le reste, plus subtil et plus léger, est élaboré par le soleil et devient doux ; état où arrivent toutes les autres substances lorsqu'elles sont fortement pénétrées par la chaleur. Or donc, tant que cette partie reste éparse et sans aucune consistance, elle ne cesse de s'élever jusqu'à ce que des vents d'une direction opposée la forcent subitement à se rassembler en un lieu quelconque, alors cet amas crève du côté où il se trouve le plus condensé (13). Cela doit, sur-tout, se passer ainsi toutes les fois que des nuages chassés par des vents impétueux, seront tout-à-coup repoussés par

verò insuper accedit, eaque rationę crassior et nigrior evadit, ac pondere deorsum prorumpit, imbresque oriuntur.

Atque has quidem aquas optimas esse
rationi est consentaneum, ut tamen ex-
coquantur et excolentur opus habent. Sin
minùs, odorem pravum obtinent, et bibentibus raucitatem et vocis gravitatem
adesse æquum est. Pravæ verò omnes
quæ ex nive et glacie fiunt. Ubi enim
semel concreverint, non ampliùs ad
pristinam naturam redeunt. Sed quod
in his quidem est splendidum, et leve,
et dulce, excernitur et evanescit, remanet verò quod turbidissimum et

d'autres

d'autres nuages chassés par un autre vent en sens contraire, ils s'accumuleront les uns sur les autres, lorsque de nouveaux nuages poussés vers le même point augmenteront la masse, qui, plus opaque et plus comprimée, succombera par son propre poids et tombera en pluie. Telles sont les causes qui font que l'eau de pluie devient naturellement la meilleure, bien toutefois qu'elle ait besoin d'être bouillie et filtrée, puisqu'autrement elle se corrompt, et rend la voix dure et rauque à ceux qui en font usage.

Quant aux eaux de neige et de glace, elles sont généralement toutes mauvaises, de ce que une fois congelées, elles ne recouvrent plus leur première qualité (14), ayant perdu leur partie limpide, légère et douce, elles ne conservent plus que la partie la plus trouble et la plus pesante. Tel est le fait dont on peut se convaincre par l'expérience suivante :

ponderosissimum. Quod hac ratione deprehendas.

Si enim hyemis tempore vasculum certa aquæ mensura affusa, sub dio exponere voles, uti maximè congeletur, deinde postridie in locum calidum delatum, ubi glacies maximè liquescat, tumque soluta fuerit, iterum aquam metiaris, aquam multò pauciorem reperias. Hoc certè indicio cognosces, quòd congelatione id quod est levissimum et tenuissimum evanescit et expirat, non quod gravissimum et crassissimum, cùm id ei contingere nequeat. Hanc igitur ob causam aquas de nive et glacie liquatas, earumque similes, ad quidvis pessimas esse existimo. Atque de aquis quidem quæ ex imbribus, nivibus et glacie colliguntur, ad hunc se res habet modum.

§. 13. At verò calculo maximè tentantur et renum morbis, ac urinæ stillicidio, et coxendicum affectionibus corripiuntur, herniæque iis suboriuntur,

Remplissez, pendant l'hiver, un vaisseau d'une quantité d'eau donnée, et exposez-le ensuite à l'abri dans un endroit assez froid pour que la congélation s'opère complétement : puis, le lendemain, transportez ce même vaisseau dans un endroit chaud ; enfin mesurez l'eau après qu'elle aura été complétement dégelée, vous la trouverez beaucoup diminuée. Il reste donc prouvé, par cette expérience, que la congélation lui a fait perdre, en la resserrant, ce qu'elle avoit de plus léger et de plus subtil, et non la partie la plus pesante et la plus grossière (ce qui seroit impossible). Telles sont donc les causes qui me font regarder ces eaux, et toutes celles qui leur ressemblent, comme très-mauvaises sous tous les rapports.

§. 13. Les eaux des grands fleuves, auxquelles viennent se mêler celles des rivières et des lacs, qui reçoivent elles-mêmes les eaux de divers ruisseaux, ainsi que celles qui y sont conduites de toutes parts, seront spécialement

qui cujusque modi aquas bibunt, aut de magnis fluminibus, in quæ alia decurrunt, et de stagno in quod multarum et cujusvis generis aquarum rivuli deveniunt, quique advectitiis aquis utuntur, quæ ex longo et minimè brevi intervallo deducuntur. Neque enim fieri potest ut aquæ inter se similes sint, verùm aliæ dulces sunt, aliæ salsæ, et aluminosæ, aliæ de calidis effluunt. Atque hac simul permixtæ inter se dissident, et semper superat que valentissima est. Neque semper eadem viribus pollet, sed alias alia. Sed et ex ventis, huic quidem boreas vires præbet, illi verò auster, et de reliquis eadem est ratio. Ex his igitur limum et arenam in vasis subsidere necesse est, et ex earum potu prædicti morbi gignuntur. Quòd verò non omnibus, deinceps dicam.

Quibus quidem alvus tum fluida, tum sana est, et vesica minimè ignea, neque

cause, chez ceux qui en feront usage, de la pierre (15), des affections néphrétiques, de la strangurie, de la sciatique et des hernies. Ces eaux, ainsi mêlées, n'en présentent aucune constamment de la même nature ; car les unes seront douces, les autres saumâtres, quelques-unes alumineuses ; d'autres thermales, et par cela même dans une opposition continuelle : il en résultera enfin que l'une d'elles l'emportera alternativement sur toutes les autres, ce qui aura également lieu selon les différens vents dominans, puisque les qualités de quelques eaux se manifesteront fortement par le vent de nord, d'autres qui n'éprouveront cet effet que par le vent du sud, et ainsi de tous les autres vents. Aussi est-il naturel que de telles eaux déposent au fond des vases qui les reçoivent du sable et du limon, qui deviennent bientôt la cause des maladies que je viens de désigner. Néanmoins tous ces effets ne se produisent pas dans tous les hommes qui en font usage : c'est ce dont je vais donner les raisons.

Tous ceux qui ont le ventre libre et sain, la vessie d'une chaleur moyenne, et dont le col de cet organe n'est ni enflammé, ni

vesicæ os cum ea valdè conspirat, ii
quidem facilè urinam emittunt, neque
quicquam in vesica colligitur. Quibus
verò alvus ignea fuerit, vesicam etiam eadem affectione teneri necesse est. Cùm
enim magis quàm natura postulet cale-
facta fuerit, os ipsius inflammatione ten-
tatur. Sic autem affectum, urinam non
emittit, sed in sese concoquit et adurit,
et quod quidem in ea est tenuissimum se-
cernitur, quodque purissimum transit et
cum urina educitur, quod verò crassissimum ac turbidissimum colligitur et
concrescit, primùm quidem minore copia, deinde majore.

Cùm enim per urinam volutatur, quicquid crassum constituit, ad sese applicat,
eoque modo augetur, et in totum dures-
cit. Dumque urinam emittit, ab urina vi
propulsum ad vesicæ os collabitur, et urinam impedit, doloremque vehementem

obstrué, et qui se délivre facilement des urines, n'ont point de concrétion ; mais ceux, au contraire, qui ont le ventre échauffé, ont nécessairement la vessie dans un pareil état : ainsi la chaleur de celle-ci, étant beaucoup au-dessus de la naturelle, enflamme et rétrécit son col, qui ne laisse plus sortir que la partie la plus subtile et la plus pure. Alors, dans cet état de souffrance, elle n'expulse point l'urine qu'elle contient, elle la cuit, la brûle et la déprave, en sorte que la partie la plus subtile et la plus pure se sépare, et la plus épaisse et la plus trouble se rassemble, et forme d'abord de petits graviers qui grossissent insensiblement ; parce que, balottés par l'urine, ils retiennent tout ce qu'elle contient de parties semblables aux premières qui les composent, de manière que, couches sur couches, elles durcissent en augmentant de volume.

Aussitôt que la pierre est formée, elle se porte naturellement vers l'ouverture de la vessie toutes les fois qu'on se présente pour uriner, ce qui en même tems qu'elle en ferme le passage, y cause des douleurs très-vives ; ce qui oblige encore les enfans, attaqués de la pierre, à se frotter, à se tirailler le bout

exhibet. Proindeque pueri calculo laborantes pudenda confricant et vellicant, quòd ipsis reddendæ urinæ causa eo loco esse videatur. Hoc autem ita se habere indicio est, quòd qui calculo laborant urinam ad instar seri limpidissimam reddunt, cùm quod in ea est crassissimum ac maximè returbidum istic maneat ac versetur. Ac plærique quidem hoc modo calculum gignunt. Gignitur autem et pueris ex lacte, si non salubre fuerit, sed valde calidum et biliosum. Ventrem enim concalefacit et vesicam, ac proinde dum urina simul aduritur istam affectionem sentit. Et mea quidem sententia, præstat pueris vinum quam maximè dilutum exhibere, cùm nimirum venas minùs adurat et resiccet. At in mulieribus pudendis non eodem modo contingit. Vesicæ enim fistula urinaria brevis est et ampla, ut facilè urinam propellat. Neque enim manu pudendum, velut masculus, confricat, neque fistulam urinariam

de la verge, s'imaginant que c'est dans cette
partie que réside ce qui les empêche d'uriner.
Mais la preuve que c'est la partie la plus épaisse
et la plus trouble de l'urine qui reste au fond
de la vessie, et qui forme les concrétions pé-
trifiques, c'est que l'urine que rendent ceux
qui sont attaqués de la pierre est extrêmement
claire. Voilà donc, pour l'ordinaire, de quelle
manière marche cette maladie.

Cette maladie, chez les enfans, peut encore avoir pour cause un lait malsain, échauffé
et bilieux (16). L'ardeur de ce lait se communique au ventre et à la vessie, ensorte que
l'urine brûlée donne lieu à la formation de la
pierre ; aussi pensé-je qu'il est plus avantageux, pour les enfans, de leur donner du vin
bien trempé, mêlé avec une grande quantité
d'eau, il les échauffe et les dessèche moins (17).
Enfin, il faut remarquer que les filles sont
moins sujettes à la pierre que les garçons, parce
que les femmes ont le canal de l'urètre plus
court et plus large, de manière que l'urine
est éjectée avec plus de facilité. Aussi n'ob-
serve-t-on pas chez elles les signes extérieurs
de la pierre, c'est-à-dire, qu'elles ne touchent,
ni ne frottent le bout de l'urètre comme les

contingit, quòd intra pudenda perforata sit. Cumque meatus urinarii ampli sint, plus enim qùam pueri bibunt. Ac de his quidem hoc modo se res habet, aut ad hæc quàm proximè accedit.

garçons (18). D'ailleurs, chez elles, ce canal s'ouvre dans une direction horizontale très-près du vagin, au contraire, chez les hommes, il est courbé et moins large. Joignez à cela qu'elles boivent plus d'eau que les hommes (19). Telles sont à-peu-près les causes de cette différence.

CAPUT IV.

De Locis.

* A_T verò singularum regionum situm
et naturam sic dignoscas. In universum
quidem res ita se habet. Quæ ad meridiem
sita, eaque ad septentriones spectat calidior et siccior, quòd ad solem magis
accedat. In his autem regionibus, homines et quæ è terra producuntur, sicciora,
calidiora, et validiora esse necesse est,
quàm quæ in contrariis, velut Libyca
gens si cum Pontica conferatur, et quæ
utrisque vicina sunt. Per se autem si regiones spectes, ad hunc habent se modum. Alta loca et squalentia, quæque ad
meridiem spectant, campestribus æqua-
liter sitis sunt sicciora, quòd pauciores
humiditates contineant. Illa siquidem

CHAPITRE IV.

Des Lieux.

Observations générales relatives aux aspects des sites et à la qualité des sols.

* Il est très-important de connoître parfaitement l'aspect et la qualité de chaque sol d'habitation ; car il est généralement constant que l'aspect du midi est plus chaud et plus sec que celui du nord, parce qu'il reçoit plus directement les rayons du soleil. Toutes les nations qui habitent le midi et toutes les productions des terres dans cette exposition, sont plus sèches, ont des principes plus ardens et plus forts que celles du nord. Vous sentirez parfaitement cette différence si vous comparez les habitans de la Lybie avec ceux du Pont et leurs voisins. Ces différences d'aspect se font encore sentir dans le même pays. Les lieux arides et élevés, et présentant au midi, sont toujours plus arides que la plaine à parité d'exposition ; parce que les eaux, pour humecter l'air, devant séjourner, l'un ne

aquam pluviam non retinent, hæc contrà. Lacustria verò et palustria humectant et calefaciunt. Calefaciunt quidem, quoniam cava sunt, undique circumdata, et ventis minimè perflata. Humectant verò, quòd è terra producuntur, et quibus homines aluntur, humidiora sunt, et spiritus, quem attrahimus, propter aquam non motam crassior est.

Cava verò et minimè aquosa, siccant et calefaciunt. Calefaciunt quidem quòd causa sint et undique circumdata. Siccant verò, cùm propter alimenti siccitatem, tum quòd spiritus quem attrahimus, cùm secus existat, attracto ad sui nutritionem è corpore humido, non habet humorem, quod suo occursu nutriatur. At quibus in locis montes ad austrum vergunt, in his austri squalidi et morbosi spirant.

peut retenir celles de pluie, lorsque l'autre les arrête et les conserve mieux.

Les contrées marécageuses, où se trouvent des lacs, donnent de la chaleur et de l'humidité, parce que formant un enfoncement les élévations environnantes s'opposent et interceptent l'action des *airs* ou des vents. Dans cet aspect, l'économie de l'homme devient humide, autant parce que les productions dont il s'alimente sont aqueuses et sans vertu, que parce que l'air qu'il respire est épaissi par les eaux stagnantes.

Le contraire arrive dans les lieux enfoncés où il n'y a point d'eaux, parce qu'entourés de tous côtés ils ne peuvent qu'échauffer, dessécher, attendu que les productions dont on s'alimente sont trop sèches ; en outre, l'air qu'on y respire également sec, ne trouvant point ailleurs l'humidité dont il a besoin, attire et épuise l'humidité du corps de l'homme pour s'en nourrir.

A l'aspect du midi d'une montagne les vents sont généralement suffocans et malsains, à celui du nord, ils sont secs et durs, font de vives impressions sur le corps et occasionnent des maladies.

Quibus verò ad aquilones montes vergunt, in his aquilones perturbationes et
morbos pariunt. Ubi autem ob aquilonis
cava loca urbibus adhærent, ab æstivis
ventis calidus et morbosus hic locus est,
quoniam neque spirans boreas purum spiritum invehit, neque ab æstivis ventis
perfrigeratur. Quæ autem insulæ continenti sunt vicinæ, eæ rigidiores habent
hyemes, marinæ verò, tepidiores, prop-
terea quòd nives et glacies in continenti
perdurant.

At verò ventorum quam quisque naturam aut facultatem habeat, ad hunc
modum dignoscas. Omnes quidem venti,
tùm animalium corpora, tùm ea, quæ
è terra producuntur, suapte natura ideo
humectant et refrigerant, quòd ventos
omnes à nive, à glacie, à vehementi gelu, à fluminibus et stagnis, et terra hu-
mecta et perfrigerata spirare necesse est,
et validiores quidem ventos à majoribus

Les

Les villes qui, par la forme générale du site, ont à leur nord des lieux enfoncés, éprouvent dans l'été, de la part des vents qui soufflent de cette partie, de fâcheuses impressions, attendu que les vents du nord n'ont pas la propriété de purifier l'air, et que ceux qui arrivent du midi n'ont pas celle de le rafraîchir. Enfin, il est encore à remarquer en général que dans les îles près du continent, et sous le vent du nord, l'hiver y est plus rigoureux que dans celles qui sont en haute mer, parce que les neiges et les glaces répandues sur le continent leur envoient des vents froids, ce qui ne peut avoir lieu à l'égard des îles éloignées.

Il importe encore de savoir d'abord à l'égard des vents, qu'ils ont tous généralement la propriété d'humecter et de refroidir les animaux et les végétaux, par cela même qu'ils sont généralement le produit des neiges ou des glaces, du cours des fleuves ou des émanations de grands lacs, du refroidissement de la terre ou de son humidité; et qu'enfin, selon que ces causes sont plus ou moins vastes, fortes et grandes, le souffle des vents a plus ou moins d'intensité. Il en est donc des vents comme

E

et validioribus, debiliores verò à mino-
ribus et debilioribus. Non secus enim ac
in omnibus animantibus spiritus inest,
ita in cæteris omnibus, quibusdam mi-
nor, quibusdam verò major pro eorum
magnitudine adest. Venti igitur omnes
naturâ quidem refrigerant et humectant.
Verùm ex regionum et locorum situ, per
quæ ad regiones quasque obveniunt, inter se differunt, et frigidiores, calidiores,
humidiores, sicciores, morbosiores et salubriores existunt. Quorum singulorum
causa ad hunc modum cognoscenda est.
Boreas quidem frigidus et humidus spirat, quia ab ejusmodi locis fertur, et
ad loca permeat, ad quæ sol non perva-
dit, neque aëre exsiccato humorem ebibit.
Id eoque ad terram habitatam sua facultate pollens pervenit, ubi ex regionis
situ non corrumpitur, et hic proximis
quidem incolis frigidissimus est, remo-
tissimis verò minimè.

At auster à locis naturâ aquiloni si-

de la respiration des animaux ; plus ils sont grands, plus leur souffle est fort. En définitif, il reste pour certain que tous les vents ont la propriété d'humecter et de refroidir.

Cependant ils diffèrent en raison de la nature des lieux ou des pays d'où ils viennent ; de sorte qu'ils sont encore plus ou moins froids, plus ou moins secs, ou plus ou moins salubres. Alors voici ce que l'on sait en général de la nature de chacun : le vent du nord est communément froid et humide, attendu qu'il vient d'une région que la chaleur du soleil n'atteint pas, et dont les brouillards ne peuvent en être enlevés ; d'où il suit encore que ce vent arrive dans des lieux habités à de grandes distances avec ses qualités, bien que celles-ci s'altèrent à mesure qu'elles s'éloignent de leur origine.

Les vents du midi soufflent dans quelques

milibus spirat. Cùm enim ab australi axe spiret, et à nive multa, glacieque et gelu valido prodeat, his quidem, qui illic prope habitant, talis spiret, qualis nobis boreas necesse est. Neque tamen ad totam regionem adhuc similis accedit. Nam cùm per solis accessus in meridiem spirat, exhausta à sole ejus humiditate, ressiccatus rarescit, ideoque calidum et siccum ad nos pervenire necesse est: Proindeque vicinis regionibus eamdem vim calidam et siccam ex necessitate impertit. Quod et in Lybia facit, cùm quæ è terra nascuntur, exarescant, et homines latenter exsiccet. Nam cùm neque è mari, neque è fluvio humorem accipere queat, ex animantibus et plantis humidum exugit. At ubi mare transierit, cùm calidus et rarus existat, multa humiditate regionem ad quam occurrit, implet, atque adeò austrum calidum et humidum esse necesse est, nisi regionum situs in causa extiterit.

pays avec toutes les qualités du vent du nord,
de sorte que s'ils passent avec impétuosité sur
des bancs de neige ou de glace, les peuples
qu'ils atteignent, doivent en éprouver les mêmes effets que ceux que nous éprouvons des
vents du nord. Il est donc encore évident qu'ils
ne sont pas les mêmes pour toutes les régions;
car lorsqu'ils traversent des lieux fortement
échauffés par le soleil à son midi, de manière
que toute humidité en est enlevée, il en résulte qu'ils sont nécessairement secs, et que
l'atmosphère en devient plus légère. Telle est
la cause de la sécheresse du vent du midi
quand il vient à souffler chez nous (en Grèce) (1); car il doit conserver pour les lieux
voisins et sous sa ligne les deux qualités de
chaleur et de sécheresse qu'il prend dans la
Lybie, où l'on voit les végétaux en être
évidemment desséchés, quoique cela ne soit
pas aussi sensible dans les hommes; néanmoins l'air ne pouvant prendre de l'eau de la
mer parce qu'elle en est trop éloignée, ni des
fleuves, ni des animaux, ni des végétaux,
est dans un desséchement presque total. Mais
lorsqu'il passe sur la mer, il se charge d'eau
qu'il porte d'abord sur les premières terres

Ad eumdem verò modum reliquorum etiam ventorum facultates se habent. Ad singulas autem regiones hoc modo venti se habent. Quidem venti ex maris regionibus obveniunt, ii sicciores ferè existunt. Qui verò è nive, aut glacie, aut stagnis, aut fluminibus, ii omnes, tum sata, tum animantia humectant et refrigerant, et corporibus sanitatem præstant qui frigore modum non excedunt. Hi enim quòd magnas in corporibus caloris et frigoris mutationes faciunt, noxii sunt.

Quod sanè iis contingit, qui loca palustria et calida, juxta magna flumina incolunt.

At reliqui venti, qui ex prædictis spirant, utiles sunt, tum aërem quod purum et sincerum præbent, tum etiam animi calori humiditatem suggerunt. Qui autem venti è terra obveniunt, eos cùm à sóle

qu'il touche ; alors le vent du midi est chaud et humide, à moins que la configuration particulière des lieux n'y apporte des changemens.

Il faut encore raisonner de même les autres vents, en raison de leurs qualités dans les diverses contrées ; car à mesure que les vents de mer avancent dans les terres, ils deviennent de plus en plus secs. Ceux qui nous viennent des neiges, des glaces, des fleuves, des étangs, sont froids et humides, et ils portent ces qualités tant aux animaux qu'aux végétaux, de sorte qu'ils portent la santé aux corps plus chauds que froids, lorsqu'au contraire ils portent la maladie aux corps très-chauds, en raison de la transition forte par laquelle ils les font passer du chaud au froid. Enfin, les habitans des lieux marécageux et chauds, et ceux près des grands fleuves, sont habituellement soumis aux mêmes affections.

En dernier résultat, il en est de même par rapport aux vents collatéraux, selon qu'ils souffleront plus ou moins dans la dépendance du nord ou du midi, de sorte qu'ils sont plus ou moins salubres ou insalubres, selon qu'ils portent l'humidité et la chaleur dans la pro-

et terra resiccentur, sicciores esse necesse est. Nam cùm non habeant unde alimentum trahant, à viventibus humorem exugunt, sataque et animantia omnia lædunt.

Et qui quidem relictis montibus ad urbes perveniunt, non solum siccant, verum etiam spiritum quem attrahimus, turbant, et humana corpora morbis obnoxia reddunt. Horum igitur cujusque natura et facultas ad hunc modum cognoscenda est. * (*a*).

§. 14. Civitas quæ ventis calidis est exposita, iis videlicet qui inter brumalem solem exorientem et occidentem perflant, eique sunt peculiares, à septentrionalibus autem ventis tecta est, ea

(*a*) *De victus rat.* lib. II. Hipp.

portion la plus d'accord avec la chaleur de l'ame ou l'état propre d'organisation (2).

Tous les vents qui viennent des terres sont nécessairement plus secs, le soleil et la terre leur enlèvent l'humidité ; mais l'air ne trouvant point de grands foyers d'humidité, il enlève celle des animaux et des végétaux, jusqu'à leur faire un tort manifeste. Quand ils soufflent des montagnes aux villes, non-seulement ils dessèchent tout, mais ils rendent l'air respirable très-insalubre, ils deviennent pour l'économie une source de maladies, en raison des dérangemens qu'ils occasionnent dans l'atmosphère. Il est donc extrêmement important de bien connaître le pouvoir et la propriété des vents. * (3) (*a*).

Aspect du sud ; dépendance du sud-est plus
sud-ouest (4).

§. 14. Toute ville qui, par sa situation, est plus ordinairement battue des vents chauds, tels que ceux qui soufflent entre le levant et le couchant d'hiver, et qui est inaccessible aux vents du nord, doit avoir beaucoup d'eaux ;

(*a*) *Du régime*, liv. II. Hipp.

aquarum subsalsarum copia abundat ,
quæ cùm è sublimi scaturiant, eas æstate
quidem calidas, hyeme verò frigidas esse
necesse est. Et urbes quidem quæ soli et
ventis probè sunt expositæ, et aquis pro-
bis utuntur, eæ quidem hujusmodi mutationes minùs sentiunt. Quæ verò aquis
palustribus ac lacustribus utuntur, neque probè ventis ac soli sunt expositæ,
eæ magis sunt obnoxiæ. Ac si quidem æstas sicca fuerit, morbi celeriùs desinunt,
sin verò imbribus scateat, diuturni fiunt,
ulceraque exedentia (Phagedænas vo-
cant), ex quavis occasione in ulceribus
suboriri est consentaneum. Hyeme verò
frigida, homines capita humida et pituita
redundantia habere æquum est, et pituita ex capite defluente, eorum alvos
crebrò exturbari, eosque ut plurimùm,
habitu corporis esse debiliore , ac neque
probè edere nec bibere posse. Quibus
enim capita debilia fuerint, ii nunquam
egregii potores fuerint, quòd eos crapula

mais elles doivent être saumâtres, peu profondes, et par-là même chaudes l'été et froides l'hiver (5). Non-seulement elles sont contraires à la santé de ses habitans, mais elles doivent leur causer différentes maladies. Il est vrai que tous ces effets se font peu sentir dans les villes déjà mieux situées par rapport à l'accès des vents salubres et à la chaleur du soleil ; mais celles, au contraire, qui sont mal exposées, et dont les habitans font usage d'eaux stagnantes, doivent être grevés fréquemment de maladies différentes. A la vérité, ces maladies seront courtes si l'été est sec, et plus longues s'il est pluvieux.

On remarque, dans une ville ainsi située, que la cause la plus légère suffit pour donner aux blessures le caractère de l'ulcère phagédenique (6) ; que ses habitans ont, par tempérament, la tête humide ou surchargée de pituite qui, en se portant sur les intestins, cause des diarrhées habituelles ; qu'ils sont la plupart sans énergie (ou foibles et sensibles). D'où il résulte encore qu'ils mangent et boivent peu (de vin), par la raison que tout homme qui est de ce tempérament ne peut supporter le vin, dont l'usage, plutôt chez lui que

magis vexet. Morbi autem hi sunt patrii. Primùm quidem mulieres morbis et fluxionibus sunt obnoxiæ, deinde multæ ex morbo, non natura steriles, crebrisque abortionibus conflictantur.

Pueris verò convulsiones impendent, et crebri anhelitus, quos puerilem affectum efficere, et sacrum esse existimant.

Viris autem intestinorum difficultates et alvi profluvia, febres algidæ, et hybernæ diuturnæ pustulæ multæ nocturnæ epinyetides dictæ, et sanguinis profluvia per ora venarum quæ in ano sunt, hæmorrhoides vocantur.

Morbi autem laterales, pluritides dictæ, et pulmonum inflammationes, febres ardentes, et quicunque acuti morbi censentur, raro contingunt. Neque enim ejusmodi morbi, ubi alvi liquidæ fuerint, invalescere possunt.

chez tout autre , sera suivi du désordre de la tête ou de l'ivresse (7).

Il y a encore dans cette même ville des affections habituelles. Les femmes sont languissantes et sujettes au flux blanc (8) ; la plupart sont stériles plutôt par mauvaise santé que par impuissance naturelle ; enfin , elles avortent facilement (9).

Les enfans sont tourmentés par des convulsions (10), des asthmes , et par cette affection que le vulgaire attribue à la divinité , et à laquelle il a donné , en conséquence , le nom de *maladie sacrée* (11).

Les hommes sont particulièrement affectés de dyssenteries , de diarrhées , de fièvres comateuses , de fièvres longues et sans types , de beaucoup de pustules d'un caractère obscur (12), appelées *épinyctides* , et du flux de sang de la bouche et des hémorroïdes (13).

Par la même raison , il est au contraire très-rare qu'ils soient attaqués de maladies connues sous la dénomination de *maladies aiguës* , telles que les pleurésies , les péripneumonies, les fièvres ardentes, etc.; car il n'est pas possible que ces maladies règnent où l'on a le ventre lâche (14).

Lippitudines verò humidæ oboriuntur, neque molestæ, neque longæ, nisi ex temporum immutatione morbus aliquis omnibus communis invadat.

Ac ubi quinquagesimum annum excesserint, distillationes ex crebro superveniunt, quæ homines aliqua corporis parte resolutos reddunt, ubi caput derepente soli expositum, aut frigore correptum fuerit. Atque ii quidem morbi his sunt patrii, præterquàm quòd si morbus aliquis omninò communis ex anni temporum mutatione occupaverit, hujus etiam participes existunt.

§. 15. Atque civitates his contrarium situm habent, et ventis frigidis inter ortum et occasum solis æstivum sunt expositæ, iisque hi venti sunt patrii, ab austro autem et æstivis obtectæ sunt, de his sic se res habet. Primùm quidem aquæ tum duræ, tum frigidæ, ferè dulces evadunt.

Enfin on y est encore sujet à des ophthalmies humides, qui ne sont longues et fâcheuses qu'autant qu'elles sont épidémiques, et occasionnées par quelque tribulation de saison.

Lorsqu'on est par-delà la cinquantième année de son âge, on devient sujet aux fluxions qui viennent du cerveau, et qui rendent les hommes *paraplectiques*, sur-tout lorsque la tête aura été exposée au soleil, ou qu'on aura éprouvé un froid vif. Telles sont les maladies plus particulières aux habitans des villes ainsi situées, indépendamment des épidémies déterminées par les tribulations des saisons, et auxquelles ils participent également.

Aspect du nord; dépendance du nord-ouest,
plus nord-est.

§. 15. Les villes qui présentent ou qui ouvrent à l'aspect opposé à celui dont je viens de parler, et qui étant à couvert du vent du sud ainsi que de tous les autres vents chauds, recevront le plus habituellement les vents froids qui lui viendront d'entre le couchant et le levant d'été (du nord-est). Dès-lors voici ce qu'on y observe, les eaux y sont dures et

Homines autem robustos et exuccos esse necesse est, et plærosque ventres inferiores indomitos et duros habere, superiores verò fluxiores, bileque magis quàm pituita redundare. Capita sana et dura habent, et plæraque vasa ipsis intrò rumpuntur. Morbi autem apud eos passim vagantur, laterales multi cui acuti esse censentur. Quod sic se habere necesse est, cùm alvi duræ existant. Multi quoque quavis ex occasione pus intrò colligunt. Cujus rei causa est corporis distinctio, et ventris durities. Siccitas enim et aquæ frigiditas in causa sunt, ut vasa intrò rumpantur.

froides,

froides , et ne sont guère susceptibles de s'améliorer (ou de l'être) (15).

Les habitans de ces villes doivent être d'une complexion forte , sèche et (médiocrement) nerveuse , mais énergique. La plupart ont le bas-ventre maigre , difficile à émouvoir ; la poitrine et la tête sont dans un état plus favorable. Ce tempérament est plus bilieux que flegmatique (et plus sanguin que nerveux , ou plus fort que sensible). Les hommes , ainsi constitués , ont la tête saine et forte (16) ; mais ils sont , en général , sujets aux ruptures des vaisseaux.

Les maladies qui leur sont les plus familières sont les pleurésies et toutes les affections comprises sous la dénomination de *maladies aiguës* , attendu qu'elles paroissent plus propres à attaquer les hommes qui , par la dureté du ventre , ont plus d'analogie avec cet état. La cause la plus légère suffit donc pour déterminer des ruptures suivies de suppurations aux poumons (17) ; ce qu'il faut attribuer à la rigidité générale du corps et à celle , en particulier , des fibres du poumon. Car il est dans l'ordre naturel que la rigidité de la fibre dans ces tempéramens , jointe à l'usage des eaux

F

Ejusmodi autem naturas cibis, non multis potibus obnoxias esse necesse est. Neque enim fieri potest ut simul multum edant aut bibant.

Lippitudines autem iis quidem per intervalla contingunt, ita tamen asperæ ac vehementes, ut confertim oculi rumpantur. AEstate verò iis qui nondum trigesimum annum attingerunt, vehementes fiunt sanguinis è naribus eruptiones. Morbi enim qui sacri appellantur, pauci ii quidem, sed vehementes. Hos longioris esse vitæ quam cœteros æquum est, iisque ulcera citra inflammationem suboriri, neque admodum exasperari, moresque agrestes potius esse quàm mansuetos. Ac viris quidem hi morbi sunt familiares, præterquam si quis omnes communiter ex temporum anni mutatione invadat.

froides (dures et crues), déterminent la rupture des vaisseaux.

Enfin, on doit remarquer que les hommes d'un tel tempérament mangent beaucoup et boivent peu, attendu qu'il est impossible qu'on soit grand mangeur et grand buveur à la fois (dans ce cas s'entend) (18).

Les ophthalmies sont rares parmi les hommes de ce tempérament; mais elles y sont opiniâtres (19), et d'une telle force qu'elles les privent promptement de la vue. Ceux qui n'ont pas encore atteint l'âge de trente ans, éprouvent pendant l'été de fortes hémorrhagies nasales (20). Enfin l'épilepsie (21), connue sous la dénomination de *maladie sacrée*, y est rare, mais très-violente.

Il ne peut plus paroître extraordinaire que ces hommes vivent plus long-tems que d'autres (22), que leurs plaies ou leurs ulcères ne soient ni fagédéniques, ni rebelles, et que leurs mœurs soient plus sauvages que douces. Voilà donc quelles sont les maladies familières aux habitans des villes ainsi situées, sans en excepter celles, qu'ils éprouvent en commun avec d'autres peuplades, déterminées par des tribulations des saisons.

F 2

Quòd autem ad mulieres attinet , multæ ob aquas duras, coctu difficiles et frigidas, duræ sunt. Neque enim commodæ contingunt purgationes menstruæ , sed paucæ et pravæ. Deinde non nisi ægrè pariunt, neque admodum abortionibus tentantur. Cùm verò pepererunt, pueros enutrire non possunt. Lac siquidem aquarum duritate et cruditate extinguitur. Tabes etiam frequentes à partu contingunt. Præ violentia enim ruptis ac vultionibus præhenduntur. Pueris verò dum parvi sunt, testim tumores aquosi suboriuntur, qui procedente ætate disparent seroque hac in civitate pubescunt.

Ac de ventis quidem calidis et frigidis, et iis expositis urbibus, quemadmodum ante dictum est, ita se res habet.

Si on observe les maladies auxquelles les femmes sont sujettes, on remarquera que la plupart d'entr'elles sont frappées de stérilité (23), en raison de ce que les eaux sont dures, froides et crues. D'ailleurs, le flux menstruel est, chez elles, en petite quantité et de mauvaise qualité (24). Les accouchemens sont pénibles, mais elles avortent rarement. Elles sont peu propres à nourrir leurs enfans, attendu que la dureté et la crudité des eaux empêche le lait de se reproduire en quantité et en qualité convenables (25). Enfin, il arrive souvent que les efforts qu'elles font pour accoucher occasionnent la rupture de quelques vaisseaux de la poitrine, ce qui détermine des phthisies.

Les enfans nouveau-nés sont sujets aux infiltrations du scrotum (26); mais elles se dissipent à mesure qu'ils s'éloignent du moment de leur naissance. Dans ces lieux, la puberté est tardive (27).

Tels sont les faits dont je devois parler relativement à la nature des vents chauds ou froids, et sur les villes qui y sont exposées.

§. 1 6. An verò civitates quæ ad ventos inter æstivum solis ortum et hybernum sunt expositæ, et quæ iis contrario modo se habent, de is sic se res habet. Quæ quidem soli orienti sunt expositæ, eas salubriores esse par est, his quæ ad septentriones et ventos calidos obversæ sunt et si stadium unum intersit. Primùm si quidem calor et frigus temperatè se habent, deinde aquas quæ solis ortum spectant, omnes limpidas esse, et odoratas ac molles, et amœnas in hac civitate suboriri necesse est. Sol namque emergens et perlustrans eas reprimit. Diluculum enim ipse aër ut plurimùm semper affundit.

Hominum habitus coloratiores et vividiores sunt, nisi alius quis morbus prohibeat. Homines clara voce sunt præditi, et ad iram ac prudentiam meliùs sunt

Aspect de l'est , dépendance du nord-est , plus sud-est.

§. 16. Je vais maintenant parler des villes exposées aux vents qui soufflent entre le levant d'été et celui d'hiver , et de celles qui sont dans l'exposition opposée.

Les villes qui présentent à l'orient doivent naturellement être plus salubres que toutes celles qui ouvrent au nord ou au midi , lors même qu'elles ne seront éloignées de ces dernières que d'une stade. Il arrive donc que, dans celles qui présentent à l'est , le froid et le chaud y sont déjà plus modérés ; et ensuite les eaux qui brisent à cet air de vent , doivent être limpides, de bonne odeur et d'une douceur agréable au goût ; parce que le soleil les corrigeant à son lever , en dissipe , par la chaleur de ses premiers rayons , le brouillard qui embarrasse ordinairement l'atmosphère dans la matinée.

Les hommes habitant ces lieux ont le teint plus vif et plus plein de vie que tous les autres , à moins que quelques maladies ne l'altèrent. Ils ont la voix sonore et d'un beau timbre , leurs mœurs sont plus douces et leur

comparati quàm septentrionales, siquidem et reliqua illic nascentia præstantiora sunt. Ac ferè sic sita civitas, quoad calidi et frigidi temperationem, verisimilis est, tum etiam morbi quidem pauciores et debiliores gignuntur, eorumque morborum sunt similes, qui in civitatibus, quæ ad calidos ventos spectant, oriuntur. Et mulieres illic valdè fœcundæ evadunt, facilèque pariunt. Ac de his hoc quidem habet modo.

§. 17. At verò quæ ad occasus sunt expositæ, et à ventis qui ab oriente spirant obtectæ, tum à calidis ventis, tum etiam frigidis à septentrione leviter perflantur, harum urbium situm maximè morbo esse obnoxium necesse est. Pri-

génie plus pénétrant que celui des hommes
des régions septentrionales; il en est de même
de toutes les autres productions, qui y sont
meilleures que dans les villes exposées au
nord.

La modération de la froidure et de la chaleur donne à ces villes, ainsi situées, une
température analogue à celle du printems.
Les maladies de ses habitans sont moins nombreuses et moins fortes qu'en aucune autre
ville, *elles ressemblent cependant à celles
des villes exposées aux vents chauds.* Enfin,
les femmes y sont extrêmement fécondes et
accouchent facilement (28). Voilà ce qui est
à remarquer.

Aspect de l'ouest , dépendance du nord-ouest, plus sud-ouest.

§. 17. Enfin les villes qui ouvrent à l'occident sont à couvert des vents de l'orient, ceux
du nord et du midi ne font que glisser légè-
rement sur elles. La température de ces lieux
doit être très-insalubre. Premièrement, les
eaux n'y sont point limpides, parce que le
brouillard qui, le plus habituellement, em-
pâte l'atmosphère pendant toute la matinée,

mùm siquidem aquæ minimè súnt lim-
pidæ. Cujus rei causa est, quòd aër plurimùm matutinum tempus occupat, qui
aquæ admixtus, illius splendorem obs-
curat. Neque enim nisi in altum evectus
sol splendescit. Per æstatem verò mane
quidem auræ frigidæ spirant, et ros de-
cidit, de reliquo verò, ad ipsas sol se
demittens, quàm maximè homines per-
coquit. Quare et decolores eos esse par
est et infirmos, prædictisque omnibus
morbis participare, cùm nulla ex parte
ab eis separentur. Gravem etiam et rau-
cam vocem eos habere est consentaneum,
ob aërem qui istic ut plurimum impu-
rus et morbosus existit. Neque enim ab
aquilonibus multùm perpurgatur, cùm
non assiduè perflent, qui verò assiduè
perflant iisque incumbunt, aquosissimi
sunt. Quandoquidem qui ab occasu spirant venti, autumno ferè similes sunt,
similisque est hic civitatis situs, quo ad
diei mutationem quòd multum inter ma-

se mêle avec elles , en attire la limpidité , et
que le soleil , qui peut seul les dissiper , ne
le fait que tard et lorsqu'il est déjà fort élevé
sur l'horizon. Secondement , il souffle pendant les matinées d'été des brises fraîches ,
et il y tombe des rosées, de sorte que , le res-
tant de la journée le soleil , en s'avançant vers
l'occident , brûle et altère singulièrement
les hommes. Aussi doivent-ils naturellement
avoir le teint décoloré et être d'un tempérament très-foible ; enfin , ils doivent être affectés de toutes les maladies dont j'ai parlé ,
et dont cependant aucune ne leur est exclusive ou plus particulière. Ils doivent , en
outre , avoir la voix dure , voilée et rauque ,
ne respirant qu'un air qui est le plus ordinairement impur et malsain. Les vents du nord
ne pouvant guère le corriger , parce qu'ils y
font peu de séjour, et que ceux qui y soufflent
habituellement portent une très-grande quantité d'eau dans l'air. Car telle est la nature des
vents de l'ouest. Il résulte donc que la température des lieux qui y sont exposés retient
les caractères de celle de l'automne, qui font
voir plusieurs des alternatives de chaud et de
froid dans le même jour ; de manière que le

tutinum et vespertinum tempus interce-
dit. Ac de ventis quidem convenientes
sint necne, sic se res habet.

soir on y éprouve une température bien différente de celle du matin. Voilà ce que j'avois
à observer sur la nature des vents salubres ou
insalubres, relativement à la situation des
villes qui y sont exposées (29).

CAPUT V.

De Asia et Europa.

§. 18. Ac de Asia et Europa indicare volo quantum inter se per omnia distent, tum quantum homines formis varient, nihilque inter se simile habeant. De omnibus certè longa foret oratio, verùm de præcipuis et plurimùm inter se differentibus dicam ut se res habere mihi videatur.

Mea quidem sententia Asia plurimùm Europæ præstat, tum eorum omnium naturaque è terra producuntur, tum hominum. Longè enim pulchriora et omnia majora in Asia gignuntur, regioque ipsa hac nostra mitior, et hominum mores humaniores et benigniores. Quorum quidem causa est, tempestatum anni temperatio,

CHAPITRE V.

De l'Asie et de l'Europe.

De l'Asie. (1)

§. 18. Je vais maintenant exposer dans un aperçu sommaire les différens phénomènes qui, par leur dissemblance de caractère, font distinguer l'Asie de l'Europe. Dissemblance qui s'étend à tel point à certains peuples qui habitent ces deux parties du monde, qu'ils contrastent entre eux d'une manière étonnante. Comme il seroit trop difficile de traiter ces phénomènes dans tous leurs développemens, je me bornerai à l'exposition des plus frappans, et à en dire mon sentiment.

J'avance donc que l'Asie diffère considérablement de l'Europe, non-seulement en ce qui est particulier aux hommes, mais encore en ce qui est relatif à toutes les productions de la terre. Tous les caractères des différens phénomènes sont donc communément plus beaux et plus parfaits en Asie qu'en Europe, parce que la température la plus habituelle en est plus douce ; d'où il suit encore que les peuples

cùm in medio solis exortu ad auroram
sit exposita, à frigore longè procul remota.

Incrementum autem et moderationem
omnium maximè præbet, cum nihil sit
quod per vim superet, sed omnium sit
æquabilis potestas.

Neque tamen ubique per totam Asiam
ad eumdem modum se habent omnia. Sed
quæ quidem regio in medio calidi et frigidi sita est, ea certè feracissima est, et
arboribus maximè concita, et blandissi-
ma, aquisque præcipuè fruitur cœlestibus et ex terra provenientibus.

Neque enim calore admodum exuritur,
neque squaloribus et aquarum penuria
resiccatur, neque frigore violatur, sed
austro objecta imbribus, multis et nive

qui

qui l'habitent sont d'un naturel plus doux et d'un esprit plus pénétrant (2).

Mais ces caractères tiennent à la température des saisons, parce que l'Asie, située à l'orient, entre les deux levers du soleil (3), est encore également éloignée du chaud et du froid.

Ainsi donc, ce qui contribue le plus à l'accroissement et à la bonté des productions de la nature, c'est une température uniforme, où tout se trouve en équilibre au milieu de tous les extrêmes (4).

Néanmoins, il ne faut pas croire qu'il en soit de même par toute l'Asie. Celles de ses contrées qui, placées à une égale distance de la chaleur et du froid, jouissent encore d'un air pur et serein, ont des eaux excellentes, tant celles qui tombent du ciel que celles qui sourdent des terres : ces seules contrées, dis-je, abondent en plantes et en arbres les plus beaux et les meilleurs.

En effet, le sol n'y est ni brûlé par des chaleurs excessives, ni congelé par des froids rigoureux, et n'est stérilisé ni par défaut d'eau, ni par des pluies et par des neiges considérables.

G

perfunditur , multaque illic sua tempestivitate nasci par est, quæ ex seminibus quæque ex terræ plantis proveniunt, quorum fructibus homines fruuntur , ex agrestibus domesticos faciendo , et in suum usum transferendo.

Pecoraque illic enutrita abundare vel maximè æquum est, crebriusque parere, et optimè educare. Hominesque habitiores esse, formaque præstantes, et magnitudinis eximiæ , formaque et corporum proceritate non admodum inter se dissimiles. Hanc regionem ad anni temporum naturam et moderationem proximè accedere consentaneum est. Virilis autem animus, ærumnarum et laborum tolerantia, atque audacia, in hujusmodi naturis innasci nequit, neque ejusdem generis aut diversi conjunctione ducuntur, verùm in ipsis libidinem dominari necesse est. . . . .

Un tel sol doit nécessairement donner beaucoup de fruits d'été, soit de ceux qui résultent de semis de graine, soit de ceux provenant des arbres non cultivés ou sauvages, mais que les hommes amènent à produire des fruits doux, en les transplantant et en les cultivant suivant leurs vues.

L'animal domestique y réussit mieux que partout ailleurs, il est très-fécond et très-facile à élever. Les hommes, avec de l'embonpoint, se distinguent par leur beauté et par une taille avantageuse ; enfin, on remarque parmi eux une grande uniformité de traits et de corpulence. La température de ce pays ressemble davantage à celle d'un printems (continuel) (5), attendu que les saisons n'y éprouvent point de variations fortes et inopinées. Cependant il est impossible que dans un tel pays les hommes aient la force de corps et l'énergie de l'âme, et par conséquent, qu'ils supportent le travail de corps et les peines d'esprit. . . . .

Ideoque multiformes inferis partus gignuntur. Atque de Ægyptiis ac Lybicis ad hunc quidem modum se res habere videtur.

De his verò qui sunt ad hyberni solis ortus dexteram, ad Mæotidem usque paludem, quæ est Europæ atque Asiæ terminus, habet se res ad hunc modum. Atque hæ quidem gentes, cùm propter anni tempestatum mutationes, tum ob regionis naturam, longè magis inter se differunt, quam quæ ante sunt enarratæ. Habet autem hoc solùm eodem planè modo, quod etiam apud reliquos homines.

§. 19. Ubi namque anni tempora maximas et creberrimas mutationes faciunt, illic efferatissima et maximè inæqualis regio existit, montesque plurimos et densos,

Tout y est commandé si irrésistiblement par le seul besoin du plaisir de l'amour , que, les animaux mêmes, ne font entre eux aucune distinction d'espèce, ni de sexe (lorsqu'ils sont poussés par le besoin naturel du coït) ; d'où il résulte des formes très-variées parmi les bêtes sauvages. . . . . (6).
Voilà , je crois, tout ce que je dois observer relativement aux naturels de l'Égypte et de la Lybie.

Il n'en est pas de même par rapport aux peuples situés à la droite du levant d'été, et qui se prolongent jusqu'au Palus-Méotide, (grand lac, ou mer d'Azof) qui sépare l'Europe de l'Asie (7). Tous ces peuples sont plus variés , et se ressemblent moins que ceux dont je viens de parler ; ce qui résulte des variations de leurs saisons et de la nature du pays qu'ils habitent : car il en est de la différence de la nature des pays, comme de celle des hommes.

§. 19. Partout où les saisons éprouvent des tribulations aussi considérables que fréquentes, le sol est extrêmement agreste et inégal (8) , de sorte qu'on n'y voit que des plaines et des prairies entrecoupées par des montagnes très-

campos item et prata in ea invenias. At
ubi anni tempora non admodum variant,
illic ea regio maximè æqualis est. Ad
eumdem verò modum se in hominibus habet, si quis animum advertat.

Sunt enim quædam naturæ, montosis
locis, sylvosis et aqua carentibus similes, quædam tenuibus et aquosis, quædam etiam pratorum et paludum naturam
referunt, quædam etiam ad planitiei, nu-
danorumque et siccorum naturam accedunt. Anni enim tempora, quæ formarum
naturam variant, inter se differunt, cumque inter se diversa existant, varias et
multiplices formas producunt. Ac eas
quidem gentes quæ parum inter se differunt, prætermittam, quæ verò plurimùm

rapprochées et couvertes de forêts : dans les pays où ces tribulations atmosphériques sont peu considérables, le sol est, au contraire, très-uni.

Ce phénomène s'observe également chez les hommes, pour le peu d'attention qu'on y donne. Les hommes ont un caractère physique (et moral) analogue aux pays de montagnes couvertes de bois et (médiocrement) humide (9) ; d'autres porteront l'empreinte des terres sèches et légères ; ceux-ci montreront qu'ils habitent des sols marécageux et en pacages, et ceux-là qu'ils sont (nés et élevés) dans des plaines nues et arides : parce que les saisons ou températures qui modifient (principalement) *la nature et la forme de l'espèce humaine,* diffèrent entre elles; et plus ces différences sont considérables, multipliées et

aut natura, aut institutis inter se discrepant, de his quemadmodum se habeant mihi dicendum est, imprimisque de Macrocephalis, cùm ex his nulla alia gens capita similia habeat.

Ac initio quidem hominum institutum longitudinis capitis causa fuisse videtur. Nunc verò natura etiam ad institutum accedit. Longissima enim habentes capita, generosissimos existimant. Hujusmodi autem est institutum. Cum primum editus est infans, caput ejus adhuc tenellum et molle manibus effingunt, et in longitudinem adolescere cogunt, vinculis et idoneis artibus adhibitis, quibus capitis rotunditas vitietur, et longitudo augeatur. Hoc institutum primum hujusmodi naturæ

combinées, plus il y a de variations dans le physique (et dans le moral) des hommes. Je ne parlerai point des peuples chez lesquels cette différence est peu prononcée ; je m'en tiendrai à ceux qui présentent des différences frappantes, (principalement) déterminées par la nature ou par quelque institution nationale. Les premiers qui se présentent à moi sont les *Macrocéphales*, ainsi nommés parce que leur différence de tous les autres peuples s'exprime par la longueur de leurs têtes (10).

Cette configuration particulière n'avoit d'abord été que le résultat d'une coutume ; mais la nature pliée au joug y contribue maintenant d'elle-même. Cette coutume doit son origine à l'opinion qu'ils s'étoient donnée de noblesse (ou de beauté) des têtes longues. Dès qu'un enfant est arrivé au monde , et pendant que sa tête est encore dans toute sa mollesse , on la façonne en la pétrissant avec les mains , puis on la serre avec des bandes et d'autres machines appropriées à cet usage, de manière qu'on la force à s'allonger et à perdre insensiblement sa figure sphérique. Ce ne fut dans le commencement, comme il vient d'être dit , que l'effet de la coutume, mais avec le tems

dedit initium. Successu verò temporis, in naturam abiit, ut proinde instituto nil ampliùs opus esset. Semen enîm genitale ex omnibus corporis partibus provenit, ex sanis quidem sanum, et ex morbosis, morbosum. Si igitur ex calvis calvi gignuntur, ex cæsiis cæsii, et ex distortis, ut plurimùm distorti, eademque in cæteris formis valet ratio, quid prohibet cur non etiam ex Macrocephalo Macrocephalus gignatur? Et si nunc quoque perinde ut antea non nascuntur, obsolescente per hominum incuriam instituto. Ac de his quidem sic sentio.

§. 20. Jam verò de his qui Phasim accolunt. Regio est palustris, calida, aquosa et densa, imbribusque copiosis et vehementibus ferè semper perfunditur. Homines in paludibus vitam degunt, et domos ligneas et arundineas in aquis fabrefactas habent, rarò urbes et emporia adeunt,

la nature en avoit tellement reçu l'empreinte,
qu'elle n'avoit plus besoin même d'y être dirigée par la coutume. En effet, la liqueur séminale émanant de toutes les parties du corps,
elle doit se ressentir du bon ou du mauvais
état de santé dans lequel elles se trouvent. Or,
si ceux qui naissent de parens à yeux bleus,
ont les yeux de la même couleur, et que ceux
qui naissent de parens à yeux louches, soient
louches, et ainsi de suite, rien que de très-
naturel que des hommes à longues têtes reproduisent des enfans à longue tête. Ce pendant, si cela n'arrive plus aujourd'hui chez
eux, comme autrefois, c'est que cette pratique
étant tombée en désuétude par négligence,
les têtes ont repris insensiblement leur forme
naturelle. Voilà, selon moi, la cause de ce
phénomène.

§. 20. D'autres hommes doivent fixer notre
attention, ce sont les habitans des bords du
Phase (11). Leur pays est marécageux, chaud,
humide, couvert de bois, et il tombe dans
toutes les saisons des pluies fortes et fréquentes.
Ces hommes passent leur vie dans les marais,
où ils se bâtissent des maisons en bois ou en
roseaux. Ils sont peu nécessités de marcher,

verùm navigiis ex ligno uno cavatis sursum ac deorsum trajiciunt, cum fossas habeant plurimas. Aquas bibunt calidas, statarias, sole putrefactas, et imbribus auctas.

Ipseque Phasis præ cæteris fluminibus maximè stagnans est, et levissimè defluit; fructusque qui illic nascuntur, nullum incrementum accipiunt, effœminati sunt, et præ aquarum copia imperfecti, ideoque ad maturitatem minimè perveniunt. Aër quoque caliginosus ab aquis sublatus hanc regionem occupat. His sanè de causis Phasiani corporis formam à cæteris hominibus longè diversam habent. Proceritate enim corporis et crassitudine valdè excedunt, neque articulus ullus, neque venæ comparent, pallidoque sunt colore, velut morbo regio detenti : cumque aëre utantur minimè puro, sed caliginoso et maximè humido, gravissimam præ aliis omnibus vocem edunt. Sunt

et seulement lorsqu'ils vont à la ville ou au marché, car le reste du tems ils vont et viennent par les canaux, qui y sont très-multipliés, dans des monoxiles ou nacelles faites d'un seul tronc d'arbre : ils font usage d'eaux échauffées, stagnantes et putréfiées par l'ardeur du soleil, et sans cesse renouvellées par les pluies.

Le Phase lui-même est le plus lent de tous les fleuves ; c'est sans doute à cette surabondance d'eaux (et sur-tout à celle suspendue dans l'air), qu'il faut attribuer la quantité de brouillards qui couvrent sans cesse leur pays, ainsi que la mauvaise qualité de leurs fruits qui viennent mal, n'ont point de saveur, et ne parviennent jamais à une maturité finie et complète (12). Il faut également attribuer à l'influence des mêmes causes l'extrême différence qui s'observe entre les habitans des rives du Phase et les autres hommes. Ils sont d'une très-haute stature et ont un embonpoint si considérable (13) qu'on ne leur voit point de veines, et que leurs articulations en sont offusquées. Ils ont encore le teint aussi jaune que celui des ictériques (14), et plus que partout ailleurs ils ont la voix rude, forte et voilée, par résultat de l'humidité de l'air et des brouillards

etiam ad corporis exercitationem natura
pigriores, annique tempestates, quoad
æstum aut frigus, non multum variant.
Venti iis plurimi sunt austrini, potissi-
mum unus ejus regionis peculiaris, qui in-
terdum violentior, molestior et calidior spirat, quem *Cenchrona* nominant. Boreas
verò non admodum huc provenit, quòd
si aliquando spiret, debilis tamen et valdè
lenis existit. Atque hunc quidem in modum, qui Asiam et Europam incolunt,
tum natura, tum forma inter se differunt.

§. 21. Quòd autem ad animi ignaviam et mollitiem attinet, cur Asiatici
Europæis minùs bellicosi existant, et moribus sint lenioribus, anni tempestates
in causa sunt, quæ non magnas, tum ad
calorem, tum ad frigus permutationes
faciunt, verùm similes permanent, unde
neque mens stupore percellitur, neque
corpus vehementer à suo statu dimovetur.
Ex quibus iram exasperari, ac pruden-

qu'ils respirent. Enfin , ils sont naturellement paresseux et ne peuvent supporter la fatigue.

Dans ce pays , les saisons n'éprouvent aucune grande variation dans leur chaleur et dans leur froidure. Les vents qui y règnent le plus habituellement viennent de la partie du sud , à l'exception d'un seul vent *local,* qui devient quelquefois très-incommode par sa chaleur et par l'impétuosité avec laquelle il souffle. Ce vent est désigné dans le pays sous le nom de *chenchron.* Quant au vent du nord , il n'y parvient que rarement, et n'y souffle encore que foiblement. Telle est la différence qui existe entre les Asiatiques et les Européens, relativement à la forme et au tempérament.

§. 21. Si donc les Asiatiques sont pusillanimes (15), sans courage , moins belliqueux et d'un caractère plus doux que les Européens, c'est encore dans la nature des saisons qu'il faut en chercher la principale cause. En Asie, loin d'éprouver de fortes tribulations , celles-ci ont à-peu-près les mêmes caractères , passant du froid au chaud d'une manière insensible ; de sorte que dans une telle température la faculté organique n'éprouve point les secousses vives dont les changemens violens des

tiæ et caloris compotes fieri magis æquum est, quàm si eodem semper statu permaneant.

Mutationes enim inter omnia hominis mentem semper existant, neque sinunt quiescere. Quas ob causas mihi Asiaticorum genus omni ope destitutum videtur, quibus præterea eorum instituta accedere debent. Multò enim maxima Asiæ pars regum imperio regitur. Qui verò sui potestatem non habent, neque sui juris sunt, sed dominis subditi, ii rerum bellicarum nullam curam habent, sed ut ne bellicosi videantur. Neque enim æqualia pericula impedunt. Hos si quidem pro dominis in militiam proficisci, et labores tolerare, mortemque oppetere necesse est, relictis domi liberis, uxore, ac reliquis amicis. Quòd si probè ac viriliter se ges-

corps sont les résultats, et qui impriment enfin à l'homme un caractère plus farouche, plus indocile et plus fougueux que s'il vivoit dans une température toujours égale ; car ce sont les passages rapides d'un extrême à l'autre qui stimulent les esprits de l'homme, et font naître les idées de s'arracher à son état d'inertie et d'insouciance.

Mais, non-seulement, je pense que c'est au défaut de pareils changemens qu'il faut attribuer la pusillanimité des Asiatiques, il faut encore l'attribuer à la nature des lois (16) auxquelles ils sont soumis. La plus grande partie de l'Asie étant gouvernée par des Rois, il en résulte que partout où les hommes ne sont ni maîtres de leurs volontés (17), ni gouvernés par les lois qu'ils se sont données ; mais au contraire, soumis à des volontés absolues, ils sont bien loin de s'occuper du métier des armes, ils ont même grand soin de ne point paroître avoir l'inclination guerrière, par la raison que les dangers (ou les intérêts) ne sont pas également partagés (18). Sous de tels gouvernemens les sujets sont forcés d'aller à la guerre, d'en supporter toutes les peines, et de mourir même pour leurs maîtres, loin

H

serint, inde dominis opes augentur et crescunt, ipsi præter pericula et cædes nullum fructum percipiunt. Ad hæc ab hujusmodi hominibus propter rei militaris inertiam ac otium, regionem relinqui necesse est, cùm ut quisque natura fortis est et magni animi, ita maximè leges detrectat.

Cujus rei hoc magnum est indicium, quod quicumque in Asia Græciæ Barbari dominis minimè sunt subditi, sed liberi, et sui laboris quæstum faciunt, ii omnium bellicosissimi existunt. Sibi enim ipsis pericula subeunt, et ut fortitudinis præmia reportant, ita ignaviæ pœnas luunt.

Asiaticos autem plurimùm inter se

de leurs enfans, de leurs femmes et de leurs amis. Leurs exploits ne servent donc qu'à augmenter et à propager la puissance de leurs tyrans, lorsque les dangers et la mort sont les seuls fruits qu'ils recueillent de leur bravoure. *Ajoutez à cela que sous de tels hommes la terre reste encore sans culture, autant par l'inertie de leur tempérament, que par la crainte des ravages de la guerre ; de sorte que, quand même il se trouveroit parmi eux des hommes braves et courageux, la nature de leurs lois doit ajouter à la répugnance de donner essor à leur courage* (19).

La plus forte preuve de ce que j'avance est fournie par l'Asie même, où tous ceux des Grecs et des Barbares qui se gouvernent par les lois qu'ils se donnent, n'obéissent point à des tyrans, et qui par-là même ne travaillent que pour eux, sont les hommes les plus courageux de tous, par la raison qu'ils ne s'exposent que pour leur propre intérêt, et que ce sont eux qui reçoivent le prix de leur bravoure ou qui portent la peine de leur lâcheté.

Enfin, il est encore à observer que les Asiatiques même diffèrent entre eux en plus ou

differre, et hos quidem nobiliores, illos verò ignobiliores esse comperior. Quorum quidem causa ad anni tempestatum mutationes, quemadmodum antea diximus, referenda est. Atque sic quidem de his qui Asiam incolunt.

en moins de courage ; et que cette différence tient (principalement) au changement des saisons, ainsi que je l'ai dejà dit. C'est à ces faits que je borne ce que j'avois à dire sur l'Asie.

CAPUT VI.

De Europa.

§. 22. I n Europa autem gens est Scythica, quæ Mæotim-Paludem incolit, et
à reliquis plurimùm differt, Sauromatæ
appellantur. Eorum fœminæ equitant,
arcu utuntur, et ex equo jaculantur, et
cum hostibus bellum gerunt, quoad vir-
gines existunt, neque antè virginitatem
deponunt, quàm tres hostes interfece-
rint, neque priùs cum viris congrediun-
tur, quam sacra deo patrio more pere-
gerint. Quòd si quà sibi virum delegerit,
equitatu soluta est nisi communis expe-
ditionis necessitas ingruat.

Dextram autem mammam non habent.
Puellis enim ad huc infantibus, ferro ad
id fabricato et candente, dextræ mammæ

CHAPITRE VI.

De l'Europe.

§. 22. (1) L'Europe offre, entre tout ce qu'on y remarque, la nation Scythique très-différente de toutes les autres. Cette nation est connue sous le nom de *Sauromates*, et elle habite au nord du Palus-Méotide (maintenant mer d'Asof). Les femmes montent à cheval, tirent de l'arc, lancent le javelot de dessus leurs chevaux, et se battent à la guerre tant qu'elles sont filles ; elles ne renoncent à cet état qu'après avoir tué trois ennemis, et ne vont habiter avec leurs maris qu'après avoir offert le sacrifice exigé par la loi. Mais dès qu'une fille est mariée, elle ne monte plus à cheval, à moins qu'une expédition d'intérêt général ne l'oblige à se joindre au corps de défense de la nation.

Ces femmes manquent de mamelle droite, les mères prennent soin de la leur brûler dès l'enfance, en y appliquant une machine de fer chaud modelé sur la forme de cette partie.

H 4

admoto, eam matres exurunt, ut ne incrementum accipiat, sed ad dextrum humerum et brachium omne robur et copia transmittatur. De reliquis autem Scythis, cùm formâ inter se sint similes, et aliis dissimiles, eadem ratio quæ dè Ægyptiis habenda est, nisi quòd hi calore, illi frigore urgentur. At verò solitudo Scythica appellata, in planicie sita est, et pratis abundat, nuda et modicè aquosa est. Magni enim fluvii aquam ex campis per rivos deducunt. In hac Scythæ Nomades dicti degunt, quòd domos nullas habeant, sed in curribus habitent, quorum vel minimi quatuor, reliqui sex rotis aguntur.

Hi autem insuper coactilibus ex lana

Par ce procédé, elles empêchent l'accroissement du sein, ce qui fait que l'épaule et le bras du même côté en reçoivent plus de force et de nourriture. Quant à l'uniformité des traits qu'on observe entre tous les Scythes, elle établit une telle ressemblance entre eux, qu'ils en diffèrent d'autant des autres peuples ; phénomène qu'ils ont de commun avec les Égyptiens, et qui tient à la même cause, si ce n'est que ces derniers existent dans une chaleur excessive et uniforme, et que les Scythes vivent sous une température uniformément froide et rigoureuse. Il est encore au nord (mais plus au nord-nord-est) de ceux-ci, *ce qu'on appelle le désert de la Scythie* (2). C'est une plaine élevée, couverte de pâturages, et médiocrement humide, quoiqu'arrosée par de grands fleuves qui la traversent (le Don ou Tanaïs, le Volga, etc.), mais qui, dans leurs cours, entraînent les eaux surabondantes. C'est dans cet immense désert qu'habitent les Scythes Nomades, ainsi appelés parce qu'ils n'ont point de lieu fixe d'habitation, et qu'ils séjournent dans des chariots à quatre ou à six roues.

Ces chariots, construits en forme de maison,

crassa compactis sunt obducti, et ad instar domorum fabricati, alii quidem sim-
plici, alii etiam triplici tabulato, ipsique in angustum coarctati adversus omnes aquarum, nivis, ac ventorum inju-
rias. Currus trahunt alios quidem duo
bovum paria, alios tria, atque hi præ
frigore cornua non habent. His igitur in
curribus mulieres degunt, ipsi verò viri
in equis vehuntur. Eos sequuntur peco-
rum greges, et boves, et equi. Tandiu-
que uno in loco subsistunt, quoad ipsis
pecoribus pabulum sufficit, quo defi-
ciente ad aliam regionem commigrant.

Carnibus coctis vescuntur, et lacte
equino in potu utuntur, et *Hippaco*,
hoc est caseo equino victitant. Ac de eorum victus ratione et curribus hactenus
quidem dictum est, simulque de anni temporibus, quodque Scythica gens forma
multùm à reliquis hominibus diversa est,
sibi ipsi similis, non secus ac Ægyptii.
Minimè fœcundum est hoc hominum

sont fermés tout autour avec du feutre; les uns sont divisés en deux chambres, les autres en trois, et sont impénétrables à la pluie, à la neige et aux vents. Ces chariots sont traînés par deux ou trois paires de bœufs nulli-cornes, à cause du froid excessif. Les femmes (et les enfans) habitent et voyagent dans ces chariots, et les hommes les accompagnent à cheval, suivis de leurs troupeaux et de leurs haras, car ils ne quittent un pâturage pour aller dans un autre, qu'après que leurs animaux ont consommé tout le fourrage qui s'y trouve.

Ils se nourrissent de viandes cuites et s'abreuvent de lait de jument, dont ils font encore une espèce de fromage appelé *Hippace*. Tels sont les usages et la manière de vivre des Scythes.

Il est donc évident que de la température des saisons de la Scythie résulte l'uniformité des traits de ses habitans, et le peu de fécondité chez les femmes ainsi que parmi les animaux, qui y sont plus rares et plus petits

genus, ipsaque regio paucissimas feras alit, neque magnitudine, neque multitudine insignes. Sub ipsis enim ursis Riphæisque montibus, unde boreas spirat, est posita, solque cùm ad extremam conversionem æstivam venerit, proximè accedit, et tunc quidem exiguo tempore calefacit.

Neque venti ex calidis locis spirantes, nisi rari ac debiles, huc admodum perveniunt, sed venti frigidi ab ursis, nive, glacie, et multis aquis, perpetuò spirant, neque unquam montes deserunt, unde nonnisi ægrè habitari possunt. Aërque multus tota die campos occupat, ipsique in humidis locis degunt. Quare perpetua ferè illis est hyems, æstas verò paucissimis diebus, neque his admodum magna. Planities enim illis sublimis est et nuda, neque montibus cincta, sed sub ursis acclivis. Neque feræ illis magnæ.

Sed quæ sub terra abscondi possint,

qu'ailleurs. Mais la position de la Scythie rend raison de tous ces phénomènes ; située précisément sous la constellation de l'Ourse et sous les monts Riphées, d'où lui viennent les vents du nord ; il s'ensuit que le soleil n'approche d'elle qu'au solstice d'été, encore ne l'échauffe-t-il que peu de tems et foiblement, et que les vents qui soufflent de la partie du sud n'y parviennent que rarement, et seulement après avoir perdu grande partie de leur chaleur.

Les vents de la partie du nord y soufflent donc le plus habituellement, venant d'ailleurs de montagnes toujours couvertes de neiges et de glaces, et difficiles à habiter à cause de l'excessive humidité qui y règne ; alors les plaines sont pendant le jour couvertes de brouillards épais, de sorte que leurs habitans vivent dans l'humidité et dans un hiver perpétuel, n'ayant que quelques jours d'une chaleur trop foible. Car ce sont de hautes plaines nues, qui commencent sous le signe de l'Ourse, et qui se prolongent en s'élevant de plus en plus, sans être coupées de montagnes.

Les animaux, très-petits de leur nature (3), ont plus de facilités pour terrer, car l'hiver

nascuntur. Hyems enim et terræ nuditas prohibet, quanquam et apricis et opacis locis caret. Nam neque magnæ, neque vehementes sunt anni temporum mutationes, sed similes et parum differentes, unde et formas inter se similes habent. Eodem etiam victu semper et amictu utuntur hyeme et æstate, aëremque aquosum et crassum attrahunt, et aquas ex nivibus et glacie bibunt, nullaque corporis exercitatione utuntur, cùm vel corpus, vel animus exerceri nequeat, ubi mutationes non sunt vehementes.

Has ob causas eos habitu esse crasso et carnoso necesse est, articulis verò humidis et enervatis, et ventribus maximè humidis omnium tamen maximè inferiore alvo. In hac enim regione, natura, et tempestatum anni constitutione, ipsa resiccari nequit. Sed propter pinguedinem et carnis glabritiem, forma inter se sunt similes, tum mares maribus, tum

perpétuel, qui s'oppose à leur accroissement, les force à s'y réfugier pour se procurer contre le froid un abri que la nudité du sol leur refuse. Toutes les saisons y sont parfaitement uniformes, et les changemens qu'elles éprouvent sont très-peu considérables. De là vient cette uniformité qu'on observe dans les traits des Scythes, ainsi que dans le genre de vie qu'ils mènent, vêtus et nourris l'été comme l'hiver. Ils respirent un air épais et humide, et s'abreuvent d'eaux de neige et de glace. D'ailleurs, ils sont paresseux et peu faits pour le travail, attendu que le corps ni l'esprit ne peuvent supporter la fatigue dans les pays où les saisons n'amènent point des changemens très-sensibles dans l'économie animale.

Il résulte donc de tout cela que le corps des Scythes est tellement chargé d'embonpoint, que les articulations en sont effacées, qu'ils sont d'une complexion ramassée et lâche, et que les cavités, sur-tout celle du bas ventre, sont surchargées d'humidité : car il ne peut se faire que dans une telle température de saison, et chez des hommes d'un tel tempérament, le ventre se dessèche. Il paroît encore que leur complexion grasse, jointe au défaut

fœminæ fœminis. Cùm enim anni tempora similiter se habeant, nullæ corruptiones, neque vitia in prima seminis conformatione contingunt, nisi violento aliquo casu, aut morbo id accidat.

Eorum autem humiditatis magnum hoc est argumentum, quòd Scythas plærosque, ac præcipuè Nomadas, humeris, brachiis, primis manuum juncturis, pectoribus, coxendicibus, et lumbis exustis esse comperias, nullam sanè aliam ob causam, quàm naturæ humiditatem et mollitiem. Nam neque arcus intendere, neque humero jaculum contorquere, ob humiditatem ac impolentiam possunt.

Cùm verò uruntur, ex articulis humoris copia resiccatur, eorumque corpora validiora, habitiora, et firmioribus articulis redduntur. Fluida verò fiunt et lata,

de

de poil, donne lieu à cette uniformité de figure, de sorte que les hommes se ressemblent entre eux comme les femmes se ressemblent entre elles. Il faut encore ajouter à cela que les saisons étant à-peu-près de la même température, la liqueur séminale n'éprouve aucune combinaison au moment de sa composition pour la formation du fœtus, à moins que quelqu'accident violent ou quelque maladie ne vienne l'intervertir.

Un fait que je puis apporter en preuve de l'excessive humidité de leur corps, c'est que la plupart des Scythes, et spécialement les Nomades, se brûlent aux épaules, aux bras, aux poignets, à la poitrine, aux hanches et à la région des reins (4). Il est donc vraisemblable qu'ils n'emploient ce moyen que pour absorber l'humidité et remédier à la mollesse de leurs corps, qui sont dans un si grand état de relâche qu'ils ne sauroient bander un arc, ni lancer avec force le javelot.

Mais, par l'application du feu, leurs articulations une fois débarrassées de l'excessive humidité, leur corps reprend sa forme et sa fermeté, et leur complexion devient plus dense

I

primùm quidem quod facies non involvantur , quemadmodum fieri solet in AEgypto, neque id pro more habent, ob equitationem quo firmiùs equis insideant, deinde verò ob sitam sedentariam.

Ex his namque mares quod equis vehi nequeunt, longo tempore in curribus sedent, parumque propter locorum transmutationes et peragrationes inambulant. At mulieres stupendum in modum habitu sunt corporis fluxo. Gens autem Scythica propter frigus fulvo est colore ; cùm ad eos sol vehemens non accedat. A frigore autem albedo exuritur, fitque fulva. Fœcunda verò ejusmodi natura esse non potest. Neque enim viri multa cœundi cupiditate tenentur , ob corporis humiditatem ventrisque mollitiem et frigiditatem. Ex quibus viros minimè venerem exercere posse par est. Eò accedit, quòd perpetua equitatione fracti,

et plus décidée ; car ils sont naturellement d'une complexion flasque et grasse, d'abord, parce que dans leur enfance ils ne sont point emmaillotés, ainsi que les Égyptiens, n'ayant pas voulu adopter cet usage, afin de pouvoir se tenir plus aisément à cheval : ensuite la vie sédentaire qu'ils mènent, ajoute à cette complexion en la favorisant.

Tant que les garçons ne sont pas en état de monter à cheval, ils passent la plus grande partie du tems assis dans les chariots, les translations continuelles, sans jamais se fixer nulle part, ne leur laissant que fort peu d'occasions de marcher. Quant aux femmes, elles sont d'une complexion excessivement grasse et flasque ; enfin les Scythes ont communément le teint basané, parce que chez eux le soleil n'agit pas assez fortement pour empêcher que le froid ne brûle leur peau et n'en ternisse la couleur naturelle (5). Il résulte donc que les hommes ainsi constitués sont peu féconds (6) et très-peu portés aux plaisirs de l'amour, en raison de l'humidité de leur tempérament, de la mollesse et de la froideur du ventre ; états qui doivent naturellement priver l'homme des velléités à l'acte progénérant,

ad coitum imbecilles adduntur. Atque eæ quidem in viris causæ sunt.

In mulieribus verò, carnis pinguedo et humiditas. Neque enim uteri genitale semen ad se rapere queunt. Neque eis ut decet menstrua purgatio, sed parcior et longiore tempore contingit, ipsumque uteri os præ pinguitudine concluditur, semenque genitale minimè suscipit. Ipsæque nulla corporis exercitatione utuntur, et præpingues sunt, earumque ventres frigidi et molles. Ex quibus necessariò consequitur non admodum fœcundam esse Scytharum gentem. Cujus rei magnam conjecturam præbent famulæ, quæ cùm virorum congressum non appetant, propter exercitationem et carnis gracilitatem concipiunt.

indépendamment de l'usage d'être continuellement à cheval (7). Telles sont les causes qui privent les hommes de la faculté virile suffisante pour remplir les fonctions naturelles de leur sexe.

Les femmes, ainsi que les hommes, sont si grasses et si humides que la matrice n'a pas la chaleur propre à saisir la liqueur séminale : d'ailleurs leurs flux menstruels n'observant aucune proportion, ils sont encore peu considérables, et n'ont que des retours longs et inégaux. Chez elles la graisse ferme l'orifice de la matrice et les empêche de concevoir ; enfin, ajoutez à tout cela la répugnance qu'elles ont pour le travail, ainsi que l'humidité et la froideur de leur ventre, et on trouvera que ces causes réunies concourent pour la plus grande part au peu de fécondité des Scythes. Mais un fait vient à l'appui de ce que je viens d'avancer au sujet des femmes de cette nation, c'est l'opposition qui se remarque entre elles et leurs esclaves fémelles ; car celles-ci n'ont pas plutôt cohabité avec un homme, qu'elles conçoivent, et cela parce qu'étant obligées de travailler, elles acquièrent moins d'embonpoint que leurs maîtresses.

Ad hæc quoque plærique Scythæ eunuchi fiunt, et munia muliebria obeunt, ac velut mulieres factitant et loquuntur, vocanturque hi Evirati aut Effœminati. Ac regionis quidem incolæ causam Deo acceptam referunt, et hujusmodi homines reverentur et colunt, sibi quisque timentes ne quid tale contingat. At mea quidem sententia hi omnes affectus divini sunt, ut et reliqui omnes, multusque altero divinior aut humanior existit, sed divini omnes, cùm horum quodque suam naturam habeat, neque quicquam citra maturam fiat. Atqui quomodo hic affectus mihi contingere videatur, enarrabo.

Ex equitatione eos prehendunt diuturnæ ex defluxione affectiones nimirum semper pendentibus ex equis eorum pedibus.

La Scythie offre encore un autre sujet d'observation par le grand nombre d'hommes impuissans qu'on y rencontre. Ces hommes se condamnent eux-mêmes aux occupations des femmes, se comportent absolument comme elles, et les imitent dans la voix et dans le langage. Ils sont connus sous la dénomination d'*efféminés*. Les Scythes attribuent la cause de ce changement à la colère des Dieux, et leur vénération est poussée à un tel point pour cette espèce d'hommes, qu'ils les adorent, par la crainte que chacun a d'être le sujet d'une pareille vengeance. Quant à moi, je pense que cette maladie n'émane pas plus des Dieux que toutes les autres, et qu'elles ne sont pas plus divines ou plus humaines les unes que les autres, de sorte qu'il reste pour certain, que chacune d'elles est produite selon les lois de la nature, qu'il n'en existe pas une qui ne prenne son origine dans des causes naturelles; et je vais indiquer celles qui m'ont paru produire celle-ci chez les Scythes.

L'usage d'être sans cesse à cheval, et d'avoir également les jambes pendantes, attire des fluxions chroniques sur les articulations (8).

Deinde qui vehementer ægrotant, claudicant, iisque coxendices contrahuntur. Hac autem ratione sibi medentur. Cùm ægrotare cœperint utramque venam post aures incidunt, cumque sanguis effluxerit, præ imbecillitate somno corripiuntur et obdormiscunt, deinde alii quidem sani excitantur, alii minimè. Ac mihi quidem videntur hac curatione seipsos perdere. Juxta aures enim venæ sunt, quas si quis incidat, sectione sterilitatem inducunt. Has igitur venas mihi secare videntur. Postea verò ubi ad uxorem accedunt, neque cum iis rem habere possunt, primùm nil animo reputantes quiescunt, cum autem bis, ter, aut sæpiùs id tentantes, nihil profecerint, dum in quem culpam conferunt se offendisse existimantes muliebri stola amicti, suam ignaviam accusant, et cum mulieribus victitantes, earum opera tractant.

Lorsque la maladie devient plus grave , il y a rétraction des hanches , et ils deviennent boiteux par dislocation. Leur manière de se faire traiter dans le premier tems de la maladie , consiste à se faire ouvrir les deux veines qui sont derrière les oreilles. Après que le sang a cessé de couler , la foiblesse les jette dans l'assoupissement et dans le sommeil ; à leur réveil , quelques-uns se trouvent guéris , d'autres n'en éprouvent aucun soulagement ; alors , je présume que c'est , au contraire , cette saignée qui prive la liqueur séminale de sa faculté prolifique ; car il paroît qu'ils coupent spécialement les veines des environs des oreilles , dont l'ouverture rend les hommes impuissans (9). Après ce traitement, s'ils entreprennent d'avoir commerce avec des femmes, et qu'ils ne puissent accomplir l'acte, ils restent d'abord tranquilles et ne s'en mettent pas fort en peine ; mais si après plusieurs tentatives ultérieures ils ne sont pas plus habiles que la première fois , alors, regardant cet accident comme un effet direct de la colère de la divinité, qu'ils s'imaginent s'être attirée par une offense, ils s'avouent impuissans, adoptent les habits et les goûts des femmes, et

Qua affectione tentantur opulentissi-
mi quique Scythæ, minimè verò infimi sed
generosissimi, et qui ad maximas opes
per equitationem ascenderunt, pauperes
autem qui non equitant, minus. Quanquam oportebat si hæc affectio cœteris divinior esset, ut non generosissimos et
opulentissimos Scythas solos, sed omnes
ex æquo invaderet, idque potius eos qui
paucas opes possident, neque honorem
exhibent, si modò Dii hominum cultu gau-
dent, et pro eo his beneficia conferunt.
Divites enim, cùm pecunias quidem pos-
sideant, Diis sæpe sacra facere, et do-
naria offerre, eosque honoribus afficere
æquum est, pauperes verò minus, cum
nihil habeant, qui etiam eos incusant,
quòd eis opes non suppeditent, ac proinde qui pauca possident, suorum scele-
rum pœnas luere potiùs quacumque divites, videantur. Verùm (quemadmodum

se placent parmi elles, s'occupant des mêmes ouvrages.

Néanmoins, il faut observer que cette maladie n'attaque que les plus riches, et par conséquent les plus à portée d'être continuellement à cheval; les pauvres et ceux de la classe la plus commune du peuple n'y étant point assujétis, par cela même qu'ils ne font point un usage habituel de cette commodité : de sorte que si cette maladie venoit par un effet direct de la divinité, plutôt que les autres maladies, il s'ensuivroit qu'elle ne devroit pas être plus particulière aux riches et aux puissans, et qu'elle devroit attaquer tout le monde indistinctement, et mieux encore devroit-elle affliger les pauvres de préférence, s'il est vrai que les Dieux aient pour agréable les offrandes que les hommes leur font, et qu'ils leur en tiennent compte ; car il est plus naturel que les riches leur fassent souvent des sacrifices et des offrandes, et qu'ils les honorent de différentes manières, plutôt que les pauvres qui, indépendamment du défaut de moyens d'honorer les Dieux, se croient en droit de les accuser d'être les auteurs de leur misère. Ainsi donc la punition

jam ante dixi) hæc quidem divina sunt, perindent reliqua, et secundum naturam quæque accidunt.

Et hic quidem morbus, ob eam quam dixi causam, Scythis contingit. Quin et in reliquis hominibus ad eumdem se habet modum. Ubi enim plurimùm et creberrimè homines equitant, ibi plurimi diuturnis ex defluxione affectionibus, coxendicum morbis, pedumque doloribus corripiuntur, et ad venerem exercendam pessimè se habent. Hæc autem Scythis adsunt, et ob eas causas omnium ineptissimi ad coitum redduntur, tum etiam quòd fœminalia semper gestant, et in equis magnam temporis partem degunt, ut ne quidem pudenda manu attrectare liceat, neque præ frigore et làssitudine coeundi appetentiam sentiant, nilque aliud pensi habent, quàm

de ces murmures sacriléges devroit plutôt tomber sur eux que sur les riches. Mais, comme je l'ai déjà avancé, cette maladie dépend des Dieux comme toutes les autres , et comme elles aussi, elle doit sa naissance à une cause naturelle , et c'est celle que je viens de lui assigner.

Ce n'est cependant pas uniquement chez les Scythes que l'usage habituel de monter à cheval produit ces maux, partout où cet usage est une occupation journalière, on trouve beaucoup de personnes sujettes aux affections chroniques articulaires, telles que la sciatique, la goutte, et l'inhabilité à progénérer (10).

Ces maux qui affligent les Scythes , et qui les mettent en une sorte de rapport avec les eunuques, doivent leur origine aux mêmes causes, je veux dire, à l'usage habituel du cheval (11), et ensuite à celui d'avoir toujours des culottes, ce qui les empêche de porter la main aux parties sexuelles. Enfin , ajoutez à tout cela que le froid (12) et la fatigue font une telle diversion sur leur esprit, que nul désir ne s'y forme de s'unir aux femmes, et que même ils ne se livrent à de nouvelles tentatives qu'autant qu'ils sont certains d'avoir

ut virilitate priventur. Atque hactenus quidem de Scytharum gente.

§. 23. At reliquum in Europa hominum genus, tum magnitudine, tum forma, inter se est dissimile, propter magnas et crebras anni temporum mutationes. Habent enim calores vehementes, et hyemes acres, ac imbres multos, rursusque squalores diuturnos, et ventos multos, ex quibus multæ et omnis generis mutationes contingunt. Neque est à ratione alienum ex his aliam percipi generationem in seminis conformatione, neque ex eodem eamdem esse, vel æstate, vel hyeme, vel pluvioso, vel sicco tempore. Eaque de causa, ut existimo, Europæi magis quam Asiatici forma inter se variant, et per singulas urbes magnitudines maximè inter se sunt differentes. Plures enim corruptiones circá seminis concretionem contingunt, ubi crebres fiunt anni temporum mutationes, quam si ædem sint et similes. Eadem autem est de moribus ratio.

recouvré la faculté virile. Voilà ce que j'avois
à dire sur la nation Scythique.

§. 23. Pour ce qui est relatif aux autres Européens , ils diffèrent entre eux par la forme et
par la corpulence , en raison des variations
aussi fortes que fréquentes de leurs saisons.
Chez eux , les chaleurs excessives sont suivies
de froids rigoureux , et les pluies continuelles
sont remplacées par des sécheresses très-longues , indépendamment de ce que les variations des vents y apportent des modifications
très-irrégulières. Il ne peut donc être surpre-
nant que l'économie de l'homme se ressente
de ces tribulations atmosphériques, et que la
liqueur séminale ne se compose pas toujours
de la même manière (13); de sorte que la
conception varie suivant qu'elle aura eu lieu
en été ou en hiver , dans un tems sec ou dans
un tems pluvieux. Telle est , selon moi , la
cause de la plus grande variété de forme et de
corpulence tant chez les Européens que chez les
Asiatiques ; et cette variété s'observe encore
entre les habitans de chaque ville. Toujours
est-il certain que la confection de la liqueur
séminale doit éprouver plus souvent des
altérations dans une température sujette à

Agrestes, hominum societate minimè gaudentes, et animosæ hujusmodi naturæ existunt. Frequentes enim mentis emotiores morum ferociam inducunt, lenitatem autem et comitatem retundunt. Quocirca eos qui Europam incolunt, plus animi quàm Asiaticos habere censeo. Rerum siquidem uno se habentium modo 'æquabilitas, socordiam ingenerat, varietas verò, corpus et animum ad laborem excitat. Quinetiam socordia et quiete ignavia crescit, exercitatione verò et laboribus, animi fortitudo. Hanc ob causam bellicosiores sunt qui Europam incolunt, jam etiam propter leges, quoniam regum imperio non parent Asiatici. Qui enim regibus subjiciuntur, eos timidissimos esse necesse est, et velut antea à nobis dictum est, servitute pressi animi, neque lubenter, neque volentes, temerè sese pro alieno imperio periculis objiciunt. Hi verò cum suis legibus vivant, sibi non aliis pericula subeunt,

des

des tribulations fréquentes, que dans celle où chaque saison est plus constamment la même.

Ce qu'on vient d'observer à l'égard du caractère du physique, peut aussi s'appliquer aux caractères moraux. Aussi voit-on les Européens être d'un naturel plus sauvage, insociable, emporté, par cela même que vivant sous un ciel où l'esprit éprouve continuellement des secousses (14), celles-ci rendent l'homme agreste, et dépouillent ses mœurs de douceur et d'aménité. Par la même raison, je les regarde donc comme plus courageux que les Asiatiques, car de l'influence d'une température uniforme nait l'insouciance et la paresse, ce qui est le contraire dans une température très-variée. Dans cette dernière, le corps et l'esprit sont plus disposés à l'action, ce qui fortifie le courage et le génie, comme l'uniformité dispose à la lâcheté. Telles sont donc les causes du caractère plus belliqueux des habitans de l'Europe que des Asiatiques. Mais il n'est pas moins certain que la forme du gouvernement y contribue aussi (*), les Européens n'étant point gouvernés par des

(*) Répétition du §. 21, p. 56.

K.

et magna animi alacritate volentes ad
gravia quæque feruntur, cùm pro re gesta
victoriæ præmia sint accepturi. Ita ut
constet leges ad animi magnitudinem
plurimùm facere. *De Europa igitur et
Asia in genere ac toto, sic se res habet.*
Sunt autem in Europa gentes, tum magnitudine, tum forma, tum magnanimi-
tate inter se differentes. Varietatis causæ eædem quæ supra dictæ sunt, quasque jam manifestiùs aperiam.

§. 24. Qui regionem quidem monto-
sam, asperam, altam, et aquis carentem
incolunt, et anni temporum mutationes
habent admodum differentes, illic hominum formas magnas esse par est, tum
ad laborem, tum ad robur à natura optimè esse comparatas, at agrestibus et

Rois, comme les Asiatiques (*) ; car j'ai déjà observé (**) que partout où les peuples sont soumis à des Rois, ils sont nécessairement très-lâches, en raison de ce que l'âme asservie ne peut avoir aucune envie de risquer sa personne, sans autre intérêt que celui d'augmenter la puissance de qui l'opprime. Ainsi, il reste pour certain que les gouvernemens influent sur le courage ; *mais en comparant les Européens aux Asiatiques , je n'ai point eu en vue d'en faire le parallèle particulier.* Enfin on remarque encore en Europe des peuples qui diffèrent entre eux par le courage comme par la forme et la complexion ; mais cette variété tient aux causes que j'ai déjà assignées à de semblables variations , et que je vais développer plus amplement.

§. 24. Les habitans d'un pays montueux, inégal, élevé et pourvu d'eau, et qui éprouvent des variations fortes de la part de la température et des saisons, doivent être nécessairement d'une haute taille, très-propres au travail et à l'exercice, et être très-courageux, ils ont sur-tout un caractère agreste et féroce (***).

(*) Rép. du §. 21 , p. 56.   (**) Rép. du §. 21 , p. 56.
(***) Répétition du §. 19 , p. 53.

ferinis moribus ejusmodi naturæ non parum sunt præditæ. At qui loca concava, herbosa et æstuosa habitant, quique ventis calidis magis quam frigidis perflantur, et aquis utuntur calidis, hi magni quidem esse non possunt, neque recti et ventre substricto, in amplam verò corporis mollem à natura producuntur, corpore sunt carnoso, et capillis nigris, colore potius nigro quàm candido, et minùs pituositi quàm biliosi. At animi robore et laborum tolerantia, non æquè à natura valent, sed accedens vitæ institutum id efficit. Quòd si flumina ea regio habeat, quæ stagnantes et pluvias aquas educant, ii incolumes degunt, et colore cutis sunt splendidò. Sin verò nulla sint flumina, aquasque fontanas statarias et malè olentes bibant, has ventri et lieni noxias esse necesse est.

Qui verò regionem altam, planam,

Ceux, au contraire, qui vivent sur un sol enfoncé, en pâture, et sans cesse dominés par un air chaud et humide ou suffocant, parce qu'ils sont plus exposés aux vents chauds qu'aux vents froids, et qu'ils font usage d'eaux tièdes, ne sont ni grands ni bien développés; ils sont au contraire plus ramassés et chargés d'embonpoint (*). Ils ont les cheveux noirs, et leur teint approche plus du noir que du blanc. Leur tempérament est encore moins flegmatique que bilieux. Ils ne sont nullement braves, ni propres au travail, bien qu'ils pourroient acquérir l'une et l'autre qualité, s'ils étoient gouvernés par des lois qui les y portassent. Cependant ils peuvent jouir d'une bonne santé, et même avoir un beau teint, s'il y a dans le pays des fleuves qui entraînent les eaux qui resteraient dormantes, ainsi que celles des pluies; si, au contraire, ils sont loin des fleuves, et qu'ils boivent des eaux stagnantes de marais, ou venant de loin, ils doivent avoir le ventre gros et être sujets au gonflement de la rate, ou *magni lienes* (**).

Les habitans d'un sol élevé, uni, humide, et battu par les vents, sont ordinairement

(*) Rép. du §. 22, p. 64. (**) Rép. du §. 21, p. 58.

K 3

ventis perflatam et aquosam incolunt,
ii corporis habitu sunt prægrandi, inter
se similes, et erecti, et animo tranquil-
liore.

At qui gracilia et arida loca, aquis
carentia et nuda tenent, neque tempe-
ratas habent anni temporum mutationes,
hac in regione homines duro et robusto
corporis habitu esse par est, et colore fla-
vo potiùs quàm nigro, moribus et animi
appetitionibus sibi nimis placentes et superbos, et in concepta opinione perma-
nentes. Ubi enim anni temporum mutationes, tum crebræ, tum plurimùm inter
se differunt, ibi et formas, et mores, et
naturas plurimùm diversas comperias.

Ubi enim terra pinguis est, et mollis,
et aquosa, aquæ verò valdè sublimes,
ita ut æstate sint calidæ, et hieme frigidæ, quæque ad anni tempora probè
habet, ibi homines carnosi sunt, articulis non discreti, humidi, labores non
ferentes, ac ut plurimùm pravi animi.

grands et se ressemblent entr'eux; mais ils ont
le caractère plus doux et sont moins braves.

Ceux qui habitent des terrains légers, secs
et nus, et où les saisons n'ont point de modération dans leurs changemens, ont l'habitude du corps sèche et nerveuse, et le teint
plutôt blond que brun. L'arrogance et l'in-
docilité constitue leur caractère; car partout
où les saisons éprouvent des tribulations fortes
et fréquentes, on rencontre les hommes bien
différens entre eux, tant dans la forme que
dans la constitution physique et morale.

Tous les lieux dont le sol est gras, mou et
humide (15), où les eaux sont assez superfi-
cielles pour être chaudes en été et froides en
hiver, et où, enfin, la température est uniforme, les hommes sont ordinairement gras,
foibles, moux, paresseux et sans énergie physique et morale; toujours plongés dans une
sorte d'assoupissement, ils sont naturellement

Quinetiam segnes sunt et somnolenti, et ad artes crassi, neque subtiles, neque acuti.

Ast ubi regio nuda est, non munita, aspera, quæque hyeme prematur, et sole exuratur, ibi duros, graciles, articulis discretos, carnosos et hirsutos homines cernas, et qui ad aliquid agendum natura sunt industrii et vigilantes.

Atque hæ quidem maximæ causæ sunt, cur naturæ permutentur, deinde etiam regio in quaquis nutritur, et aquæ. Magna enim ex parte hominum formas et mores regionis naturam imitari reperias.

Mores autem habent superbos, in iram proclives et pertinaces, magisque feritatis quàm lenitatis participes, eos que ad

disposés au sommeil; enfin, ils n'ont point d'esprit et montrent peu d'intelligence dans l'étude et dans l'exercice des arts.

(16) Sur un sol nu, raboteux, sans abri, qui est également frappé par des froids rigoureux (par tous les vents) et par l'ardeur d'un soleil brûlant, les naturels ont le corps sec, maigre, bien prononcé, nerveux et velu. Ils sont extrêmement actifs et rapides, d'un caractère arrogant, indocile et plus agreste que doux. Ils sont, en outre, très-intelligens et doués d'une perception plus grande pour l'étude et l'exercice des arts, et du plus grand courage pour celui de la guerre. Cette influence du sol ne se borne point aux hommes, elle s'étend également à toutes les productions de la terre.

(17) Il demeure donc pour certain que les variations dans les saisons sont les causes premières et principales de la différence dans la nature des hommes, ainsi que la qualité des eaux dont ils font usage, et celle de la forme et de la qualité du sol sur lequel ils naissent, vivent et s'élèvent, et d'où ils tirent leur subsistance. En un mot, ils est évident que la constitution physique et morale de l'homme est

artes acutiores et solertiores, et ad res
bellicas gerendas meliores deprehendas.
Quin et reliqua omnia quæ è terra producuntur, terræ ipsius naturam sequuntur. Atque maximè quidem contrariæ naturæ et formæ sic se habent, ex quibus
conjecturæ ducta, si reliqua consideres,
minimè aberrabis.

premièrement et principalement modifiée par la nature du sol qu'il habite.

Telles sont les constitutions physiques et morales des hommes dont les différences de caractère sont les mieux prononcées entre elles. En se conformant aux règles et aux exemples que j'ai proposés, on pourra apprécier tous les autres faits intermédiaires sans crainte de se tromper.

NOTES

Sur le Traité d'Hippocrate, des Saisons et des Vents, des Eaux et des Lieux.

Notes relatives au premier Chapitre.

§. 1. (1). **Prolégomènes, ou idées générales.** S'il falloit développer dans des notes toutes les vérités sublimes que renferme ce trop court chapitre, cela formeroit la matière de très-gros volumes, et ces volumes contiendroient une doctrine dont nous n'avons point encore d'idées : en effet, il faudroit y présenter les parties de l'astronomie *atmosphérique*, de la géographie *naturelle* et de la météorologie *médicale*, dans leurs concours ou rapports avec l'économie animale; distraire, avec sagacité, ce qui appartient aux influences premières et principales de ces grandes causes, des influences secondaires, des alimens, des usages, de l'éducation, des lois, etc.; enfin, faire sortir de là l'économie de l'homme sous ses traits communs et sous ses traits idiosyncratiques, *aux risques d'être traité d'ignorant visionnaire, qui ne propose que des fictions singulières auxquelles on ne doit pas s'arrêter.* Je ne me livrerai pas d'abord à ce travail, ni à ses risques : je me bornerai simplement à faire précéder ma traduction d'un Précis introductif à toutes les parties de ces sciences, correspondantes à celle du

médecin Grec, dans le seul dessein de tâter le goût
et de ramener, s'il est possible, le génie à la doctrine d'observation naturelle d'Hyppocrate, négligée jusqu'à l'oubli. Je renverrai donc souvent à ce
Précis introductif, et j'ose promettre, aux personnes
qui ne se croiront pas supérieures à ce moyen d'intelligence de la doctrine de notre auteur, des facilités et des avantages au-dessus de leur espérance.

(2). *Tout homme qui se propose, etc.* D'abord
l'auteur indique la connoissance du système atmosphérique, en général, relativement à ses influences
sur l'économie, ce qui doit cependant se considérer
sous deux points de vue distincts l'un de l'autre; le
premier, dans les influences propres de l'atmosphère; le second, dans les influences combinées.
Par l'observation des influences propres, on parviendra donc à déterminer dans quelle nature d'air
et de température l'homme développe le plus parfaitement et le plus complètement les propriétés de
son tout organique, tant au physique qu'au moral :
celles par lesquelles il jouit encore de l'existence
la plus ferme et la plus longue : celles, enfin, par
lesquelles il reçoit premièrement et principalement
son mode propre d'équilibre sanitaire, ou son tempérament particulier. Les résultats de ces influences,
senties et reconnues, ont donné lieu à plusieurs
questions qui n'ont pas cessé d'être agitées jusqu'à
ce moment, sans avoir encore reçu de solution sa-
tisfaisante. Une connoissance vaste et précise de
l'atmosphère du globe et de sa nature manquoit
aux anciens; les modernes n'ont point assez d'observations *naturelles* propres à fixer ces dépendances,

et leur génie paroissant peu disposé à y revenir.
Quoi qu'il en soit, je vais indiquer ici les points
d'où on doit partir. Les observations à faire sur la
complexion physique et morale d'un peuple, doivent se prendre au terme de la santé parfaite
commune de ce peuple ; et les observations particulières à sa durée ou sa longévité, doivent se prendre au terme le plus commun de vieillesse où il
arrive, abstraction faite de toute exception et de
toute circonstance influente ; puis faire sortir du
rapprochement de ces deux ordres d'observations
naturelles les caractères idiosyncratiques physico-
moraux communs ou particuliers au peuple, composé d'individus les plus complètement favorisés de
la nature : tels seront les points fixes qui devront
encore servir de donnée appréciative à toutes les
autres complexions populaires ou individuelles, qui
n'en sont visiblement que des dérogations plus ou
moins éloignées. Telle est la première et la plus
importante partie de la doctrine des tempéramens
d'Hyppocrate, ignorée de nos jours ou mal assise,
malgré toutes les tentatives qu'on a faites jusqu'à ce
moment. Pour vaincre cette difficulté, beaucoup
de spéculateurs, d'après Temison, ont essayé de
tout réduire sous la loi générale du *strictum* et du
laxum; Boerhaave y ajouta ses acides et ses al-
kalis, ce qui compliqua et recula la difficulté, sans
la détruire ; enfin, *Lorri* acheva d'obscurcir le tout
par des *prédominences* imaginaires, que des *imitateurs* croient entendre et démontrer (*). D'autres

(*) Voyez la réfutation de ces *prétendues prédominences,* Précis
introductif, chap. 4, *Météorologie médicale.*

ont abordé la question de la longévité, avec des calculs approximatifs des morts et des naissances, et ont espéré obtenir, par ce moyen, le point *mathématique* de la durée commune des hommes d'un pays, et conclure de leur meilleure constitution parce que leur durée commune alloit fort loin; mais l'observation naturelle a montré des peuples entiers qui sont réellement cachectiques toute leur vie, et qui ont cependant la durée commune fort longue: on n'a donc rien obtenu pour la règle générale de durée et de meilleure complex'on. D'autres sont partis de la durée d'un même nombre d'hommes pris dans des circonstances différentes. Il est résulté que 152 solitaires ont donné 11589 années de vie, et que le même nombre, pris parmi les savans de Paris, n'a donné que 10511 années d'existence; ce qui produit pour les premiers 76 ans 4 mois de vie, lorsque les derniers n'en ont que 69 ans et 2 mois. Voilà, a-t-on dit, deux états forcés qui ne peuvent se servir de mesure l'un à l'autre, et moins encore à la somme commune des faits. Néanmoins, quoique je n'aie aperçu qu'un résultat étranger à la question, c'est-à-dire, qu'il en coûte à l'un 7 ans et 2 mois de son existence, pour avoir quelques lumières, et que l'autre achète le plaisir de vivre 7 ans et 2 mois de plus, pour les passer, comme toute sa vie, dans les douleurs et dans l'ignorance. Quant à moi, dis-je, sans me dissimuler le peu de cas qu'on doit faire de telles appréciations et de leurs résultats, je prends, sans me fatiguer la tête, la moitié de la somme excédante, j'ajoute ce produit à la moindre somme de vie, et j'obtiens 75 ans, que je trouve être le

terme

terme commun de la vie du plus grand nombre des
François qui ne sont ni imbéciles, ni fous de sciences, bien qu'ils n'aient pas pour cela la complexion
la plus parfaite, la santé la plus ferme, la vie la
plus longue, etc. etc.

(3) *Si elles sont* (les eaux) *agréables au goût
et à l'odorat, etc.* Je ne puis partager l'opinion de
la plupart des traducteurs d'Hippocrate, qui veulent
que l'expression *bonne odeur de l'eau*, soit une
erreur de l'auteur, ou mieux une faute des copistes.
J'estime, au contraire, qu'il n'y a ni erreur d'auteur, ni faute des copistes. Il y a des gourmets ou
dégustateurs d'eau, comme il en est pour le vin ;
l'un et l'autre peuvent donc être appréciés par les
deux sens, sans parler de la vue et du toucher. Si
on connoît moins les gourmets d'eau, c'est qu'ils
sont très-rares, et que d'ailleurs on attache peu
d'importance à une appréciation qui en mériteroit
pourtant bien davantage. Toutes les eaux pures,
ou du moins regardées comme telles, n'absorbent
pas également en vitesse et en quantité l'oxygène ;
de là, la sensation de la meilleure eau sur le goût
et sur l'odorat, qui, au premier mouvement, sera
d'autant plus capable d'en rendre davantage qu'elle
en aura absorbé le plus, et avec le plus de vitesse.
J'ai observé, en outre, que les gourmets d'eau jouissent, par excellence, de cette propriété, lorsqu'ils
n'usent point de tabac, qu'ils ne boivent point de
vin ni autres liqueurs fortes ; enfin, que leur régime
alimentaire se compose encore des substances les
plus simples et les plus près de l'état de nature,
telles que le lait, les fruits, les végétaux verts, etc.

L

En un mot, j'assurerai, d'après mes propres facultés, conservées jusqu'à trente-deux ans, époque où j'ai commencé à boire du vin et à renoncer à l'espèce de régime simple vers lequel mon goût naturel m'avoit toujours tenu le plus près possible, que je me faisois un jeu de décevoir l'intention des personnes qui essayoient de me mettre en défaut, en distinguant par le goût, *et plus particulièrement par l'odorat*, l'eau qu'elles me présentoient sous une fausse dénomination. Mais qui n'a pas fait machinalement la distinction entre elles, par l'odorat, des eaux de Marne, de Seine, d'Yonne, d'Arcueil, etc.? Une méditation plus opiniâtre des observations *naturelles* meneroit, je pense, plus promptement et plus précisément à saisir le génie et les moyens que la nature emploie dans ses opérations, que nos observations d'*expériences*, qui, le plus souvent, sont peu concluantes sur ces points.

(4) *Si c'est un lieu élevé et froid.* Ici l'auteur termine ce qui appartient aux influences des causes premières, et passe aux causes secondes, dont les influences ne sont pas moins remarquables, telles que celles des usages, de l'éducation, des gouvernemens, etc.: indépendamment que cela fait, dans la doctrine d'Hippocrate, deux ordres de connoissances qu'il ne confond jamais. Il faut remarquer que, de nos jours, on accorde trop à ces causes secondes, et qu'on a négligé, jusqu'à l'oubli, de connoître et d'approfondir les causes premières, l'intensité et l'étendue de leur influence; mais ne faut-il pas un jour ou l'autre y revenir, puisque les pro-

grès ultérieurs et définitifs de la médecine guérissante en dépendent rigoureusement ? Telle est encore une vérité indiquée dès les premières lignes de ce livre, et affirmée par l'auteur à la fin du coup-d'œil et des principes généraux, où il est dit formellement : *Minimumque in arte à recta via : Par cette voie la plus sûre et la plus droite il ne pourra jamais se tromper dans l'art de guérir.* (Voyez ci-après au parag. 2 , note (11) qui y correspond).

§. 2. (5) *Puis il passera à examiner attentivement le genre de vie des habitans.* Ici commence un autre ordre de connoissances, attendu qu'elles résultent d'un ordre de causes dépendantes du faire propre des hommes, auquel j'ai dû joindre les causes du régime civil et politique , sous-entendues par l'auteur dans cet endroit, parce qu'il estime que celui qui arrive dans une ville à lui inconnue, elle ne la lui sera jamais assez pour ignorer quel est le régime civil et politique sous lequel vivent ses habitans ; mais nous, à qui il faut tout dire et répéter même très-souvent les vérités déjà dites, ces sortes de supplémens ne peuvent être inutiles. Il est encore très-important au médecin de bien distinguer ce que l'économie reçoit de l'influence du régime , soit au physique , soit au moral , de ce qu'elle tient *premièrement et principalement* de l'air et des lieux , car le médecin observateur doit être bien convaincu que l'impression natale de l'air et des lieux ne peut être détruite par aucune influence seconde que ce soit.

Voilà une vérité de fait dont il doit d'autant plus s'assurer, que les influences du régime sur le physique et le moral de l'homme masquent souvent à un tel point celles de l'air et du sol, que des professeurs sont parvenus à se persuader que ce sont elles qui déterminent exclusivement tous les différens modes propres d'équilibre sanitaire ou de tempérament individuel, et que les attributions de ce genre, faites à l'air et au sol natal, ne sont que *des illusions, des fictions singulières auxquelles on ne doit pas s'arrêter* (*). Il faut donc observer davantage et mieux pour fixer les principes de cette dépendance première et principale de l'économie, qu'on ne peut nier sans renoncer à l'évidence ; puis déterminer précisement ce que l'économie de l'homme doit à l'un ou à l'autre genre d'influence, pour éviter désormais la confusion des vues et des principes.

(6) *Grands mangeurs et grands (ou peu) buveurs, etc.* L'observation la plus commune a fait établir en principe général, par Hippocrate, que si on est grand mangeur on est peu buveur ; car il n'est pas possible, dit-il, d'être l'un et l'autre à la fois. *Neque enim fieri potest ut simul multum edant aut bibant.* Mais il a été forcé de reconnoître, ainsi que nous, qu'il y avoit de grandes et nombreuses exceptions à ce principe général qui, loin de le détruire, le confirme. Quelques nations, en Europe, mangent et boivent beaucoup à la fois ; les unes en travaillant beaucoup, les autres en ne faisant rien. C'est donc en raison de cette exception que j'ai risqué à ajouter au texte (ou peu) buveurs.

(*) Hallé, dans ses *Leçons d'hygiène, etc.* ; Moreau de la Sarthe, *Esquisse d'un cours d'hygiène*, p. 41, où il se propose de réfuter Hippocrate, Polybe et Montesquieu sur l'influence des climats.

(8) *S'il n'étoit pas instruit provisoirement de toutes ces choses.* Il ne faut donc plus nous étonner si notre pratique est restée si incertaine et si tâtonnière, malgré l'air d'assurance que lui a procuré la doctrine jaseuse de Boerhaave, puisque les connoissances principales et essentielles que recommande Hippocrate, n'ont pas fait et ne font point encore partie nécessaire de l'instruction du médecin.

(9) *Prénotions, etc.* J'ai cru devoir substituer le mot *prénotion* à celui *conjecture*, qui est insignifiant et absurde lorsqu'il s'agit d'apprécier ou d'autoriser une décision ou un jugement anticipés : le premier présente dans son acception un fondement plus réel et plus précis que le second. D'ailleurs, le médecin observateur ne doit appuyer tous ses pronostics que sur des notions de faits préexistans, et non sur des apparences idéales, ou sur des hypothèses plus ou moins arbitraires ; sur des *conjectures*, enfin, sur des *dévinations*, ce qui équivaut, selon moi, à des absurdités.

(10) *Soit en été, soit en hiver, etc.* Il ne me paroît pas que la raison pour laquelle Hippocrate ne fait ici mention que de deux saisons, soit seulement, comme l'avance le citoyen Coray, *parce qu'outre les quatre constitutions nosologiques, correspondantes aux quatre saisons de l'année, il reconnoissoit encore un caractère sémestral* (*) Il me paroît au contraire que l'observation de la révolution annuaire atmosphérique ne lui laissoit voir que deux saisons essentielles, l'une vive et l'autre morte ; phénomène bien plus sensible dans les régions de la

(*) Note 7ᵉ. 2ᵉ. V. p. 7.

partie moyenne de la zone tempérée et dans celles
plus méridionales encore, que dans les régions de
cette même zone d'une latitude plus nord. Il est
donc de fait, 1°. qu'il n'y a essentiellement que
deux saisons communes à toute la terre, l'une vive
et l'autre morte; 2°. qu'en Grèce, et à mesure
qu'on approche de l'équateur, la saison vive commence plutôt et finit plus tard que dans les régions
de la zone tempérée plus au nord; 3°. enfin, que sous
l'équateur même il est une saison ou un hiver bien
marqué, mais fort court et fort foible, car il y
commence vers le solstice d'hiver de notre hémisphère, et y finit bien avant l'équinoxe du printems. Ceci, pour être parfaitement entendu, exige
une démonstration que l'on trouvera esquissée dans
mon *Précis introductif aux parties d'astronomie
atmosphérique et de météorologie médicales.*

(11) *Il ne pourra nullement se tromper dans l'art
de guérir*, etc. Plût à Dieu donc qu'on eût adopté
cette philosophie médicale lors du renouvellement
des lettres, nous fussions devenus *doctes en médecine*, avant de nous faire *docteurs médecins*; l'humanité et la science y eussent gagné tout ce qu'elles
y ont perdues! Néanmoins, le premier mérite n'eût
point exclu le second. Sydenham et Newton furent
observateurs et savans. Le mérite d'Hippocrate ne
peut exclure celui de Boerhaave, seulement l'ancien rectifieroit beaucoup le moderne.

(12) *Si quelqu'un pouvoit douter*, etc. Il y avoit
donc du tems d'Hippocrate, remarque le citoyen
Coray (*), des médecins qui révoquoient en doute

(*) Note 8, T. 2, page 12.

l'utilité des observations météorologiques, comme il y en eut du tems de Galien, et comme il y en a encore aujourd'hui parmi nous. Sans doute, et pourquoi pas ? On peut encore aller bien plus loin, car dès qu'un médecin professe hautement qu'*il n'entrevoit pas encore les différences qu'il y a entre les tempéramens des hommes et les climats qu'ils habitent*, il n'a plus qu'à les nier (*). *Quod optimus medicus idem, et philosophus* . . . . .

(13) Chez les anciens la météorologie servoit aux astrologues, ce qui avoit décrédité cette science dans l'opinion vulgaire par les mensonges qu'on appuyoit de ses vérités. Ces prétendus devins composoient avec l'astronomie ce que nous connoissons aujourd'hui sous la dénomination d'*astrologie judiciaire*.

(14) *Le plus souvent faire tout dépendre d'eux, etc.* Il seroit oiseux de justifier Hippocrate d'une croyance à l'influence des astres, à la manière des astrologues ; celui qui rejetoit avec mépris l'influence des Dieux dans l'épilepsie, l'imbécillité et autres maladies qu'on appeloit *sacrées*, avoit un génie bien au-dessus des rêveries et des mensonges des astrologues. Hippocrate entendoit donc les influences des astres dans le même sens que les physiciens modernes. Mais il seroit absurde de nier l'influence du soleil sur nos corps, et les modifications de ces influences à mesure que la terre approche

(**) Article *Topographie médicale de l'Afrique*, *Dictionnaire de l'Encyclopédie méthodique*, par Hallé, *docteur-médecin*, membre de l'Institut, professeur, etc.

ou s'éloigne de sa position équinoxiale. Il ne le seroit pas moins de nier les influences de la lune sur les eaux, ce qui établit naturellement un concours d'influences sur l'économie; car comment accorder que les trois corps célestes soient dans une action réciproque et perpétuelle de pondérance et d'attraction, et surtout d'émanations physiquement actives, et que l'air, que ces forces traversent, y soit seul impassible lorsque la terre y seroit soumise? Non, cela n'est ni vrai, ni vraisemblable, dit le célèbre LeCat(*), le moins initié en médecine reconnoît la dépendance première et principale qu'il y a entre l'homme et la température où il naît, vit et s'élève. C'est de cette dépendance sentie, et jamais démontrée, que sort l'aphorisme vulgaire : « La température natale et » le changement des saisons déterminent le tempé- » rament propre et modifient la santé ». Voilà un fait que le plus grand nombre des médecins avouent tous les jours, pour n'avoir point à rougir de l'ignorer dans ses principes et dans ses causes premières et principales.

(15). J'ai estimé important, sous tous les rapports, de placer ce principe général au nombre de ses semblables; mais ce procédé me semble encore devoir être consacré en principe, c'est-à-dire, qu'Hippocrate ne peut et ne doit être suppléé que par lui-même, ce qui aideroit, ce me semble, infiniment à l'intelligence de sa doctrine, puisque cela réuniroit ses propres idées dans l'ordre qui nous seroit

____

(*) *Lettre de Le Cat sur les influences de la Lune*, rapportée par Planque dans sa *Bibliothèque de Médecine*, T. 6, p. 2{7, édition de Paris, in-quarto.

plus particulier. C'est du moins un moyen que j'ai employé dans ma traduction de ses Œuvres, avec la sobriété qui convient à cette espèce de licence. D'ailleurs, je me suis d'autant plus facilement décidé à placer ici cet axiome, qu'il prouve évidemment que, *sans gozomètre*, Hippocrate *avoit pu reconnoître deux principes distincts dans l'air*, c'est-à-dire, le *souffle* qu'il distingue de l'*air*, et qu'il reconnoît pour le *spiritus alimentum*, le *pabulum vitæ*, que les chimistes de nos jours constatent et appèlent *oxygène*. Il trouva donc, par la seule observation *naturelle*, ce que nous constatons à grand'peine et d'une manière encore très-éloignée du faire de la nature, avec des *instrumens* et des *expériences*. *Imperat atque sibi imponit perceptio leges.*

(15). *Au surplus, je vais exposer la manière particulière, etc.* Il est extrêmement important de remarquer l'ordre général des sujets qu'il va traiter dans ce livre, seulement indiqué dans ce coup-d'œil, peut-être trop concis pour nous. D'abord on doit faire attention qu'Hippocrate suppose toujours que le médecin qui le lit ou le lira, possède les notions de l'astronomie atmosphérique, de la géographie naturelle et de la météorologie médicale, relatives à tous les tems, à tous les lieux et à tous les hommes, et que tout au moins il prévoit déjà la dépendance première et principale de l'économie avec ces premières causes. Je fonde cette opinion sur ce que partout ce livre, et même dans tous les autres, il parle à ses lecteurs comme à des personnes déjà convaincues de l'existence des correspondances médicales, de l'économie de l'homme avec tous les grands phénomènes de la nature, et instruites de leurs différens résultats, en un mot, de sa dépendance première et principale de ces grandes causes. Mais il est aisé de sentir que, quand cela ne se rencontre pas, ses lecteurs se trouvent alors à une telle distance de lui, que toute espèce de rapprochement est inconcevable. Jusqu'à présent on n'a point encore tenté d'établir un moyen propre à rapprocher le lecteur de notre auteur : tel est le motif qui m'a déterminé à faire précéder cette Traduction d'un Précis introductif élémentaire aux parties des scien· ces précitées, à dessein de faciliter l'intelligence du sujet, et de ramener le goût et le génie à la doctrine d'observation *naturelle* de notre auteur, que la doctrine de la médecine *mécanique* nous a fait négliger jusqu'à l'oubli. Il n'est pas moins important de remarquer qu'Hippocrate distinguoit dans la doctrine de la médecine d'observation *naturelle*, deux grandes parties, dont la nature très-différente des causes justifioit la séparation; la première comprenoit donc les causes purement naturelles, la seconde contenoit celles du faire propre des hommes ou *factices*. Enfin, il paroît partout que, dans l'observation de l'action combinée de toutes ces causes, il estime premièrement et principalement les premières. Il est donc très-nécessaire, si on veut s'identifier avec les vues et le génie de notre auteur, de donner une grande attention à cette distinction et à l'esprit dans lequel elle est faite; car sans cela on tomberoit dans un chaos inextricable, lorsqu'on voudroit coordonner les observations comparatives de peuple à peuple, et des habitans des grandes villes comparés aux habitans des campagnes qui les environnent.

Enfin, on remarquera que la transposition que j'ai faite du chapitre des Saisons, ne m'a pas été indiquée seulement par le titre, mais qu'elle m'a été commandée par l'auteur même. 1°. Il veut qu'on observe d'*abord* le caractère des Saisons par les phénomènes astronomiques. 2°. Il prévient qu'il va exposer la manière d'observer les sujets qu'il vient d'indiquer. 3°. Il décrit en effet cette manière dès les premières lignes du chapitre des Saisons pour n'en plus parler dans la suite; il étoit donc nécessaire, pour se conformer à l'esprit et à l'ordre particulier de l'auteur, de faire cette transposition. Je pourrois bien m'appuyer de beaucoup d'autres raisons qui tendroient à faire connoître la méthode dont Hippocrate se servoit pour philosopher l'économie de l'homme; mais elle se fera mieux sentir dans un développement suivi. Je renvoie donc pour cela à ma *Nouvelle philosophie médicale de l'homme vivant*, formant l'objet d'un cours dirigé sur cette méthode : d'ailleurs, voyez la note (5) du 3.e paragraphe, vers le milieu.

Notes relatives au deuxième Chapitre.

§. 3. (1) *Des Saisons et des Vents.* Si on s'en tenoit au titre du texte, il faudroit croire qu'Hippocrate faisoit consister les saisons dans les airs ou vents, lorsqu'au contraire il les attribue pour le moins autant aux phénomènes astronomiques, qu'aux vents qui y jouent en effet un principal rôle, aussi ai-je cru devoir mettre les saisons dans le titre ; on verra dans la suite que des raisons plus fortes, déduites dans la note (5) du §. 3, ainsi que dans ma *Théorie-pratique des Saisons*, ont nécessité cette addition. (*Voy.* mon *Précis introductif, etc.* article *Théorie-pratique des Saisons* ou *Astronomie atmosphérique.*)

(2) *Si les phénomènes atmosphériques habituels sont venus avec leurs forces et leurs caractères naturels, etc.*, c'est-à-dire, dans leurs manières les plus habituelles ; ainsi l'entendoit Hippocrate. Il résulte donc que sur cette manière habituelle de se présenter il avoit établi une donnée générale, par laquelle il apprécioit, par approximation, toutes ses autres observations météorologiques médicales, et cette donnée recevoit elle-même pour point fixe, la moyenne proportionnelle de caractère et de propriété de l'atmosphère pour chaque saison, *en Grèce s'entend :*

1°. De la froidure et de la sécheresse modérées pour l'automne, quarante jours après l'équinoxe d'automne.

2°. De la froidure et de l'humidité pour l'hiver, immédiatement après le solstice d'hiver ou le 22 novembre.

3°. De la chaleur et de l'humidité pour le printems, vingt jours avant l'équinoxe de printems ou le 28 février.

4°. De la chaleur et de la sécheresse, immédiatement après le solstice d'été ou le 22 juin.

C'est ainsi que se caractérise le plus ordinairement les saisons en Grèce, de sorte que ces mêmes

signes ou changemens atmosphériques n'arrivoient
pas dans leurs proportions naturelles lorsqu'ils venoient plutôt ou plus tard que les époques solaires,
le lever ou le coucher de certaines étoiles ou cons-
tellations, et lorsqu'ils étoient remplacés par d'autres peu ou point analogues à ceux habituels aux
tems, aux lieux et aux personnes; enfin, que toute
modification les sortoient de leurs proportions ou
modes habituels. Telles étoient les données, trop
peu précises pour nous, dont Hippocrate se suf-
fisoit alors pour établir tant de grandes vérités météorologiques médicales, que nous sommes encore
obligés d'admirer et même de consulter, quand nous
voulons nous préserver des erreurs où nous jeteroient
nos instrumens.

(3) *Une telle constitution est celle d'une année
très-saine, etc.* Il faut convenir que si on n'a pas
acquis, *par soi-même,* une très-grande connoissance du caractère particulier des saisons de la
Grèce, le fil doit manquer ici. Mais si on fait attention à la note précédente, et à ce que l'observation
a déjà constaté à cet égard, on pourra sentir qu'ordinairement en Grèce l'hiver y est beau lorsqu'il tombe
beaucoup de neige et de pluie, et lorsqu'un froid
boréal se fait sentir sans gelée; que le printems y
est également beau lorsque la chaleur et l'humidité
y sont médiocres; que l'été est bon avec une chaleur
et une sécheresse qui n'enlèvent pas à la terre sa
faculté végétative; enfin, que l'automne y est la
plus belle pour ce pays, lorsqu'elle a cette froidure
et cette sécheresse si agréables au corps et si favo-
rables à la maturité des fruits.

(4) Il est fort important de remarquer qu'Hippocrate ne confond pas plus que nous ces deux manièr.s d'augmentations. Cette remarque ne me paroît pas avoir été faite par le docteur Gardeil, ce qui a vraisemblablement nui à ce qu'il sentît tout le mérite de ce morceau.

Il faut remarquer en outre que ces tableaux, tirés du *Livre de la nature de l'homme*, conviennent d'autant mieux ici, qu'ils sont principes généraux par eux-mêmes, et par rapport à la meilleure et à la plus constante température des saisons de la Grèce, dont les tableaux suivans ne sont que des dérogations.

§. 4. (5) *Doit naturellement imbiber d'humidité tout le corps.* Croire que dans ce cas le corps s'imbibe de l'humidité de l'air comme le feroit une éponge, de sorte que la seule durée d'une saison, et la qualité du fluide imbibant puissent opérer une sorte de macération, c'est, je crois, beaucoup trop accorder d'action à l'humidité de l'air. En fait d'explication, c'est avec une facilité séduisante que la doctrine mécanique mène fort loin : c'est peut-être cette facilité qui devroit nous la rendre suspecte ; car le génie de la nature ne se laisse pas saisir avec tant de prestesse, et n'est jamais aussi isolé ni aussi uniforme qu'on l'aperçoit d'abord ; c'est par cette manière qu'on est parvenu à errer sur l'intromission des miasmes, dont on avoit étendu l'empire au-delà de ses bornes naturelles, ce qui a encore donné lieu à un autre excès, celui d'en nier absolument l'existence. Certes il existe des miasmes dans l'air ; mais leur intromission est rarement

possible, et plus rarement encore est-elle nuisible à
l'économie animale. Ces vérités sont plus senties
que démontrées; mais ce que nous avons découvert sur la nature de l'air et la combinaison de ses
différens principes, forme une grande présomption
en faveur de ce que nous pourrons découvrir sur
le point important dont est ici question. Je dirai
seulement en passant, qu'il n'est point de miasmes
putrides dans l'air pour l'économie de l'homme
s'ils n'ont pour véhicule l'humidité et un certain
degré de chaleur pour leur donner de l'activité, indépendamment d'une plus grande analogie des humeurs de l'homme avec eux.

Ce que je dis ici contre la manière d'expliquer
l'action de l'humidité de l'air sur l'économie, ne
détruit rien à l'observation dont Hippocrate fait
un principe général dans ses *Aphorismes* (Sect. 3,
ap. 11.) augmentée par Aristote. Cette matière est
si lumineusement développée par le docteur Coray,
que je ne crois pouvoir mieux faire que de le copier
en grande partie. *Si à un hiver sec et boréal* (dit
Hippocrate) *succède un printems pluvieux et
austral, (et que l'été soit extrémement sec)* (ajoute
Aristote (*)) *etc.* « on déduira de cette triple com-
» binaison les maladies qui doivent se manifester
» dans l'automne suivant.

« La théorie des épidémies, continue le docteur
» Coray, est tellement compliquée, que malgré
» tout ce qu'on a écrit sur ce sujet, on est encore
» obligé, quand on veut s'en former des idées justes,

(*) Problem. 1, 8; *ibid.* 1, 19.

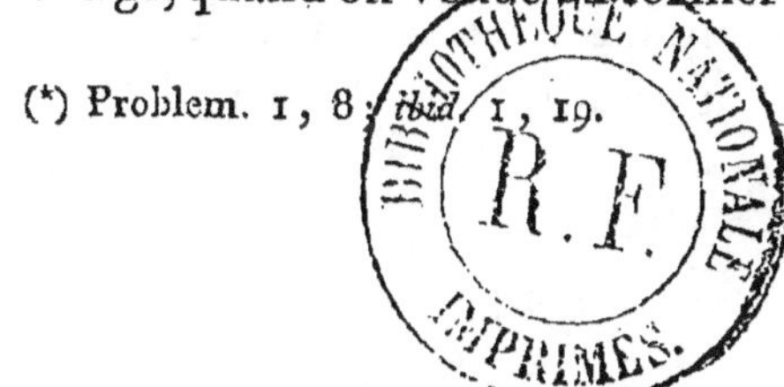

» de revenir aux principes d'Hippocrate. Ceux qui
» ont été tentés de les révoquer en doute, n'ont
» point fait attention que ce n'est pas tant l'in-
» fluence actuelle quelconque sur notre corps qu'il
» faut considérer dans l'étiologie des épidémies,
» que la continuité de cette influence, et tous les
» rapports qu'elle a avec des causes antérieures, ana-
» logues ou opposées, qui la renforcent ou qui la
» mitigent, ainsi qu'avec les autres circonstances
» prises de l'exposition du lieu et de la nature du
» terrain qu'on habite, du sexe, du tempérament,
» de l'âge, du genre de vie qu'on mène, etc. Hip-
» pocrate n'a point négligé, dans l'exposition de
» ces constitutions, de marquer avec une étonnante
» exactitude que la même constitution produit des
» maladies différentes sur les hommes, sur les fem-
» mes, sur les enfans, sur les vieillards, sur les
» tempéramens pituiteux ou bilieux ».

En plaçant donc le chapitre des Saisons après les
prolégomènes, j'ai cru mieux entrer, non-seulement
dans les intentions de l'auteur, exprimées dans les
dernières lignes de son coup-d'œil général ou prolégomènes, et dans les premières du chapitre des
Saisons; mais pour marcher encore selon son esprit, qui est de partir toujours des premières causes
pour redescendre à leurs effets dans l'ordre naturel
de succession : enfin, j'ai donc pensé, ainsi que lui,
que je ferois mieux sentir la nécessité de considérer
toutes ces causes dans l'ensemble en les suivant
dans leur ordre naturel de succession, et qu'on se
maintiendroit davantage avec le génie de combinaison de toutes ou de plusieurs d'entre elles, ce
qui

qui forme le seul point de vue sous lequel le médecin doit envisager la nature dans l'état de vie ; et
singulièrement les épidémies, d'après lequel il doit
diriger ses recherches et se soustraire enfin à l'assujétissement exclusif à la méthode d'analyse qui,
remontant des effets aux causes, laisse toujours l'observateur loin du génie de l'ensemble, et l'en écarte
même à tel point qu'il n'a plus assez de force pour
s'en rapprocher. Mais revenons au principe : « Rien
» n'est plus clair, quoique son application présente
» des difficultés. Il explique, par exemple, pour-
» quoi un pays est ravagé par une épidémie, tandis
» que des pays circonvoisins en sont exempts?
» C'est que, dans ces derniers, il n'y a pas eu la
» même combinaison ou le même concours de cau-
» ses qui ont existé dans le premier. Pourquoi la
» *suette*, maladie épidémique très-meurtrière, ma-
» nifestée d'abord en Angleterre, alloit-elle cher-
» cher, dans les Pays-Bas et en France, les Anglois
» qui s'étoient depuis quelque tems expatriés pour
» se soustraire à ses ravages, tandis qu'elle épargnoit
» les étrangers qui séjournoient en Angleterre? C'est
» que les Anglois, en quittant leur pays natal,
» emportoient avec eux leur genre de vie, leurs
» habitudes, leur tempérament, et que les étran-
» gers étoient constitués différemment, *et par la*
» *nature du pays qu'ils avoient quitté*, et par le
» genre de vie qu'ils avoient conservé (*) ». Pendant
que nous sommes sur cette maladie, qu'on a assez
bien définie en l'appelant *Fièvre éphémère pesti-*
lentielle (Sudor Anglicus), puisqu'elle tue com-

(*) Note 59, p. 151 du 2ᵉ. vol. de la traduction du D. Coray.

M

munément en vingt-quatre heures. Pourquoi cette maladie s'est-elle répandue insensiblement dans le nord, et n'a-t-elle commencé à se montrer en France que cinquante ans après s'être manifestée en Angleterre? Je crois la réponse à cette question encore fort au-dessus de notre portée, si on veut qu'elle soit assez simple et assez claire pour être vraie. Ce que je puis dire, d'après une observation de quarante années dans les diverses parties du globe, c'est que toutes les épidémies m'ont paru prendre naissance, dans tous les pays chauds ou froids, aux époques de leur hiver, et lorsque les vents de sud-sud-est viennent à souffler, ainsi que ceux de sud-sud-ouest, ce qui est beaucoup plus rare : enfin, que les épidémies ne se répandent encore que dans la ligne du vent.

Qu'on observe donc davantage et mieux, pour ajouter de nouvelles connoissances des causes premières à tout ce que nous possédons déjà, et l'on aura la solution de tous les problèmes des constitutions et des épidémies.

(5). *Cette constitution amenera des dyssenteries, etc.* Haller fait le reproche à Hippocrate d'avoir prononcé ici contre l'expérience (*). Ce reproche, ainsi que beaucoup d'autres hasardés contre Hippocrate, prouve clairement, comme l'a très-judicieusement remarqué le docteur Coray, qu'Haller étoit plus *savant* qu'*observateur*, que faute d'avoir été en Grèce observer par lui-même *le par quoi* et *le comment* le Grec diffère de l'Allemand, il est tombé dans l'erreur ridicule de celui qui, « n'en-

(*) Haller, *Biblioth. Medic. pract.*, V. 1, p. 61.

» trevoyant même pas encore les rapports qui éta-
» blissent la dépendance entre les hommes et les
» climats qu'ils habitent (*) », ne laisse pas que de
faire la topographie médicale de l'Afrique où ils
n'est jamais allé, ét qui nie à Buffon, et à tous
les naturalistes observateurs, que les habitans du
continent de l'Amérique ne présentent à-peu-près
qu'une seule et même race d'hommes (**), et beaucoup d'autres phénomènes qui ne se conçoivent que
quand on les observe sur les lieux, et non autrement.
Vouloir donc préjuger et régulariser tous les phénomènes variés des saisons d'un pays à nous inconnu,
par ceux que produisent les variations de ces mêmes
saisons dans le pays où on est, c'est mettre à la
loterie. Mais avancer, avec Haller, que celui qui
a fait l'histoire des phénomènes particuliers à son
propre pays s'est trompé, parce qu'il est en contradiction avec les observations du pays où on est,
c'est établir en principe qu'il faut nier ce qu'on
ne conçoit pas et ce qu'on ne peut pas même concevoir; car pour qui n'est-il pas évident que les
résultats des influences des saisons prennent leur
caractère essentiel de la combinaison de leurs causes
natales, et qu'il doit arriver au médecin Allemand
ou François, qui s'avisera de censurer ce qu'Hippocrate a avancé, de tomber dans des erreurs aussi
grossières que ridicules? Dans ce cas, la conduite la
plus sage à tenir, est donc de se donner préalablement une topographie médicale de la Grèce, en

(*) Hallé, *Topographie médicale de l'Afrique, Dictionnaire de Médecine de l'Encyclopédie méthodique.*

(**) Rapport à l'Institut sur le précis de ma nouvelle philosophie médicale de l'homme vivant.

allant *soi-même* sur les lieux où Hippocrate pratiquoit, ou croire aveuglément un tel observateur. Passer outre, il faudra voir les topographies médicales de l'Asie, de l'Afrique et autres, et tout jugement et tout conseil subséquent comme autant d'abus d'imagination plus nauséabonde, que des fictions singulières auxquelles on ne doit aucune attention. . . . .
. . . .

(7) *Les vaisseaux sont lâches et dans l'état d'I-NANITION.* Cette expression, ne doit pas s'entendre ici de la seule disette du sang, mais encore disette de *l'aliment organique*, et pour me rapprocher davantage d'une idée fixe, disette de *l'humide radical* (*). Telle est la maladie qui nous attaque, lorsque nous sommes arrivés au solstice de notre existence, et que nous commençons à rétrograder vers le terme fatal. L'*inanition* a des effets occultes; telles sont l'ossification de l'aorte, de la crurale et de beaucoup d'autres parties de l'économie, auxquelles je joindrai la plus grande friabilité des os remarquée dans les vieillards. Il est extrêmement important, dans la pratique, de posséder les prénotions de cet état, et sur-tout lorsqu'on exerce la médecine dans les hôpitaux. Personne, que je sache, n'avoit encore considéré l'*inanition* des vaisseaux, sous les rapports de maladie, avant le célèbre Lieutaud (**).

En 1665, on s'avisa de la transfusion du sang

(*) *Traité des Sens*, de Le Cat.
(**) *Précis de Médecine*, T. I, p. 132.

pour réparer et suppléer à l'aliment organique, et
dans les vues spéciales de rajeunir les vieillards;
mais indépendamment que cette opération ne fut
jamais faite suivant le vœu et le génie de la nature,
elle prouva combien cette dernière diffère d'elle-
même, lors même qu'elle nous semble la plus uniforme dans son génie et dans ses moyens.

(8) *Paraplectiques de l'une ou l'autre moitié du
corps, etc.* La paraplexie est moins la paralysie de
l'une ou l'autre partie du corps, qu'un certain état
d'affaissement désorganique général qui accom-
pagne toujours la paralysie incomplète. Cet état
physique et moral est plus ou moins considérable,
et peut exister sans paralysie. Les tempéramens
avec dyathèse flegmatique, pituito-muqueuse, y
ont la plus grande propension; l'Angleterre, et singulièrement la Hollande, offrent beaucoup d'exemples de ce genre, que des usages analogues par
leurs effets, avec ceux de la température, ne con-
tribuent pas peu à multiplier.

(9) *Sphacèles.* On paroit encore arrêté par ce
mot, malgré les efforts qu'on a fait pour trouver
la concordance précise du fait indiqué avec l'acception reçue du mot. Quant à moi, je pense qu'il est
pris ici, par l'auteur, dans l'acception qu'on lui
donne; c'est donc en effet, selon lui, une pourriture de cerveau qu'il entend, ce qui n'est pas encore
plus absurde, par rapport à Hippocrate, que pituite
découlante du cerveau ou rhume de cerveau. L'a-
natomie du tems ne pouvoit le redresser sur ce
point; mais cette prétendue pourriture du cerveau,
donnée ici par votre auteur avec peu d'importance,

prouve qu'il n'a voulu indiquer que le résultat de quelques corizes qui sont accompagnées de fièvres, de douleurs violentes de tête, et notamment d'un accablement douloureux, et qui se terminent par une purgation considérable, par le nez, de matière puriforme, quelquefois d'une odeur infecte, et qui n'est vraiment qu'une pituite épaissie et corrompue. Cet effort critique se fait encore conjointement avec les bronches, ou seulement par les bronches. Beaucoup de phthisies, à Paris, m'ont paru résulter de l'avortement de cette crise, autant par la nature froide et séreuse des tempéramens, que par la négligence des malades qui méconnoissent entièrement les dangers de leur état. Je connois peu de circonstances où il soit plus important de soutenir la fièvre pour opérer la coction de l'humeur, puisque si on la calme, ainsi que le mal de tête, on détermine la phthisie. Cet accident a spécialement lieu, non-seulement dans la circonstance de tems, mais encore dans celle de tempérament. Les sujets d'un tempérament flegmatique, avec diathèse pituito-muqueuse, en sont attaqués de préférence ; mais la crise s'accomplit chez eux plus lentement et d'une manière peu prononcée ; au contraire, dans les tempéramens plus secs, qui ne sont point exempts de cette affection, elle y est accompagnée de symptômes plus forts, mais sa terminaison est prompte et nullement équivoque. J'ai vu quelques-uns de ces derniers sortir de cette maladie avec une altération très-considérable dans les forces et dans les traits. Le médecin qui est consulté à tems ne sauroit donc faire trop d'attention à distinguer

et à protéger cette crise, spécialement selon le
tempérament. Cette opinion sur la vraie signifi-
cation du mot *sphacèle*, me semble encore auto-
risée par des faits propres à faire rentrer l'allégorie
dans l'acception générale de ce mot. *Les sphacèles exemptent encore des impôts.* Qui ne connoît pas ces transpirations critiques, infectes et
inopinées, ces flux de ventre de vingt-quatre
heures et plus, ces spumations de pus d'un jour
ou deux, et qui sont les résultats de la délites-
cence d'un dépôt ou d'une humeur critique puriforme et corrompue, qui en eût très-vraisembla-
blement formé un dont cela exempte? Tels sont
encore les motifs qui m'autorisent à croire que
le mot *sphacèle* est employé ici pour indiquer une
évacuation inopinée d'une humeur puriforme et
corrompue. Dans ce sens, on voit donc déjà l'acception d'accord avec l'allégorie. Enfin, le vieillard
qui labouroit avec beaucoup de peine un terrein
extrêmement ingrat, et à qui Pysistrate demandoit
en passant quels étoient les fruits qu'il en recueil-
loit, à quoi le vieillard répondit : Je recueille des
douleurs et des *sphacèles* (ou des pertes inopinées),
et c'est cependant, ajouta-t-il, sur un pareil produit
que Pysistrate prétend lever la dîme. Le Prince,
frappé de toute la justice de la récrimination,
exempta le vieillard de la dîme, ce qui donna lieu
dans la suite à l'adage : *Et les sphacèles aussi exemptent des impôts.* Les pertes subites et imprévues de
force majeure exemptent d'autres pertes ou sacrifices exigés. Le malheureux dont la récolte est détruite par le feu ou par les eaux, n'est-il pas

M 4

exempté d'impôts pour une ou plusieurs années, selon la gravité des *sphacèles*?

§. 9. (10) *Pendant lesquels* (tems) *on ne doit donner ni purgatifs sans de fortes raisons, etc.* Ce précepte n'est qu'une suite d'un phénomène local faisant partie d'une chaîne générale commune à tous les habitans du globe qu'il est important de bien connoître. Il faut donc remarquer que la nature compose sa gradation naturelle générale de température de la chaleur et de l'humidité, du froid et de la sécheresse, diversement combinés; que pour l'ancien continent, cette gradation suit à-peu-près, dans sa marche, la gradation de la chaleur des pôles à l'équateur, *mais plus précisément la direction de l'écliptique*, et qu'on doit graduer la force d'action des remèdes sur le degré de sensibilité ou de résistance combinés, que la température atmosphérique a principalement déterminé dans les individus : de sorte que si l'on suit ces vues, on trouvera qu'il faut des purgatifs violens au Spitzberg; déjà moindres en Allemagne; modérés en France; foibles en Espagne, en Italie, en Grèce; presque nuls en Afrique, en Asie et dans les régions les plus près de l'équateur. Je le répète, si on veut connoître la principale cause de cette suite graduée de sensibilité, il faut la chercher dans la compensation mobile de la force et de la sensibilité individuelle, résultante principalement de l'intensité graduée de l'action de la chaleur et de l'humidité de l'air, diversement combinés. De sorte qu'au Spitzberg la sensibilité sera presque nulle, qu'elle sera déjà augmentée en Allemagne,

qu'en France elle y paroîtra former la nuance intermédiaire entre les extrêmes, qu'en Italie, en
Grèce, en Espagne elle s'y montre déjà très-grande
et exquise ; enfin, que dans toutes les régions les
plus près de l'équateur, elle y est portée au plus
haut degré de force et d'expansion ; en un mot, que
les résistances diminuent toujours en raison inverse
du degré de sensibilité.

L'Amérique offre des vues très-différentes, parce
que l'atmosphère y est d'une humidité presque
uniforme du pôle septentrional à l'extrémité méridionale de ce continent ; uniformité qui devient
non-seulement le principal régulateur de la sensibilité, mais même celui du caractère de l'économie,
qui est d'une telle uniformité qu'on ne peut apercevoir de distinction bien prononcée de race dans
l'immense population de ce vaste continent ; mais
ceci ne doit s'entendre que du naturel du pays, et
non des étrangers qui y conservent toujours plus
ou moins les propriétés de leur constitution natale.

Maintenant, si on revient à la Grèce, où la sensibilité est exquise, et où les changemens des saisons sont exacts et bien exprimés, on trouvera
qu'Hippocrate a pu d'autant mieux faire valoir
toute l'excellence de son génie, qu'il a trouvé plus
de facilité à statuer positivement sur les résultats;
mais nous devons observer qu'il s'en faut beaucoup
qu'il en soit ainsi dans toutes les autres régions du
globe, et que si la doctrine d'*Observation naturelle*
d'Hippocrate peut être de quelque utilité, ce n'est
qu'en évaluant préalablement par elle la différence
qui se présente entre ses résultats *positifs*, et

les *variations* que nous avons sous les yeux. (*Voyez* la note (11) de ce même paragraphe.)

C'est donc par la connoissance et le rapprochement de toutes ces choses que le medecin parviendra à juger exactement et sans hésiter, non-seulement les maladies qui règnent particulièrement dans chaque pays, mais encore la manière dont elles se *jugent*, et par conséquent la manière de les traiter relativement aux différentes raisons de tempérament. En général, les maladies des pays froids et humides ont une terminaison équivoque et indiquent les diaphorétiques; celles des pays froids et secs sont rares, courtes et fortes, elles exigent la saignée; celles des pays chauds et humides sont le plus souvent pénibles et fatales, elles veulent les évacuans alliés aux toniques et aux anti-septiques; et celles des pays chauds et secs sont courtes et funestes, et exigent les acides et les rafraîchissans. « Chaque contrée a une constitution particulière » qui favorise certaines espèces de crises. En Italie, » et dans les pays chauds, les maladies se jugent » ordinairement par les sueurs; en Hollande et en » Angleterre, les dépôts sont assez communs; même » terminaison a lieu en Amérique, près de l'équateur; » à Paris, les crises sont mixtes; en Normandie, les » pustules miliaires surviennent à la fin de plu- » sieurs maladies. Ces différentes crises indiquent » les différentes méthodes de traitement qu'il faut » employer. *Neque enim loca omnia eadem ferunt* » *auxilia, quod ex aëre ambiente similia non sint* » *omnia* (*)*!* disoit Hippocrate à son fils Thessalus;

(*) *Tessali oratio, in opera* Hippocrat. T. II, p. 945.

» et Celse répétant Hippocrate dit (*) : *Differt*
» *quoque pro natura locorum genera medicinæ et*
» *aliud genus esse Romæ, aliud in Ægypto, aliud*
» *in Gallia.* Ces préceptes sont fondés sur l'expé-
» rience des médecins anciens et modernes, mais
» on ne tariróit pas les exemples qui viendroient
» les autoriser ».

(11) *Il faut encore éviter le lever de la canicule, etc.* Il est facile de reconnoître qu'il est peu
sûr d'employer les purgatifs violens, les brûlures
et les incisions, depuis le solstice d'été jusqu'à celui
d'hiver, en Grèce, en Italie, en Espagne. L'air
prend dès-lors un caractère si âcre et si irritant,
qu'il rend toutes les opérations fortes de chirurgie et
de médecine très-dangereuses. On en fit la triste
expérience à l'hôpital françois établi dans la baye
de Cadix, et confié à mes soins dans la campagne
de 82. Quatre malades que je m'étois abstenu d'o-
pérer, et à qui, contre mon opinion, celui qui me
releva dans cet exercice, crut qu'il feroit avec
succès des amputations, furent les malheureuses
victimes de son inexpérience relativement aux influences de ces vents, dont je connoissois depuis
vingt ans les résultats. Mais l'effet de ces vents est
encore tel, qu'aussitôt qu'ils s'établissent, les gens
du peuple deviennent furieux, et les anciennes
querelles deviennent toujours les motifs de combats
au poignard, où le plus souvent les combattans
restent tous deux sans vie. Les femmes Espagnoles,
naturellement douces et gaies, deviennent subite-

(*) Celse, livre I, préfat.

ment grondeuses, et les hommes taciturnes, soup-
çonneux et farouches. En un mot, je me suis assuré
que cet effet est bien plus dû à la marche rétrograde
du soleil dans l'écliptique que les vents suivent ordinairement, ce qui les fait descendre encore à l'est
et au sud-est plus fréquemment à ces époques, sans
que l'apparition des signes de la canicule, de l'arcturus y ait autrement part, et que les changemens
différens dans la constitution atmosphérique puissent
leur être attribués nommément. (*Voyez* mon Introduction élémentaire à la théorie-pratique des vents.)

(12) *De maladies différentes.* Hippocrate, en
traitant des saisons, n'a pas prétendu épuiser toutes
les combinaisons atmosphériques : mais il a choisi
avec tant de sagacité les plus marquantes et les plus
constantes par leurs caractères et par leurs résultats,
que l'observateur exercé peut facilement rattacher
les nuances intermédiaires aux nuances principales,
et apprécier par ce moyen, ainsi que je viens de le
dire, les *variantes* de tous les pays par les *positifs*
d'Hippocrate.

(13) *C'est principalement à ces époques que les
maladies éprouvent des crises, etc.* Il est peu d'endroits sur le globe où la constitution des saisons
soit plus régulière dans sa manière la plus habituelle
d'être qu'en Grèce : aussi, comme je l'ai déjà avancé,
n'est-il pas de lieu où un génie observateur, comme
Hippocrate, ait eu un aussi grand avantage pour
jeter les fondemens de la médecine positive. Mais
l'utilité de sa doctrine, par rapport à nous qui sommes
placés dans des circonstances diverses plus ou moins
avantageuses et dans une variation perpétuelle, se

réduit donc à nous servir de moyen comparatif physico-moral pour apprécier, par approximation, la nature, le caractère, l'étendue et l'intensité des causes et des résultats, puis en déduire la raison d'especter ou de provoquer, d'aider ou de tempérer l'action de la nature, selon les tems, les lieux et les personnes : telle est la conduite que doit tenir celui qui veut suivre les principes d'Hippocrate, et mieux l'imiter dans sa pratique. Sous ce rapport, on ne peut se dissimuler que le génie de la médecine de nos jours ne soit, encore fort opposé à celui de la doctrine de notre auteur, lorsqu'on voit se répandre avec tant de profusion ces traités de doctrine générale qui font les oracles de toutes les écoles, et ces manuels de poche dont on fait l'application à tous les habitans du globe, lorsqu'enfin on ne voit point encore une seule médecine nationale. Oseroit-on soutenir, contre toute espèce de principe et de génie, que la médecine, propre aux Allemands, convient de près ou de loin aux François, et que celle des Suisses convient aux Italiens ? A quoi se réduit donc aujourd'hui la science de la médecine en Europe, relativement aux personnes qui la cultivent ? Parmi les Archiâtres à un savoir d'observation mûri et dirigé par le feu du génie, mais d'une utilité solitaire; chez le plus grand nombre à un empirisme vague et arbitraire, que le plus ou le moins de moyens de la doctrine mécanique sert à justifier. Le Docteur L. Th., médecin de la faculté de Paris, rapportoit avec beaucoup d'érudition et d'éloquence l'itinéraire d'une maladie au docte F. médecin de Monîpellier, appelé en consultation; celui-ci, naturel-

lement impatient et peu poli, n'attend pas la fin
du roman, se lève et dit à son confrère : Je *reconnois*
que vous êtes plus savant que moi, mais je *sens*
que je suis plus médecin que vous. Alors notre
Esculape Provençal interroge la malade, plus sur
le passé que sur le présent, se recueille, médite
assez long-tems, puis prescrit la conduite à tenir et
les moyens à employer, et la malade guérit. Voilà,
d'un côté, le *docte* qu'Hippocrate avoit formé, et
de l'autre le *docteur* instruit à l'école de Boerhaave,
qui a tant multiplié l'espèce des professeurs-écoliers.
En suivant cette dernière ligne, nous ferons sans
doute des *docteurs médecins,* mais jamais des *doctes
en médecine;* et de là cette insuffisance démontrée
de jamais placer le point de démarcation entre le
guériseur de fait et les empyriques de toutes les
couleurs.

(14) La doctrine d'Hippocrate sur les dépendances entre l'économie de l'homme et la température
atmosphérique des saisons, manquant ici de l'appui
de son premier principe, c'est ce qui m'a déterminé
à l'emprunter à l'auteur même pour le remettre
à sa véritable place. D'ailleurs, il est reconnu que
la doctrine d'Hippocrate, pour être rendue utile
autant qu'elle peut l'être, veut être ramenée à un
autre ordre que celui où on nous la présente encore,
outre qu'il faut la soumettre à la marche qui est
propre à nos idées.

Notes relatives au troisième Chapitre.

§. 10. (1 et 2) *Je vais maintenant exposer, etc.* Je remarquerai d'abord qu'après les saisons et les vents, il est dans l'ordre naturel de la succession des effets de trouver l'eau. Cette substance a une telle connexion avec l'air, et concoure si puissamment et si immédiatement à tous ses effets, qu'il eût été impossible d'en traiter autrement que seule et immédiatement après les saisons et les vents. Si on fait attention à la marche que tient Hippocrate dans la distribution de ses sujets, on verra qu'il s'écarte le moins qu'il peut de l'ordre naturel de succession des phénomènes, et que sa première didactique est celle de la nature.

S'il falloit ajouter ce que nous avons acquis de lumières sur l'eau, il faudroit transcrire un volume, et ce n'est point ici la place. Il ne faut pourtant pas cesser d'admirer l'immense étendue qu'Hippocrate a parcouru dans cette carrière à l'aide de son seul génie observateur, et les vues qu'il nous indique, et qui doivent nous diriger vers des progrès ultérieurs. Telle est celle de l'humidité de l'air respirable, sur lequel nous avons encore bien peu d'observations naturelles, et moins encore de lumières approfondies; car s'il en étoit autrement, verroit-on encore au milieu de l'Europe éclairée un peuple entier, qui a fourni grand nombre de savans médecins, avoir un régime qui semble raisonné pour ajouter,

autant que possible, aux maux qu'il reçoit évidemment de l'humidité de l'air qu'il respire ? Certes,
il est impossible de croire qu'un peuple soit tout
à la fois éclairé, et néanmoins assez stupide pour
ne pas réformer un tel régime, et en adopter un
qui le préservât d'un scorbut idiopathique, des hernies, des affections rhumatisantes goutteuses, etc. etc.
et tout au moins d'une cachexie morale habituelle,
qui prive de presque toutes les affections les plus
douces de la vie. Je terminerai par remarquer que la
plus grande moitié du globe est soumise à l'action
d'un air humide à l'excès, et que ses habitans sont
diversement et profondément grevés d'affections
chroniques, indépendamment du caractère malin
que cela imprime à toutes les maladies aiguës dans
les pays chauds. C'est donc bien plus à l'eau que
l'on respire, et qui est perpétuellement en contact
avec les parties découvertes de la surface du corps,
que l'on doit tous les maux que cet élément fait
aux îles Philippines, dans celles du Mexique, dans
presque tout le continent d'Amérique, etc., qu'à
celle qu'on y boit : celles-ci étant d'ailleurs assez
bonnes dans ces lieux. (*Voyez* mon Introduction
élémentaire, article *des Eaux.*)

(3) *Les plus mauvaises eaux sont sans doute
celles des marais, etc.* Toutes les eaux stagnantes
ne sont pas exclusivement corrompues, et n'ont pas
exclusivement des résultats maladifs. La très-grande
partie des habitans des campagnes, éloignés des
rivières, et n'ayant que des eaux de puits dont ils ne
peuvent faire usage sans en être incommodés, ont
recours à des mares, espèces de citernes découvertes
qu'ils

qu'ils pratiquent à l'endroit du terrain le plus bas,
qu'ils garnissent, autant qu'ils peuvent, de glaise
et de gravier. C'est donc là qu'ils obligent les eaux
de pluies à venir se rassembler. Ces citernes rus-
tiques sont communément ombragées par des saules.
J'ai vu, en France et ailleurs, beaucoup de ces ré-
servoirs d'eau qui ne tarissoient que rarement, et
dont les eaux se conservoient potables et bonnes
pendant toute l'année, et qui ne paroissoient mauvaises qu'après le dégel, état qui cesse aussitôt que
la première pluie peut les renouveller : alors elles
redeviennent claires, douces et agréables à boire.
En un mot, je n'ai observé dans ces eaux aucune
des mauvaises qualités des eaux marécageuses, ni
aucun des résultats de leur usage.

Ceci me paroît propre à rendre raison de l'extrême opposition qu'on trouve entre le sentiment
d'Hippocrate et celui de Plutarque, sur le tems où
les eaux stagnantes sont malsaines et augmentent
la pituite ; car le premier dit que c'est en hiver, et
le second maintient que ce n'est qu'en été qu'elles
sont mauvaises et malfaisantes. La difficulté paroît
donc tenir à la seule différence des circonstances
dans lesquelles chacun observoit.

(4) *Ceux donc qui en font usage ont toujours la
rate très-volumineuse et dure , etc.* Il est très-important de remarquer que la plupart des affections
de la rate reconnoissent bien moins pour cause l'u-
sage seul d'eau de marécage, que la diathèse mélancolique tempéramentale héréditaire, que les usages
habituels de certains alimens ou autres accréditent,
tels que celui du poisson de mer frais ou salé, le

séjour dans les bois, la privation des végétaux, l'usage du mauvais pain par sa farine et par sa façon, etc. Par ces causes et autres, ou la plupart d'entre elles, on peut donc être affecté du *magni lienes* et de toutes les maladies qui en sont les suites, encore qu'on boive de bonne eau. Les sujets qui sont dans cette disposition, ou diathèse mélancolique, se font singulièrement remarquer par le ton noir et obscur de la peau qui perce à travers la pâleur particulière à l'hydropisie et la jaunisse, qui se rencontrent assez souvent avec cet état, couleur qui n'a pas échappé à notre auteur : *Qui verò à liene sunt tum hydropes , tum morbi regii nigriores sunt* (*). Nous n'avons jusqu'à présent sur cette disposition tempéramentale (qui étoit très-commune en France dans le dix et le onzième siècle, ainsi que la lèpre, et encore existante dans quelques-uns de nos départemens de l'ouest), que des connoissances très-vagues et très-peu approfondies, ainsi que sur tout ce qui en dépend plus ou moins directement.

(5) *Ceux qui sont dans cette position* (de grande rate) *mangent et boivent beaucoup , etc.* Ce dire, loin de détruire le principe général, consacré par l'auteur dans cette phrase, *Non enim fieri potest ut simul multum edant ac bibant*, le confirme en même tems qu'il rend raison de la prétendue obscurité ou faute que l'on croit exister au premier Chapitre, §. 2, ainsi qu'il justifie l'addition que je me suis permis d'y faire. En effet, le cas dans lequel on

(*) Hippocrate, Epidem. L. II, sect. 1, T. I, p. 689.

mange et on boit beaucoup en même tems, est une exception; à la vérité, quand on connoît tous les habitans du globe, elle paroît si grande qu'on est tenté de croire que l'auteur est tombé en contradiction avec lui-même. Car quels sont ceux qui mangent et boivent davantage en même tems, soit qu'ils travaillent ou qu'ils restent dans l'inaction, que les Suisses, les Russes, les Allemands, les Anglois, presque tous les Sauvages du continent d'Amérique, etc. etc. ? Certes, cet usage n'est pas exclusivement le résultat d'un état de maladie, il est aussi celui d'une disposition tempéramentale naturelle ou sanitaire; mais, comme je l'ai avancé dans la note précedente, nous avons encore presque tout à faire dans cette partie.

§. 11. (6) *La force de la chaleur étant la cause productrice de toutes ces matières, etc.* Il est bien certain que la nature se sert de moyens et de procédés qu'on peut ranger dans les classes des procédés chimiques et mécaniques, ou, pour parler plus précisément, qu'il y a bien quelque chose de chimique et de mécanique dans ses opérations; mais son génie et ses modes d'employer ces moyens tiendront encore long-tems l'homme bien loin d'elle. Aussi les modernes, comme les anciens, ont-ils fort peu de vraies lumières sur la formation des minéraux au sein de la terre, car il ne peut être satisfaisant pour la raison de voir donner des *hypothèses* pour démonstration de la formation des métaux. « Le soufre » et l'arsenic qui accompagnent ordinairement les » filons des mines, avancent les physiciens, en s'u- » nissant avec les eaux souterraines et d'autres ma-

» tières qui s'y trouvent, y produisent, par leurs
» principes respectifs et au moyen de la chaleur in-
» térieure de la terre, une agitation analogue à la
» fermentation. Les vapeurs qui s'élèvent de cette
» fermentation, en s'unissant avec les parties molles
» de la terre, forment avec le tems les pyrites sul-
» fureuses et arsenicales, qu'on peut regarder comme
» les premiers rudimens ou embryons des métaux ».
Il ne faut pas être difficile en preuve pour regarder
la formation des métaux, au sein de la terre, comme
démontrée par cette suite de suppositions que rien
n'appuie que la préexistence des germes, dont les
modes de nature et de développemens différens ne
nous sont pas encore tous parvenus. Que notre ignorance ne nous soit donc point à charge; un jour la
vérité se présentera à nous fortuitement, et il ne
nous restera plus qu'à rire et à rougir de la manière
dont nous aurons voulu que la nature marchât dans
cette opération et dans beaucoup d'autres.

(7) *Les eaux supérieures en qualités* . . . .
*ne veulent qu'une très-petite quantité de vin pour
les rompre.* Je ne puis prononcer si l'intention d'Hippocrate est de prouver la meilleure qualité de l'eau
par l'effet du vin sur elle, mais j'ai observé qu'on
pouvoit également l'établir par son effet sur le vin.
Car il est de fait qu'une des propriétés de la meilleure eau est de soutenir la qualité du bon vin, et
de rectifier celle du mauvais. On boit désagréable-
ment un verre de vin de Bourgogne mêlé avec de
l'eau de la Marne, et le vin de Brie se fait supporter
avec l'eau de la Seine. Il est peu d'endroits où le vin
supporte mieux l'eau qu'à Paris, de quelque crû

qu'il soit, parce que les eaux même de ses puits y sont excellentes. Beaucoup de personnes tirent un fort grand parti de cette vérité sans la connoître, autrement que par l'habitude du mélange.

(8) *Et ne se corrigent un peu que par les vents du nord.* Ceci offre de grandes vues qui pourroient être justifiées par les observations que feroient des buveurs d'eau, gourmets de cette liqueur; car, je ne puis le répéter trop, il est infiniment plus important qu'on ne pense de ne s'abreuver que de la meilleure eau possible. Enfin, de tous nos goûts et de tous nos usages, c'est celui qu'on devroit le plus surveiller, et c'est celui auquel on pense le moins.

(9) *Celle qui sera à sa portée.* Il ne faut pas avoir pratiqué en Grèce, pour juger ce conseil plus qu'indiscret. Je pense, au contraire, que quelque santé qu'on ait, elle peut être altérée par l'usage momentané de certaines eaux, encore qu'elles ne soient pas les plus mauvaises; que la meilleure constitution ne pourroit résister à l'usage soutenu de la plupart des mauvaises eaux, et qu'on ne reconnoît pas à ce conseil la sagesse ferme et éclairée d'Hippocrate. Jurer par Hippocrate, parce qu'il est Hippocrate, n'est pas admissible. Les hommes font des propositions à la raison, avec la condition tacite qu'elles seront soumises éternellement au jugement de leurs semblables.

(10) *L'erreur de ceux qui croient que les eaux salées sont laxatives, etc.* C'est une erreur en effet, comme le dit formellement Hippocrate, de croire que l'eau de mer soit laxative, et cette proposition ne pourroit paroître paradoxale qu'autant qu'on ne

voudroit pas faire attention au fait comparé à l'acception du mot *laxatif*, et aux deux manières d'efforts que le ventre fait lorsqu'il est provoqué à la purgation. Laxatif dérive du latin *laxare*, relâcher, étendre. Dans cette acception, aucun purgatif ne peut être regardé comme laxatif, si doux qu'il soit; et sous ce rapport, l'eau de mer encore moins. La première manière d'effort du ventre, lorsqu'il est provoqué à la purgation, est au ton de force et d'irritabilité des intestins, de sorte que sans contraction forcée, et sans douleurs très-marquées, les intestins expriment et se délivrent des substances qui les engouent. Voilà, je crois, ce qui constitue la purgation, et certes il n'y a dans cette première action ni relâchement, ni étendue des parties. La seconde manière d'effort se produit en irritant et en forçant la sensibilité et le mouvement, ou l'action intestinale au-dessus du ton naturel, ce qui produit ce qu'on appelle avec raison *superpurgation*. Il est donc évident que ni l'une ni l'autre manière d'action ne se rapproche de l'acception du mot *laxatif*, et que par le fait bien observé il n'y a que contraction et irritation. J'ai vu quelques matelots qui s'étoient habitués à prendre tous les matins un verre d'eau de mer pour se tenir le ventre libre; le plus grand nombre ne pouvoit la prendre que très-coupée avec de l'eau douce, et tous éprouvoient souvent des chaleurs d'entrailles avec colique; enfin, il arrivoit souvent des flux de sang que j'avois beaucoup de peine à arrêter. Il m'est arrivé quelquefois de prescrire l'usage de l'eau de mer pour rétablir le flux hémorrhoïdal dans des tempéramens très-flegmatiques. Il me semble donc que les mots *purgatif* et *laxatif* forment un contradictoire par l'acception et par le fait. En un mot, il paroît par les effets subséquens de tout purgatif, qui sont la chaleur et la soif notamment, que nul n'agit en *relâchant* et en *étendant* les parties.

§. 12. (11) *Étant tout entier préservé de l'action du soleil.* Il est une vérité peu répandue qu'il faut de l'humidité dans l'air pour que la transpiration se fasse. Dans l'air extrêmement sec, comme en Afrique, la chaleur, sans ce modificateur, irrite les houpes nerveuses, resserre le tissu de la peau, brûle la matière de la transpiration, qui brûle et déprave à son tour les liquides et les solides du corps. L'extrême humidité de l'air des îles Philippines, de celles du golfe du Mexique et du continent d'Amérique sous l'équateur, détermine une transpiration si abondante et si soutenue, qu'elle devient tellement épuisante qu'elle attaque la cohérence essentielle des principes, et opère une dégénérescence sensible au physique comme au moral, quoique la plus grande chaleur accidentelle n'excède pas 30 à 32 degrés du thermomètre de Réaumur, et que la chaleur commune ne passe pas de 18 à 20, et souvent bien au dessous. Voilà des vérités bien opposées à ce qu'ont dit beaucoup de voyageurs, qui n'ont pris pour thermomètre que leurs sensations individuelles, et qui d'ailleurs auroient cru leur honneur compromis, s'ils n'avoient eu à raconter, au retour d'un voyage lointain, que des choses qu'ils eussent pu remarquer sans sortir de leur quartier.

(12) *Le mélange favorise et accélère la putréfaction (des eaux de pluies)*. Il faut toujours douter
quand on voit des hommes habiles en contradiction
sur un même fait. Selon Hippocrate, les eaux des
pluies se corrompent avec une extrême facilité,
en raison de ce qu'elles sont un résultat d'une grande
quantité de différentes eaux. Avicenne, au contraire, pense que l'eau de pluie doit sa prompte putréfaction à ce qu'elle est homogène et simple : ce
sentiment est adopté par Plutarque. Le Docteur
Coray maintient, d'après Hippocrate, que l'eau de
pluie a besoin d'être bouillie et filtrée pour se conserver et ne pas causer d'incommodités à ceux qui
en font usage.

J'ai vu et bu à Cadix, pendant vingt-deux mois,
de l'eau de pluie, reçue dans des citernes par la
voie des combles en terrasses, qu'on ne filtroit ni ne
faisoit bouillir, et qui avoit, alors que j'arrivai dans
cette ville, dix mois d'existence. J'ai encore su des
propriétaires de ces citernes, que si on mêloit à leur
eau de l'eau de source, dont on fait une grande con-
sommation, pour économiser celle de la citerne, cette
dernière se corromproit aussitôt. Il est au moins
probable que si chacun ne s'est pas trompé, il a observé dans des circonstances bien différentes : c'est,
je crois, ce qui est prouvé par l'endroit même que
l'on contredit. Car Hippocrate parle ici de diverses
eaux qui, déjà élevées à une certaine hauteur, se
mêlent et se corrompent davantage étant frappées
du soleil, et qui retombent bientôt après en pluie dans
cet état ; ce qui n'arrive pas lorsqu'élevées dans les
régions supérieures, elles s'y épurent et y reprennent

de bonnes qualités. J'ai dégusté de l'eau de pluie sur le Cap Rouge en Sicile, provenant d'une trombe formée sous nos yeux ; cette eau conservoit encore beaucoup de ressemblance avec celle de la mer d'où elle venoit d'être enlevée une heure avant, encore qu'elle eût déjà subi une assez grande amélioration.

(13) *Où il se trouve le plus condensé, etc.* Sans les secours de notre physique et de nos aérostats, Hippocrate, par la seule force de son génie observateur, avoit reconnu le mécanisme de la formation des météores aqueux dans les hautes régions de l'air, et sans notre chimie et nos mathématiques, il avoit établi en principes généraux beaucoup de phénomènes que nous avons besoin d'expérimenter et de calculer pour nous justifier ces vérités. Telle est celle des influences premières et principales de l'air sur l'économie, bien qu'il ignorât que ce fluide est un être très-composé, etc.

(14) *Elles ne recouvrent plus leur première qualité, etc.* Les anciens, non plus que les modernes, n'avoient pas assez d'observations positives sur l'eau de neige pour juger exactement de ses effets propres ; car, quoiqu'on sache qu'elle se compose, selon Margraff, de sel marin et d'un peu de terre calcaire, et que son rétablissement résulte d'une longue exposition au soleil et sur-tout de l'agitation, nous ne pouvons encore prononcer sur les résultats de son usage ; de sorte que les uns l'accusent de produire les écrouelles et les goîtres, qu'on voit dans les différentes parties de l'Europe et de l'Asie où on fait usage de cette eau, et d'autres disent, au contraire,

qu'elle est le préservatif de ces maux, et que ces maladies doivent plutôt s'attribuer à l'usage des eaux *thophacées*, ou de celles douceâtres et corrompues. On ne peut cesser de s'étonner que l'observation naturelle ne l'ait point encore emporté sur les vains tâtonnages de nos expériences et de nos spéculations; car tout se réduit à observer et à interroger la complexion et le mode de vie propre de ces malades sur les lieux mêmes, après quoi il me semble qu'on seroit en état de prononcer sur cette importante question. Pour moi, voici le grain que j'ai à mettre dans la balance de l'opinion, après avoir observé sur les lieux. L'eau de neige contribue beaucoup au développement des écrouelles et aux goîtres, dont une disposition tempéramentale recèle le principe, et que des usages locaux ou de fantaisie fortifient, tels que la mauvaise panification, les boissons de liqueurs non fermentées, des alimens peu convenables aux principes de l'économie, la privation des végétaux, des ragoûts indiqués par un goût cachectique, etc. (*Voyez* la note précédente (5).

§. 15. (15) *Les eaux des grands fleuves.... seront spécialement cause.... de la pierre, etc.* On passera encore bien des siècles avant de constater, d'une manière évidente, que les eaux des grands fleuves soient la cause unique de la pierre et autres maladies de caractère malin, à moins que ce soit une qualité particulière aux grandes rivières de la Grèce, qui, au rapport de Paw, ne sont guère potables; mais tous ces faits ont encore besoin d'être vérifiés sur place, et on ne doit pas perdre du tems à raisonner

pour ou contre la formation de phénomènes locaux, dont le génie propre ne peut être saisi par
l'imagination de l'homme de cabinet, mais seulement par l'observateur et sur les lieux mêmes.

Il ne paroît pas moins douteux que ce soient spécialement les eaux calcaires et séléniteuses qui
donnent lieu à la fréquence plus grande de la pierre
dans la Lorraine et dans le duché de Bar, que
dans la Champagne et dans la Brie, où toutes les
eaux sont de cette nature, et où il n'y a pas autant
de pierreux que dans les contrées précédentes, et
pas plus que dans la Touraine et dans l'Anjou, où
on accuse les vins blancs d'être le principe de cette
maladie.

Partout où la pierre est plus fréquente, elle m'a
paru résulter, ainsi que quelques autres maladies,
du concours de plusieurs causes, et non d'une seule;
telles que de la mauvaise qualité du pain, et de
substances corrompues ou peu propres à se conver-
tir en notre substance légitime, etc. : enfin, par
une de ces circonstances peu rares, point observées,
et encore moins prévues, je veux dire celle où plusieurs individus grevés de phthisie ou de gravèles
héréditaires, viennent s'établir dans un pays, s'y
reproduisent et répandent ces maladies par tout ce
qui se lie à eux. Après cent ans, si on recherche
les causes de la phthisie ou de la gravèle plus particulières à ce pays qu'à tous ceux qui l'environnent, ne fera-t-on pas dans ce cas ce qu'il est très-
présumable qu'on peut faire à l'égard de la Lorraine
et du Barrois ? Je le répète donc, et crois ne pouvoir assez le répéter; on ne peut faire trop d'attention

à ce dernier fait, et à tous ceux dont les résultats sont l'altération des nuances de l'espèce humaine; car sans cela on fera de grandes fautes en économie civile et politique, qui deviendront dans la suite les causes des plus grands désastres chez les nations. Les Athéniens n'élevoient point un enfant qui venoit infirme au monde, et Platon, dans l'établissement de sa République, fait la plus grande attention à la perfection de l'espèce, qu'il entendoit devoir exister dans l'état moyen de la force et de la foiblesse (*).

(16) *Chez les enfans..... un mauvais lait...... donne lieu à la formation de la pierre, etc.* Les anciens avoient parfaitement observé que non-seulement un mauvais lait pouvoit causer des maladies, mais ils avoient encore remarqué la disposition qu'a le lait de se modifier promptement, d'après le régime et la conduite de la nourrice, soit que celle-ci fût d'un tempérament bilieux, d'un caractère irascible et facile à s'emporter. Nous avons reconnu les mêmes résultats à Paris; néanmoins, des médecins ont prescrit *aux femmes de Paris* l'alaitement de leurs enfans. Quel étrange abus de philosophie et de mode, et quel plus singulier mélange de savoir et d'ignorance! Parce qu'un spéculatif prononce sur tout, sans autrement observer et peser ce que sont certains faits, par rapport aux circonstances où ils sont placés, et que par suite de ses spéculations il vient vous dire d'un ton prophétique, au mépris de toutes les règles de la logique,

(*) Leg. L. V, T. VIII, page 207.

Il est d'institution naturelle que toute mère nour-
risse son enfant; donc toutes les femmes de *Paris*
doivent nourrir leurs enfans : et voilà aussitôt que les
médecins, contre leurs propres observations et contre leur conscience, écrivent et démontrent que
toutes les femmes de Paris non-seulement le doivent,
mais le *peuvent, O altitudo !* Au surplus, femmes
de notre grande cité, quels sont vos succès dans
cette carrière, où un concours de philosophie, de
mauvaise foi, d'ignorance et de mode vous a jetées?
Avez-vous moins d'incommodités ? Vos enfans sont-
ils mieux portans et plus vigoureux? etc. etc. etc.
Hélas, non ! Toujours valétudinaires, nous avons
encore hâté la perte de nos attraits, ce qui a éloigné
nos maris de nous ; nos enfans foibles et nerveux,
ont péri dans les convulsions aux premiers efforts
de la dentition; enfin ceux qui ont échappé au
naufrage commun ne sont guère que des convales-
cens par nature, lorsqu'il faut des hommes à la
République. Voilà nos succès et leurs récompenses;
aussi avons-nous repris l'usage de faire nourrir à la
campagne. Je vous en félicite. C'est sans doute un
grand mal qu'une mère ne nourrisse pas son enfant,
mais toujours bien inférieur à la somme de maux
qui résulteront de faire nourrir *les femmes de Paris.*

(17) *Le vin mêlé avec une grande quantité d'eau*
les échauffe et les dessèche moins. J'ai observé dans
les pays où les eaux sont calcaires et séléniteuses,
qu'une sorte d'instinct ramène les nourrices à cette
pratique.

(18) *Ni ne frottent le bout de l'urètre comme les*
garçons. Ce fait n'est pas exact. Chez les petites

filles atteintes de la pierre, les urines sont très-âcres, et par la conformation des parties, il s'en répand toujours plus volontiers dessus, ce qui y occasionne une démangeaison insupportable, qui oblige l'enfant à se frotter; mais il arrive aussi que cet attouchement éveille une autre sensation qui ramène la main de l'enfant. J'ai eu occasion d'observer ce fait plusieurs fois, et même dans de petites filles qui n'avoient que les urines très-fortes.

(19) *Boivent plus* (d'eau) *que les hommes, etc.* S'il faut en croire l'auteur même, la raison pour laquelle les femmes rendent plus d'urine, n'est pas de ce qu'elles boivent plus (d'eau) que les hommes, mais bien de ce que de tempérament flegmatique, elles sont en général peu altérées, et par conséquent peu portées à boire. Enfin, les femmes ayant la peau d'un réseau plus fin et plus serré que les hommes, ont peu de transpiration, ce qui fait encore qu'elles paroissent rendre plus de liquide qu'elles n'en prennent. Beaucoup de faits viennent à l'appui de cette assertion. Je vois en ce moment une femme attaquée de ptialisme depuis quatre ans, la quantité de salive qu'elle rend chaque jour est ordinairement de sept à huit livres, les urines ont peu diminué de quantité, et elle n'éprouve aucun dépérissement dans son embonpoint et dans son poids. Cette femme boit très-peu et répugne même à le faire, parce que cela augmente son incommodité; elle prend beaucoup d'alimens solides.

Notes relatives au quatrième Chapitre.

(1) Il est bien important de remarquer qu'Hippocrate prend toujours la température de son pays pour mesure commune, pour première donnée de toute température, et que c'est sur elle qu'il apprécie.

(2) Il est peu de grandes et de profondes vérités plus susceptibles d'être appréciées par les sens et par le simple raisonnement du plus grand nombre que celle-ci; car il n'est pas d'individu qui ne sente et qui ne manifeste que son économie jouit du bien-être de tout point ou de l'hilarité parfaite. La fin du printems, en France, produit quelquefois cette sensation délicieuse; elle est plus fréquente sous le beau ciel de la Grèce. Cependant, cette sensation est généralement rare pour le commun des habitans du globe.

(3) Divers motifs m'ont autorisé à transporter ce morceau du deuxième livre du *Régime* dans celui-ci; 1°. c'est que chez quelque peuple que ce soit, où on voudra rendre l'application de la doctrine d'Hippocrate utile, il faudra que le médecin observateur *cosmopolite* puisse encore l'amener à l'ordre de marche dans lequel ce même peuple produit ses idées; 2°. c'est que le premier et le plus sûr moyen d'étendre et de régulariser la doctrine de ce grand maître, c'est de prendre, autant que possible, chez lui de préférence à toute autre source ; 3°. enfin,

c'est que les observations générales que renferme
ce morceau sur les aspects au soleil et sur les caractères des vents, sont plus propres à la doctrine des
airs et des lieux qu'au régime, dans l'ordre de nos
idées. Je n'ai donc pas fait difficulté de le porter
à sa place naturelle, persuadé en outre que je rendrai un très-grand service à ceux qui reviendront
un jour à l'étude des dépendances essentielles, premières et principales qui existent évidemment entre l'économie de l'homme et les grands phénomènes
de la nature. Il est bien encore des additions et des
régularisations qu'on pourroit opérer dans ce livre
par le même moyen, mais je n'ai pas présumé assez
de mes propres forces pour les opérer, sans au préa-
lable avoir consulté le goût général sur ce point et
sur sa disposition à revenir à l'observation *naturelle*
de notre auteur.

§. 14. (4) *Aspect, etc.* Indépendamment que
le génie et la matière de ce chapitre exige une
grande familiarité avec la théorie-pratique de la
situation des lieux, par rapport à leur forme et aux
vents, il faut encore avoir une connoissance particulière de la Grèce par rapport à ces phénomènes;
car sans cela je ne crois pas qu'il soit possible de
comprendre utilement notre auteur. Il faut donc
savoir d'abord que la Grèce, pays autrefois célèbre, est situé entre le 43.ᵉ et le 37.ᵉ degré de latitude, à-peu-près à l'état moyen de la température
générale de l'hémisphère septentrional; que la
surface de son sol est coupée de montagnes fort
rapprochées les unes des autres; que par une raison qu'on ne s'est pas encore donné la peine de
chercher,

chercher, presque toutes les villes de la Grèce sont assises sur la croupe des montagnes, et qu'Hippocrate, qui avoit voyagé dans toutes les villes de son pays pour observer tous les faits qu'il rapporte, présente encore ces villes placées comme dans une baie, de manière qu'à tel point du compas qu'elles ouvrent, elles ne sont accessibles qu'à un très-petit nombre de vents, et à un mode assez borné de chaleur et de lumière de la part du soleil, étant toujours à couvert de leur influence par les trois quarts du cercle au moins. Il résulte donc que si on vouloit s'en servir comme de moyen de comparaison, et qu'on voulût trouver un point de contact étendu et complet entre toutes les circonstances ou la plupart d'entre elles, on pourroit bien ne trouver que la Grèce à comparer à elle-même, ou seulement quelques parties de l'Italie et de l'Espagne, placées dans sa même latitude et à peu près de même configuration ; car pour comparer utilement des expositions locales, il faut avoir égard aux différences de latitude et de longitude, et à ce que les autres circonstances soient très à peu près pareilles. L'auteur a donc eu spécialement en vue d'apprécier et de donner comme principe général la plupart des phénomènes en résultats qu'il rapporte ; par exemple, à telle longitude ou latitude que ce soit, les eaux qui sortiront d'une terre élevée et qui briseront à l'orient, seront les meilleures de toutes celles de la contrée. Celles au contraire qui proviendront d'une même terre, mais qui briseront au sud, à l'ouest ou au nord, seront plus mauvaises. Elles seront ou saumatres, ou froides, dures et crues.

O

Ainsi il tient donc pour principe général que l'eau est spécialement plus ou moins bonne suivant le point cardinal à l'aspect duquel elle brise. Il entend la même chose par rapport aux vents qui soufflent de l'orient comparés à tous les autres. Cette vérité peut recevoir des exceptions; elle en reçoit sans doute, mais elle m'a toujours paru très-fréquente, sur-tout quand les autres circonstances se rencontroient les mêmes en plus grand nombre.

Il me paroît encore également nécessaire, pour faciliter l'intelligence des désignations que l'on va lire, d'être mis au fait de la manière de suivre le caractère le plus habituel des vents par rapport aux points d'où ils viennent, et leur manière la plus habituelle de régner, par rapport aux tems, aux lieux et aux personnes. D'abord, comme il n'admet que deux saisons essentielles à peu près sémestrales, pour la Grèce, il part donc du sud, puis passe au nord, et finit par l'examen de l'est et de l'ouest. Mais en se portant de gauche à droite, et toujours en appuyant davantage sur les variations de droite que sur celles de gauche du point capital, pour faire sentir plus précisément leur manière plus habituelle de régner, ce qu'on peut rendre par cette façon de les écrire selon l'aspect :

Aspect sud, dépendance du sud-est, plus sud-ouest.
      nord, dép.   du nord-ouest, plus nord-est.
      est, dép.   du nord-est, plus sud-est.
      ouest dép.   du sud-ouest, plus nord-ouest.

(5). *Chaudes l'été et froides l'hiver, etc.* Cette opinion est une tache que les lumières des derniers siècles ont effacée, car il est de fait que la chaleur et le froid de l'atmosphère ne pénètrent la terre qu'à quelques pieds de profondeur.

(6) *Caractères de l'ulcère phagédénique, etc.* L'ulcère phagédénique présente une couleur livide, une surface sale et fangeuse, avec odeur et souvent sans odeur : néanmoins on ne peut confondre l'ulcère phagédénique avec la gangrène ; cette dernière tenant à une toute autre disposition individuelle : on voit très-souvent des ulcères phagédéniques en Hollande, et très-rarement des gangrènes humides ou sèches. Toutes les solutions de continuités récentes y prennent au contraire bientôt le caractère phagédénique, qu'ils conservent jusqu'à parfaite guérison. Ce résultat est particulier à toutes les températures humides, chaudes ou froides, et de quelque tempérament que soit le sujet.

(7) *Sera suivi de désordre de la tête.* Ce tempérament est le plus mauvais qu'on puisse concevoir sous le rapport de santé ; car il n'est pas de maladie à laquelle il ne soit plus disposé que tout autre, et dont il puisse le moins se préserver ou se délivrer : irritable à l'excès, tout peut l'affecter : foible de même il ne peut rien repousser. On le voit aussi singulier au moral qu'il l'est au physique ; sans désirs prononcés comme sans volonté décidée, il est également inaccessible aux peines comme aux contradictions ; en un mot, c'est l'être inexplicable dans l'être inexpliqué.

(8) Et sujettes au *flux blanc.* J'ai préferé cette expression à celle de *fleurs blanches*, et même à

celle, beaucoup meilleure, de *pertes utérines*. La première, sous le rapport grammatical, est fausse, car le mot *fleurs*, dérivé du mot latin *flos*, ne peut être l'équivalent de *flux* dérivé de *fluor*. La deuxième, *pertes utérines*, a trop de similitude avec celle qui est consacrée à désigner des règles.hémorragiques ou toute autre perte de *sang* par l'*uterus*, voire même l'écoulement des menstrues, qui est de *sang* venant de l'*uterus*. Il est bien tems, je crois, de corriger ces vices d'usage dans les sciences naturelles, et d'en bannir ces expressions parasites, insignifiantes ou fausses, qu'on rencontre inexcusablement dans les livres de doctrine. Que signifie, par exemple, *rhume de cerveau? fausse – couche, dans le cas d'avortement? etc. etc.* Le cerveau donne-t-il en résultat d'affection, *la toux*, que le mot *rhume* exprime? Les bornes de la science anatomique avoient laissé croire aux anciens que la pituite étoit un produit du cerveau, et qu'elle découloit de cet organe par la bouche, et produisoit d'abord son rhume, qui n'est autre que la fluxion pituitaire, qui se propage, au moyen de la continuité de la membrane de ce nom, au poumon, à l'estomac et aux intestins. Voilà donc encore le secret de la sympathie dont on parle, du prétendu rhume de cerveau ou des fluxions pituitaires avec les dyssenteries, ou de la tête avec le ventre, dévoilé par le célèbre de Bordeu, dans son *Traité du Tissu cellulaire*. Toutes ces expressions vicieuses éternisent chez les gens de l'art les fausses idées et les controverses oiseuses, et chez le vulgaire une foule d'erreurs qui ont quelquefois de fâcheuses conséquences.

(9) *Enfin elles avortent facilèment.* Dans ces femmes de complexion pituiteuse et froide jusqu'à la cachexie, le placenta ne peut être fortement collé à la paroi interne de l'uterus , et l'humidité excessive de l'un et de l'autre , fait qu'ils se séparent sans autre cause que le poids de l'un et l'inertie de l'autre ; dans ce cas d'avortement une femme ne se *blesse* ni n'a été *blessée* , et le résultat n'est point une *fausse-couche* , comme on le dit encore dans nos livres de doctrine ; c'est un véritable avortement , car il n'y a de fausse - couche que dans le cas de fausse-grossesse ; mais lorsqu'il y a conception , grossesse réelle , il ne peut y avoir qu'accouchement avant terme , avortement. Je l'ai déja dit, je le répète , il faut bannir les expressions fausses, parasites ou insignifiantes des livres de doctrine , et sur-tout de ceux qui ont pour objet celle particulière à l'homme vivant , si on ne veut pas confondre les idées , en confondant les expressions , et donner lieu à des controverses oiseuses et nuisibles aux progrès réels de la science.

(10) *Les enfans sont tourmentés par des convulsions.* Les affections nerveuses sont à la vérité plus fréquentes dans les pays chauds que dans les pays froids ; mais il faut bien remarquer, avec Hippocrate, que ce n'est que dans la circonstance où la température est excessivement humide , car autrement elles n'y sont pas plus fréquentes que dans les pays dont la température est froide et sèche ; enfin, elles sont plus fréquentes dans les pays froids et humides que dans ceux où la température est chaude et sèche. Dans ces lieux, il n'y a pas cette transition

de la chaleur du jour à la froidure de la nuit, qui est la seule cause des convulsions des enfans et des autres affections nerveuses des adultes.

(11) *De maladies sacrées.* Dans tous les tems, les peuples regarderont comme du domaine des Dieux toutes les choses qui surpasseront leur intelligence. Les philosophes anciens ne respectoient ce domaine du sacerdoce que de mesure; les philosophes modernes ne paroissent pas se relâcher du projet de le lui arracher entièrement. Hippocrate, en s'expliquant sur les maladies sacrées, laisse cette marotte aux prêtres et au vulgaire, et sans vouloir paroître dupe du mensonge, il passe adroitement à la démonstration des causes naturelles auxquelles il attribue uniquement ces maladies. Hippocrate avoit-il estimé dans sa sagesse que les peuples ne peuvent jamais arriver à cette maturité parfaite qui n'a plus besoin des prestiges divins, et que c'est une marotte qui, bien dirigée, fait tout pour le bien général dont les hommes doivent jouir en société? C'est du moins ce que démontre tout ce qu'il dit à l'égard des maladies attribuées à l'effet immédiat de la divinité.

(12) *De pustules d'un caractère obscur.* Cette maladie de la peau, qui ne peut être confondue avec les éruptions aiguës de la petite-vérole, de la rougeole, etc. est un exanthème moins particulier que fréquent aux températures chaudes et humides. En tous lieux, cette affection tire son principe essentiel de la diathèse mélancolique tempéramentale, déterminée principalement par l'humidité excessive et habituelle de l'air. Cette maladie diffère

d'elle-même dans les températures humides, chaudes ou froides. Dans les régions entre les tropiques, la gale chronique, les dartres, le pian, la lèpre, y sont endémiques. On observe à Bassora, à Alep, à Milan, dans les Asturies, des affections exanthématiques de caractères très-différens les uns des autres. Dans la basse Bretagne, dans le bas Poitou la gale chronique, aux Sables d'Olonne la lèpre ou ladrerie, en Hollande les taches pétéchiales du scorbut chronique, en Pologne la plique et l'élephantiasis y sont endémiques. Ces affections exanthématiques sont encore, sinon aussi fréquentes, du moins aussi particulières à la température humide et froide de ces lieux qu'à celle humide des pays chauds. Enfin, on observe encore dans plusieurs provinces de France des restes de la diathèse mélancolique tempéramentale, et des affections exanthématiques de la ladrerie, auxquelles leurs habitans ont été sujets jusqu'à la fin du dix-septième siècle, que de nombreux et vastes défrichemens avoient fait disparoître, plutôt que les secours des médecins et les préceptes de leurs livres. Ces défrichemens opérèrent donc évidemment la salubrité de l'atmosphère, et par lui le perfectionnement des humeurs des habitans de ces lieux, qui jusque-là avoient été tourmentés de la lèpre ou ladrerie; mais ces défrichemens les obligèrent encore à civiliser leurs mœurs et leurs usages, qui étoient aussi agrestes que le sol. Le gouvernement fit donc alors fortuitement ce que les Baillou, les Duret, les Houllier, etc. ne surent opérer, ni conseiller. J'ai observé que, dans cette température et dans cette disposition

tempéramentale, le principe vénérien est extrêmement difficile à détruire, et que la petite-vérole,
la rougeole et toutes les maladies aiguës y sont très-
meurtrières. Voilà des faits, et des faits particuliers
à notre pays, sur lesquels, je ne crains pas de le
dire, on a encore bien peu de vraies lumières. On
s'ingère de traiter en maître les phénomènes de l'é-
conomie de l'homme, particuliers à l'Afrique, sans
être sorti des barrières de Paris, et on est d'une ignorance profonde sur ceux qu'on a sans cesse sous les
yeux. Mais la doctrine *vraie* des tempéramens
étant encore au néant, il est affligeant de présumer
que nous resterons encore long-tems dans l'ignorance sur tous les points qui ressortent principalement de cette source.

(15) *Du flux de sang de la bouche et des hémorroïdes.* Indépendamment du flux de sang spontané
des amigdales, qu'on observe avoir lieu dans les
températures chaudes et très-humides, suffisamment expliqué par la parité de complexion entre le
système vasculaire de ces parties et celui des hémorroïdes. C'est avec grande raison qu'Hippocrate
considère le flux hémorroïdal comme une crise de
la nature toujours salutaire. Je pense qu'on ne peut
ni suppléer, ni supprimer ce flux; avec Sthaal,
je pense, au contraire, qu'il doit être poussé dans
son véritable sens. Dans ces derniers tems de troubles, que les affections hypocondriaques se sont
présentées sous tous les rapports, les hémorroïdes
se sont manifestées avec plus de fréquence et de
force, les sangsues ont été appliquées à l'effet de
suppléer leur flux. Cette fausse imitation de la nature

ne remplit point du tout ses indications, et trompe souvent, pour ne pas dire toujours, les espérances des malades et des médecins, en ne faisant voir, après cette opération, que des infirmes ou des moribonds. En Allemagne et en Hollande, où cette incommodité est très-familière, chacun porte en poche le moyen de rétablir son flux hémorroïdal, s'il vient à se supprimer. Je crois, en effet, cette pratique plus sûre et plus dans le génie de la nature. Les tempéramens qui y sont le plus sujets, sont les flegmatiques sanguins avec diathèse mélancolique naturelle ou acquise.

§. 15. (15) *Ne sont guère susceptibles de s'améliorer, etc.* En ne considérant que les eaux qui brisent dans les aspects du nord-ouest, passant par le nord jusqu'au nord-est, on ne peut que les concevoir dures et crues, et incorrigibles près de leur source, et peu ou point lors même qu'elles en sont fort éloignées, car coulant dans la direction des rayons du soleil, ceux-ci glissent sur elles et ne les pénètrent point; elles ne commencent donc à s'améliorer que lorsqu'elles brisent dans la dépendance du nord-est par est.

(16) *Ont la tête saine et forte.* Si on se rappelle ce que l'auteur entend par foiblesse de la tête dans le paragraphe précédent (sorte d'antithèse de celui-ci), il est indubitable qu'il veut dire, par dureté de la tête, fermeté peu susceptible d'être dérangée par l'usage du vin, et que par-là même il étoit fort loin d'entendre la plus grande dureté des os ou de la matière qui entrent dans la composition de la tête; et quand cela seroit, *cui bono?* Quelle raison de l'allé-

guer ? quelle conséquence en eût-il pu tirer qui fût nécessaire et facile à saisir ? Certes, c'est le cas de répéter que la chose doit rappeler le mot, et non le mot faire la loi à la chose. D'ailleurs, n'est-il pas avéré que les connoissances anatomiques de ces tems-là étoient trop bornées pour admettre une appréciation qui suppose un fort grand nombre de connoissances anatomiques très-élevées. J'ai donc traduit dans ce sens, et non dans celui de dureté de la matière : qu'on me prouve que j'ai eu tort et je me rends.

(17) *Des ruptures suivies de suppurations aux poumons, etc.* Sans cette addition le passage n'est pas intelligible dans notre langue ; car on ne voit pas comment et par quoi l'air sec et froid donne lieu à des suppurations, si on n'énonce pas en toute lettre le comment immédiat cela s'opère.

(18) (*Dans ce cas s'entend.*) J'ai déjà prouvé par un grand nombre de faits que ce principe général recoit de nombreuses exceptions, et que ce ne peut être ni erreur de l'auteur, ni faute des copistes, d'avoir placé ici cette leçon, puisqu'elle est vraie en général ; mais il s'en faut beaucoup que nous expliquions aussi clairement la raison de manger plus ou moins par l'action mécanique que nous attribuons à la digestion ; car partout je vois qu'on augmente ou qu'on diminue la force digestive, sans faire attention au moyen digesteur qui n'existe certainement pas dans le plus ou le moins de tension ou d'atonie de la fibre. Sans le dissolvant naturel, ces forces ne sont rien, ce dissolvant est indubitablement, dans cette matière, subtile et expansible, incommensurable, qui émane sans cesse de

toute la surface du corps de l'homme, et dont son économie est plus amplement et plus avantageusement pourvue qu'aucun des êtres organisés qui existent sur le globe. Ces vues seront développées et appuyées de faits incontestables, lorsque je traiterai de la digestion dans mon cours de philosophie médicale de l'homme vivant.

(19) *Mais elles y sont opiniâtres.* Les ophtalmies sont en effet très-opiniâtres dans la température chaude et sèche, et beaucoup moins dans celle chaude et humide, non parce que les ventres sont plus resserrés dans l'une que dans l'autre, non parce qu'il y a une plus grande tendance des humeurs vers les parties supérieures, car les $\frac{99}{100}$ de ces affections sont purement locales; mais seulement parce que l'œil est plus propre à être affecté de la qualité dessicative et irritante de l'air, lorsque la disposition du tempérament ajoute encore à l'intensité de cette action. Le tempérament *sanguin nerveux*, chez lequel l'humide lacrymal est peu abondant, est plus disposé à la cécité et aux ophtalmies qui en sont les suites; la qualité dessicative et saline de l'air de l'Égypte donne lieu à la cécité qu'on y éprouve; la qualité humide et saline de l'air des îles et du continent d'Amérique sous l'équateur, y rend les affections ciliaires peu graves, mais nombreuses et endémiques : elles ne prennent d'intensité que quand l'air passe subitement à la qualité desséchante, ce qui est extrêmement rare et sans époques; de sorte qu'en sept ans que j'ai habité dans ces parties du globe, je n'y ai point vu les ophtalmies épidémiques. La cécité occasionnée par l'éclat de la neige, me

paroît un résultat de l'action perpétuelle de cette couleur sur la rétine et sur le nerf optique. Cette affection est fréquente parmi les ouvriers et les ouvrières qui ont perpétuellement les yeux fixés sur du blanc. Une lumière uniforme et éclatante produit les mêmes effets. Les lampes à courant d'air qui réduisent la flamme à la seule couleur blanche éclairent davantage, il est vrai, mais c'est aux dépens de l'organe. J'ai rendu la vue et les yeux, dans le cas de cécité, à des personnes menacées depuis longtems de les perdre, par la seule précaution de les tenir dans un lieu où il y avoit constamment de l'eau en évaporation. D'abord, la confortation des nerfs favorisoit la détention des parties, et celle-ci l'arrivée en plus grande abondance de l'humeur lacrymale, dont la circulation habituelle se rétablissoit. Je conviens que beaucoup de personnes répugneroient à mettre leur confiance dans un moyen aussi simple ; mais je ne l'indique ici qu'à celles qui ne tiendront pas à la vanité stupide de ne vouloir guérir que par des remèdes mystérieux, ou rares et de grand prix.

(20) *Sont sujets aux hémorragies nasales.* Les hémorragies du premier âge sont plus particulières aux tempéramens sanguins bilieux qu'à toute autre nuance de tempérament. C'est la nature qui fait crise pour faire arriver ces sujets à leur équilibre sanitaire propre. Le froid ou la chaleur subite excessive déterminent facilement ces hémorragies dans les hommes de ce tempérament.

(21) *L'épilepsie.* J'ai observé que cette maladie résulte, dans la plupart des sujets qui en sont

attaqués, d'un vice de la peau. Je suis parvenu à en éloigner considérablement les accès par des frictions sèches, que je faisois répéter souvent et fortement. Les bains froids, conseillés par Hippocrate, me paroissent agir dans le même sens, mais moins fortement. J'ai guéri une seule épileptique avec l'usage du blanc de zinc à haute dose.

(22) *Vivent plus long-tems que d'autres.* J'ai répondu à cette question, autant que peut le comporter ce recueil de notes, dans la 2.e du §. 1 ; me réservant de la résoudre entièrement par les faits existans sur tout le globe, et dont je ferai usage dans mon cours de philosophie médicale de l'homme vivant ; car c'est par l'homme *vivant* de toutes les parties du globe qu'on parviendra à connoître l'homme *vivant* de son propre pays.

(23) *Sont frappées de stérilité.*

(24) *Le flux menstruel....... de mauvaise qualité.*

(25) *Le lait...... en quantité et en qualité convenables.*

(25) *Les efforts pour accoucher..... donnent lieu à des phthisies.* Ces vices et ces affections qu'Hippocrate attribue à l'usage des eaux crues, dures et froides, me paroissent bien souvent dépendre du concours d'autres causes, et non de celle-là seule, comme l'excessive rigidité de l'air, soit qu'il soit sec, soit qu'il soit humide, la mauvaise qualité des alimens et autres. Il n'est pas toujours besoin des règles pour la santé et la fécondité des femmes. Il est un petit canton, près Paris, où les femmes n'ont point de règles sensibles, cependant elles sont fécondes et jouissent d'une bonne santé. (*Montreuil.*)

(26) *Enfans nouveau-nés sont sujets à des in-filtrations du scrotum.* On ne doit attribuer ces infiltrations momentanées qu'à la plus grande pression que les enfans éprouvent dans un accouchement pénible par rigidité de la matrice. Cette pression, qui s'exerce sur tout le corps sans relâche, porte encore ses fluides de la tète vers les parties inférieures; alors ils s'épanchent ou s'infiltrent dans le scrotum, qui leur offre moins de résistance.

(27) *Dans ces lieux la puberté est tardive.* La puberté est également en retard chez les hommes comme chez les femmes, et la virtualité des semences est infiniment moindre dans les pays où l'atmosphère est froide à l'excès, quelle que soit d'ailleurs sa sécheresse ou son humidité. Il est du moins très-probable que telle est principalement la cause du peu de vertu des principes progénérans des semences, vice qui n'appartient pas plus aux femmes qu'aux hommes. Nous observerons encore que ce principe général peut recevoir des exceptions de la part de differentes causes physiques ou morales; mais ce seroit tomber dans l'erreur de croire qu'à Paris les filles sont plutôt formées que dans bien des provinces méridionales, lorsqu'elles le sont réellement plus tard que dans les provinces du nord. Dans cette grande cité *seulement* l'imagination éveillée, avant le besoin naturel ou physique, donne lieu à une manifestation de puberté bien avant que leur tempérament se soit consolidé ou véritablement formé; de sorte que cette puberté précoce, qui ne prouve rien pour la formation de leur tempérament, est désavouée de la nature. Il est extrêmement

important pour un médecin qui pratique dans cette ville, de ne pas prendre le change sur le fait et sur ses résultats, et de ne pas croire qu'une fille est formée parce qu'elle est réglée. Dans le Bengale, une fille est réglée à 7 ans, et est à peine formée à 5o. Le vulgaire peut bien croire qu'une fille est formée quand elle montre de la gorge et des règles, mais un médecin ne doit pas être séduit par ces apparences, et les prendre comme signes de maturité suffisante. J'ai observé, au contraire, qu'à Paris les femmes y sont vieilles à 20 ans et jeunes à 5o. Comme ceci pourroit paroître paradoxal, et que le sujet est assez important en lui-même, je vais faire suivre cet axiome d'un commentaire fondé sur les faits mêmes. Sur la foi d'une formation complète ou d'une maturité décidée, on marie les filles à Paris dès l'âge de 14 ou 15 ans ; elles conçoivent, accouchent avec plus ou moins de fatigues, et soit qu'elles donnent dans la mode de nourrir ou non, elles restent dans un état plus que valétudinaire ; mais les époux ne trouvent plus dans la société de leurs jeunes épouses que des gémissemens, et se voyant réduits à ne plus vivre qu'entre les cris de l'enfance et l'expression des douleurs de la maladie, ou les craintes de la mort et les doutes du rétablissement de leurs moitiés, insensiblement ils s'ennuient d'une telle existence, alors ils portent leurs plaintes dans des sociétés brillantes de joie et de santé qui leur offrent bientôt des consolations ; enfin, ils terminent par prendre des attachemens, réduisent leurs épouses aux seuls égards qu'ils ne peuvent leur refuser pour eux-mêmes. Mais les jeunes épouses négligées, abandonnées , se rétablissent , leur constitution achève de se former, et l'âge de 5o ans arrive que ces femmes ne sont pas seulement jolies, elles sont belles ; résultat dont les époux sont ordinairement les derniers à s'apercevoir. C'est donc alors qu'elles sont véritablement jeunes, et qu'elles valent mieux pour le mariage que lorsqu'elles n'avoient que 20 ans. J'espère que l'exception que je propose ici ne trouvera pas de contradicteur, et donnera lieu à quelques réflexions utiles à bien des gens.

§. 16. (28). *Enfin les femmes y sont extrêmement fécondes et accouchent facilement.* Il seroit difficile de peindre d'une manière plus vraie et plus concise les plus grands avantages qui résultent pour l'économie de l'homme, tant au physique qu'au moral, d'habiter des lieux à l'aspect de l'orient. Grande partie de cette vérité nous est démontrée journellement dans les maisons à quatre faces, tous préfèrent les appartemens qui ont leur jour à l'orient ; c'est que dans cet aspect les premiers rayons du jour font sentir irrésistiblement à l'homme la joie mentale d'exister par l'impulsion harmonique qu'ils donnent à toute son économie.

§. 17. (29) *Des villes qui y sont exposées* (aux vents d'occident). Ce tableau est l'antithèse du précédent, et le magasin assorti de toutes les infirmités humaines déterminées par un composé d'influences, dont la multitude des combinaisons est inapréciable. Néanmoins, si on donne une attention réfléchie aux quatre parties du tableau qu'Hippocrate nous présente, on y trouvera presque toujours la compensation des maux par les biens, et des plus grands

avantages

avantages par les moindres, que la nature nous fait principalement éprouver de la part des influences atmosphériques réglées par les cours périodiques sémestrals du soleil, composant la période annuaire, et cela pour tous les tems, tous les lieux et toutes les personnes. (*Voyez* la note suivante.)

Notes relatives au cinquième Chapitre.

§. 18. (1) J'ai traduit cette partie du livre d'Hippocrate dans l'esprit d'une simple exposition historique de quelques phénomènes que les caractères tirent de l'ordre commun, sans autrement mettre leurs causes en opposition entre elles. J'ai dû prendre ce parti, n'ayant pas aperçu dans l'auteur le dessein spécial d'opposer tous les phénomènes de même nature, de l'Asie à ceux de l'Europe, pour en déduire le motif absolu de préférence. D'ailleurs, on s'aperçoit aisément que s'il eût eu le dessein de faire sortir les différences essentielles, par rapport à l'opposition des deux parties, il eût opposé les causes et les circonstances les plus à peu près semblables; ainsi il eût donc comparé ceux des peuples de l'une des deux parties, placés le plus près possible des causes et des circonstances particulières à ceux de l'autre; puisqu'Hippocrate reconnoît très-bien que les phénomènes de même espèce ne sont pas les mêmes par toute l'Asie, et qu'en comparant les Européens avec les Asiatiques, il n'en a

parlé que d'une manière générale (1). Mais y a-t-il
des phénomènes à peu près semblables par des latitudes et des longitudes très-différentes, dans l'une
et l'autre partie? Certes, il en est et en fort grand
nombre, que probablement Hippocrate ne connoissoit pas; car il n'est pas présumable que s'il eût eu
quelques lumières sur la qualité du sol de la Géorgie
et de la Circassie, ainsi que sur la belle nature des
peuples de ces contrées, il ne leur eût pas donné
la préférence sur le sol et les habitans de la basse
Égypte, qu'ils égalent en tout, et où les avantages
surpassent même, à certains égards, ceux qu'on
trouve en Asie. Mais une observation qui fournit à
un grand nombre de réflexions, ne doit pas être
omise ici, c'est que dans tous les lieux où les hommes diffèrent le plus du mieux, une somme d'a-
vantages occultes entre à tel point en compensation
avec les maux, que nul ne se plaint de sa situation
naturelle. Je n'ai jamais vu les Lapons s'apitoyer
d'être Lapons, et j'ai vu des Bretons, sous le beau
ciel du Peloponèse, regretter jusqu'aux larmes leur
pays pour le pays même. O divine nature, telle est
la force et l'étendue de tes compensations et le vide
de notre philosophie qui nous fait souffrir en autrui
de ce que, par nature, il fait son bonheur! mais
tel est encore le travers d'esprit des nations les plus
éclairées, de ne vouloir voir de bien et de bonheur
que dans l'état où elles se trouvent et où elles se
mettent; elles ne peuvent se persuader que le naturel de la baie d'Hudson ne voulût pas changer son

(*) Chapitre 6*. §. 23, page 73.

sort natal pour celui du naturel de Londres ou de
Paris. Ainsi l'observateur non prévenu, sans outrer
le prix des avantages de la nature, ne les attribuera
pas aux seuls Ioniens; mais il les suivra dans la
gradation qu'ils affectent, il en cherchera d'abord
la moyenne proportionnelle, qu'il ne trouvera pas
plus en Asie qu'en Europe, non plus que dans nos
divisions géométriques de climats, mais bien dans
le sens de la bande zodiacale, ou dans celui de
l'écliptique, et d'occident en orient. Voilà un grand
fond de nouveautés qui ne manquera pas de contra-
dicteurs, mais je dois les prévenir que cette assertion ne peut être examinée qu'au flambeau des principes d'astronomie et de l'observation des phénomènes de caractères particuliers aux différentes parties du globe *qu'on aura faites soi-même sur les
lieux ;* car sans le concours de ces connoissances,
l'imagination s'égareroit dès les premiers pas, et se
jeteroit infailliblement dans des erreurs grossières :
en un mot, on feroit le portrait topographique d'un
pays, comme ce peintre fit celui d'une femme sur la
seule description des traits que lui en faisoit son
amant : dans le pays, personne ne la reconnut que
celui qui vouloit la retrouver dans les traits qu'il
avoit dictés au peintre.

(2) *D'un naturel plus doux et d'un esprit plus
pénétrant.* Il faudroit avoir fait bien peu d'attention
à soi-même, si on n'avoit pas remarqué l'impression qu'opéroient, sur son physique et sur son moral,
certains états du ciel et certaines situations des
lieux. Qui n'a pas éprouvé un certain bien-être
mental, la sérénité de l'ame sous un beau ciel et

dans une exposition orientale? Qui n'a pas, au contraire, ressenti un malaise physico-moral, une tristesse involontaire sous un ciel obscurci par des nuages bas et épais, et dans une exposition occidentale? Qui ne s'est pas senti le caractère altéré par ces changemens inopinés, par ces transitions brusques de l'atmosphère, du clair à l'obscur, du froid au chaud, et de l'humide au sec, dans l'aspect du nord-ouest? Enfin, qui n'a pas éprouvé cet accablement du corps et de l'esprit sous le ciel douteux du sud-est? Mais celui qui voudra se rendre raison de ces sensations différentes en les soumettant, autant que possible, à l'unité de tems, de lieu et de circonstance, n'a qu'à faire le tour d'une montagne, en la prenant dans sa moyenne élevation; alors il pourra évaluer l'intensité de l'action de ces impressions par le tems qu'elles auront duré, et il reconnoîtra bientôt que l'économie de l'homme est principalement et diversement modifiée, tant au physique qu'au moral, par ces différens aspects. Quant aux avantages des propriétés de l'esprit des Orientaux, accordés sur les Septentrionaux, je les crois tout au moins fort exagérés; et si le philosophe, dépouillé de préventions, les pesoit à la balance, je crois qu'il auroit de la peine à trouver entre eux une raison suffisante de prééminence. Les premiers ont sans doute des caractères différens, mais non des qualités prééminentes. L'opinion la plus commune est encore que les sciences prirent naissance en Égypte. Le célèbre Bailly pense, au contraire, que les sciences ont été portées en Orient par les Brames sortis des rochers affreux du Tibet et du Caucase, et que si elles y ont gagné par un développement plus rapide, elles y sont restées à une certaine région au·delà de laquelle elles ne s'élèveront jamais (*). Il étoit donc réservé aux Septentrionaux d'en tirer la plupart d'entre elles du néant, et de les sonder encore toutes dans leurs diverses profondeurs. Peuples Orientaux! vous observez et décrivez la terre et les cieux en poëtes, Newton et Kepler en devinent les lois en dieux et les décrivent en sages.

(3) *L'Asie, située à l'orient, entre les deux levers du soleil.* Hippocrate avoit très-bien observé que dans l'horizon de la Grèce le lever d'été se fait à 45 degrés *est* par *nord*, et que le lever d'hiver se fait à 45 degrés *est* par *sud*. C'est donc à cette position intermédiaire de l'Asie qu'il attribue la supériorité de celle-ci sur l'Europe; néanmoins, quoi qu'il en soit de cette supériorité, il résulte du fait incontestable de position, que l'on doit chercher et suivre la gradation naturelle des phénomènes atmosphériques, et de tous ceux qui en dépendent premièrement et principalement, dans la direction et dans l'esprit de la marche de la terre, par rapport au soleil, et non dans ceux de nos divisions géométriques de climats, non plus que de nos conventions géographiques des parties du monde, et que ne fût·ce que par rapport aux modes gradués de la distribution de la chaleur et de la lumière, il faudroit encore réformer cette erreur digne des siècles de la plus profonde ignorance ; car pour qui n'est-il pas évident aujourd'hui que la distribution de la chaleur et de la lumière du soleil ne se fait

(*) *Lettres sur les Atlantides*, par Bailly.

pas en latitude directe de l'équateur aux pôles, non plus que dans la direction des parallèles à l'équateur, et moins encore selon nos distinctions conventionnelles géographiques, mais bien dans les raisons combinées des longitudes et des latitudes, dont la plus élevée de proportion est de 23 degrés 28 minutes de latitude, à 90 de longitude. Enfin, n'est-il pas évident que si les médecins mettoient un peu plus leur science en rapport avec les connoissances d'astronomie, de géographie naturelle et de météréologie, leurs lumières s'agrandiroient et se rectifieroient utilement les unes par les autres? J'aime à le croire. (*Voy.* Précis introductif, partie *Astronomie*, etc.)

(4) *En équilibre au milieu des extrèmes.* Telle est une des vérités mathématiques naturelles. *Le bien ou le parfait est au milieu*, disoit un philosophe de l'antiquité.

(5) *La température de ce pays ressemble davantage à un printems (continuel), etc.* Hippocrate entendoit bien certainement le printems de la Grèce, qui est un bel été dans les latitudes plus nord, et qu'on ne connoît pas au-delà du 45°. degré de latitude septentrionale.

(6) *Des formes très-variées parmi les bêtes sauvages.* La lacune que l'on trouve ici dans le texte est-elle du fait d'Hippocrate, ou de ses copistes, ou des commentateurs? C'est ce que je ne m'arrêterai pas à discuter; mais il paroît certain que l'usage anti-physique, ou la pédérastie, s'est communiquée de l'Afrique à l'Asie, et de celle-ci aux nations les plus civilisées de l'Europe. C'est un *goût infâme*

qui ne peut être préconisé qué par une imagination
effrénée; mais l'œil de l'observateur de la nature doit
l'envisager sous tous ses points de vue. Aucun usage
parmi les hommes, ne s'introduit sans raison, et la raison ou la cause de celui-ci, se trouve dans le vice de
constitution des femmes des pays chauds, et de celui
de la plupart des grandes cités, où les mœurs sont
dans l'état le plus complet de dépravation. Dans
les pays chauds, les femmes sont d'une constitution
très-humide, et par conséquent fort laxe : l'énergie physique de leurs parties ne répond donc point
à celles des hommes, qui, de leur côté, en ont besoin
pour augmenter la leur, et l'amener à la force nécessaire pour accomplir l'acte sans fatiguer le corps
et l'imagination. L'imagination ardente des Afri-
cains a donc trouvé ce moyen pour satisfaire à des
besoins fréquens, et suppléer à l'imperfection naturelle des femmes, que des jouissances prématurées
rendent bientôt plus inférieures encore, sur-tout
pour des hommes qui eux-mêmes ont besoin d'une
résistance qui augmente leur énergie (*). Telle est
non l'excuse, mais la raison naturelle de cette pratique étrangère aux vues et au but ordinaire de la
nature : mais n'est-ce pas encore là la source de
cet état de nullité morale des femmes de l'orient, et
de celui de sous-ordre très-éloigné où elles sont tenues dans la presque totalité du globe ? Il est du
moins très-probable que l'homme ne soutient pas
l'illusion contre la voix de la nature, qui lui dit sans

(*) L'érection est imparfaite chez les hommes noirs d'Afrique,
mais ils restent plus long-tems dans cet état que les hommes de la
classe blanche.

cesse d'observer ce défaut naturel d'énergie virile, qui place la femme au-dessous de lui. Sans doute, d'un autre côté, le défaut de lumières empêche d'estimer les femmes pour tout ce qu'elles valent réellement : d'où il suit que la presque totalité des hommes qui habitent la terre les comptent pour peu de choses au delà de leurs fonctions matérielles ; dans tous les cas, on ne peut disconvenir que si telle a été une des conditions absolues du plan de la nature, la femme n'en soit très-injustement traitée par son auteur, et qu'elle n'ait le droit de croire aux bornes de sa puissance et de son savoir.

Si on observe la vie des femmes des grandes cités, leur imagination allumée avant le besoin physique, et l'emploi précoce qu'on en fait dans celles où les mœurs sont corrompues, on les verra presque toutes très-affectées du flux blanc ; de sorte qu'elles n'offrent que très-rarement cette énergie physique, dont les hommes blasés, plus que tous les autres, ont besoin. De là, la déviation du goût de ces derniers vers une pratique étrangère à la nature, que chacun estime ou méprise selon le rapport sous lequel son tempérament et ses mœurs la lui font considérer. C'est par la même raison qu'on voit dans ces lieux des femmes essayer de se suffire entr'elles, les soins des hommes n'étant pour ces femmes d'une imagination brûlante, qu'un éclair qui se fait encore trop attendre pour ne plus se renouveller ; alors ne pouvant suffire à allumer en elles le besoin physique au ton de leur imagination, leur goût dévie, et elles trompent ainsi leur appétit sans l'avoir satisfait.

Les pays chauds et humides, où le vice de tempérament des femmes est beaucoup plus considérable, ne fait pourtant pas voir cette déviation du goût dans l'un et l'autre sexe à beaucoup près aussi fréquemment; mais c'est que le sentiment des besoins, comme les passions, sont considérablement adoucis par cette température, comme nous aurons occasion de le dire dans la suite.

§. 19. (7) *Mer d'Azof qui sépare l'Europe de l'Asie.* C'est un usage vicieux auquel nous ne nous sommes que trop astreints en histoire naturelle, de vouloir coordonner les phénomènes de la nature sur les divisions et distinctions conventionnelles de la géographie politique, lorsque nos divisions géométriques y conviennent déjà assez imparfaitement. Il faut donc, jusqu'à ce qu'on ait une méthode plus conforme à leur ordre naturel, ne pas attacher trop d'importance à ces points de démarcation, car il est aisé de s'apercevoir que la bizarrerie de ces distributions conventionnelles ne coïncide pas avec la gradation symétrique des phénomènes de la nature, et que nos divisions géométriques ne sont pas moins éloignées du génie de leur marche. (*Voy.* la note (3) du §. 18.)

(8) *Le sol est extrêmement agreste et inégal.* Après avoir reconnu ce qui détermine les températures communes des saisons, on doit s'attacher à observer ce qui peut leur donner un caractère particulier, et ce qui, après avoir été résultat, devient cause à son tour. La forme du ménisque de la terre est changée tous les jours par des révolutions volcaniques, ou diluviennes, ou ouraganeuses;

car tel sol qui étoit montueux qui est devenu uni, et tel qui étoit uni qui est devenu très-inégal; de sorte que ces résultats sont eux-mêmes les causes du changement de la température des saisons de l'une et l'autre terre, mais la température des saisons peut encore être changée en mal ou en bien, par le faire des peuples. Les prodigieuses plantations de bois la changeront infailliblement en mal, lorsque leur défrichement l'amélioreront infailliblement. Cela modifiera donc l'air respirable, et celui-ci perfectionnera ou altérera à son tour, principalement les humeurs de l'économie animale. (*Voyez* la note (9) du §. 14.)

(9) *Analogue aux pays de montagnes couvertes de bois et (médiocrement) humides.* Sans doute, il seroit absurde de supposer que le sol des montagnes est sec; mais je crois qu'il y auroit également erreur de le croire humide, à la manière et au degré des sols en forêts au niveau des eaux. Pour le peu qu'on observe, on trouvera une très-grande différence dans la nature et dans le mode d'humidité de l'un et de l'autre, et par conséquent dans leurs influences. J'ai observé, toutes choses égales entre elles, que les habitans des forêts au niveau des eaux, ou à peu près, étoient sujets aux fièvres intermittentes d'automne, et que ceux des forêts élevées en étoient exempts; enfin, j'ai encore observé que leur physique et leur moral offroient des différences sensibles, dont il étoit extrêmement important de tenir compte dans la pratique de la médecine.

(10) *Par la longueur de leurs têtes.* Il doit être moins question ici de prouver que les Macrocéphales ont existé, et le véritable lieu qu'ils habitoient,

que d'attester leurs usages par des usages semblables
encore existans, et d'en développer le comment.
Il est de fait que tous les peuples sauvages, peu
satisfaits de leur beauté naturelle, ont le caprice d'altérer la figure naturelle du corps, et particulièrement celle de la face, pour s'en donner une idéale.
Les uns se fendent les lèvres, les autres se percent
les oreilles, et introduisent des morceaux de bois
ou de métal qu'ils augmentent chaque jour de volume pour agrandir les trous qu'ils ont fait d'abord.
D'autres écrasent le nez aux enfans, en venant au
monde, et d'autres, comme les Macrocéphales,
leur pétrissent la tête, ou la leur applatissent entre
deux planches. Chez quelques-uns la nature retient
l'impression de l'usage, chez les autres, la coutume
ne fait aucune impression, et il faut la renouveller
toutes les fois qu'un enfant vient au monde. Ainsi,
s'il n'est pas extraordinaire de voir naître des en-
fáns avec les formes imprimées par l'usage, il ne
l'est pas plus d'en voir naître sans aucune empreinte de ces mêmes coutumes, et le principe plastique se refuser absolument à recevoir cette impression, comme aussi de produire un enfant avec les
yeux droits par un père louche. Au delà des coutumes et de l'influence première et principale de
la température atmosphérique, on ne voit plus
comment le genre de vie particulier à chaque nation détermine la forme des têtes, de manière que
les habitans du Labrador l'aient symétrique, les
Chinois ovale, et les naturels de l'île Mallicolo,
approchante de celle d'un singe. On conçoit encore
bien moins que ce résultat ait échappé au génie

observateur d'Hippocrate, qui a scruté si profondément le genre de vie de différens peuples, et qu'il
ne leur ait rien trouvé dans les formes ressortant
de cette cause. Mais s'il est quelque chose qui mérite
toute l'attention de l'observateur, c'est le comment
la semence reçoit et rend cette forme imprimée, et
comment ensuite, par la négligence de l'usage, la
nature rentre dans ses formes essentielles d'espèce.
Voilà ce que l'œil physique ne peut saisir, et ce que
celui physico-mental n'a point encore atteint. Sur
ce point, telles sont les bornes de nos connoissances
que les efforts d'Hippocrate, d'Harvé, de Leven-
hoeck, de Buffon, de Spallanzani, etc. ne pourront
nous aider à franchir.

§. 20. (11) *Les habitans des bords du Phase.* Hippocrate prend un exemple frappant d'influence de température, pour faire sentir vivement l'opposition de
celle-ci avec l'influence de la coutume ; là les hommes font tout, ici c'est la nature. Le Phase, fleuve
de la Colchide, maintenant Mingrélie, prend sa
source dans le mont Caucase, par les 42 degrés 3o
minutes de latitude nord, et coulant de l'est à l'ouest,
il vient se rendre dans la mer Noire. D'abord, d'une
marche rapide, il traverse le sol à quelque distance
de sa source, mais arrivant sur un plan presque
horizontal, ses eaux perdent à tel point leur mouvement, que l'œil ne distingue plus en quel sens
elles coulent, et ce n'est plus que la masse qui en
s'accumulant oblige les eaux de se jeter dans la mer
Noire. Enfin, des pluies continuelles, le surchar-
geant sans cesse, l'oblige de se répandre avec elles
sur la partie du sol qui est de niveau avec lui, et

de submerger ce sol couvert de forêts, ce qui rend l'atmosphère de cette partie de la Colchide ou Mingrélie extrêmement malsaine, sur-tout l'été, lorsque les eaux y deviennent plus basses. C'est donc sur ce sol, et au milieu d'un air perpétuellement chaud et excessivement humecté d'une eau corrompue que naissent et s'élèvent les Mingréliens. Tel est encore l'état des choses par rapport au sol: examinons si les résultats sont encore les mêmes, relativement aux productions et aux animaux. Chardin et le Père Lamberti s'accordent sur le fait des productions ; le premier observe qu'à l'exception du raisin, tous les fruits de la Colchide sont sans goût ou presque sauvages. Il prétend que les bêtes venimeuses même n'y ont que peu ou point de venin, ce qu'il attribue à la grande humidité de l'air (*). Le second assure que les plantes aromatiques, comme l'origan, le pouliot, la menthe, etc. n'ont dans la Colchide que peu ou point de vertu (**). On ne peut s'empêcher de remarquer de la différence entre ce qu'Hippocrate dit de la complexion des Phasiens de son tems, et ce que l'on rapporte des Mingréliens d'aujourd'hui ; « car ils » sont, dit Hippocrate, d'un tel embonpoint qu'on » ne leur voit point les veines, et que leurs arti» culations en sont offusquées ; enfin, ils ont le » teint aussi jaune que les Ictériques, sont natu» rellement paresseux, et ne peuvent supporter la » fatigue ». Les Mingréliens sont, au rapport de Chardin, grands, bien faits, sur-tout les femmes ;

(*) *Voyage en Perse*, Vol. I, page 41.
(**) *Relation de la Colchide*, en Italien, chapitre 35, p. 237.

ils sont grands voleurs, *fiers*, perfides, cruels, ivrognes et très-libidineux. La chasse est leur occupation ordinaire; ceci suppose beaucoup d'énergie, de santé et un embonpoint médiocre. On ne peut s'empêcher, dis-je, de remarquer de grandes différences entre ces deux portraits, qui en laissent soupçonner encore beaucoup d'autres. Quoi qu'il en soit, si l'on compare ces observations à celles que les modernes ont faites dans les contrées où l'air est chaud et extrêmement humide, on en tirera seulement ce principe général, que très à peu près les mêmes causes produisent partout quelques effets semblables, à de légères modifications près (*). Aux Philippines, aux îles du golfe du Mexique, j'ai observé quelques phénomènes avoir très à peu près les mêmes caractères que ceux de même espèce de la Colchide, des Asturies et de tous les lieux où l'air est spécialement très-humide. Mais cette vérité reçoit de grandes modifications, ainsi que les faits énoncés dans la note suivante le prouvent : ce que je développerai dans mon cours de philosophie médicale de l'homme vivant.

(12) *Ne parviennent jamais à une maturité finie et complète, etc.* Ce fait nous conduit naturellement à remarquer qu'en raison de la différence de l'extrême humidité de l'air, soit par nature du fluide en expansion ou du différent degré de chaleur, ensemble ou séparément, les résultats de ces causes sont modifiés en autant de manières qu'elles le

____

(*) Voyez *Maladie de S.-Domingue*, par Poupé Desportes; Moreri, au mot *Colchide*, et le *Journal de Médecine*, V. II, p. 337; *Topographie des Asturies*, par Thieri.

peuvent être elles-mêmes, ce qui oblige de faire
une grande attention à bien apprécier ces deux circonstances, lorsqu'on veut juger comparativement
de deux phénomènes naturels de même espèce, placés dans des latitudes et des longitudes différentes.
Dans les îles du Mexique, il est peu de fruit qui
y mûrisse parfaitement et complètement; l'ananas,
l'orange, la grenade, etc. ne parviennent jamais
au dernier degré d'élaboration, et leur maturité
corporelle ne se fait que partiellement. Ces fruits
se montrent donc moitié verts et moitié en maturité,
ou demi-mûrs, autant qu'ils peuvent l'être, et moitié pourris. Le café se cueille partiellement, et il
ne finit point la maturité de ses principes, la ver-
deur qu'il conserve en est une preuve parlante;
aussi ne peut-il soutenir, sur ce point, la comparaison avec celui de la Mer Rouge ou le Moka. La
canne à sucre n'est pas exempte de ces vices de
maturité. En vain donc veut-on établir un point de
contact parfait entre les fruits de la Colchide et ceux
des îles du Mexique, ou toute autre température
humide et chaude, ces deux causes se modifieront
toujours assez pour donner souvent des résultats
très-différens entre eux, par des latitudes ou des
locaux différens. Les fruits de la Colchide sont sans
saveur, ceux des Antilles en ont une très-acerbe;
les plantes odorantes de la Colchide ont peu de parfum, la fleur du café est de la plus grande perfection par la force et la finesse de son parfum. Le
raisin et le blé viennent complètement bien dans la
Colchide; l'un ne fait pas même de bon verjus dans
nos îles; le blé n'a jamais pu y montrer qu'un épi

vert à côté d'un épi d'une maturité imparfaite, etc.
Il en est de même dans les Antilles de la maturité
des hommes, de celle de leur santé et de leurs maladies, comme de la maturité des fruits toujours
imparfaite et incomplète, et par conséquent très-
difficile à bien apprécier pour pouvoir les comparer
judicieusement et utilement.

(13) *Ont un embonpoint si considérable, etc.*
L'embonpoint excessif, soit spontané, soit déterminé, soit précoce, reconnoît toujours pour cause
première un changement de constitution dans le
principe du suc adipeux ou une tendance au flegme,
ce qui en détermine une plus grande formation,
qui lui-même, par sa nature, dispose et opère le
relâchement du tissu cellulaire. En France, c'est
un mal dans l'homme de prendre de l'embonpoint
avant 55 ans, et dans la femme avant 45, sur-tout
avant la suppression du flux menstruel. Telles sont
les époques que je regarde comme le solstice du
tempérament françois. J'ai observé que ceux qui
maigrissoient à ces époques poussoient communément leur carrière plus loin que les autres, et notamment les femmes.

(14) *Leur teint est aussi jaune que celui des Ictériques.* Si on tire des conséquences de la couleur
du teint des Colchidiens, d'après le portrait de leur
complexion fait par Hippocrate, il est tout naturel
de voir suivre un long détail d'infirmités graves, et
même celui d'une maladie perpétuelle. Si, au contraire, on ne considère cette couleur que comme
on fait la noire ou la blanche, sous les rapports de
nuances d'espèce, on la trouvera plus conforme

avec

avec le portrait des Mingréliens que nous font les modernes. Toutefois est-il vrai que les maladies qui affectent les Mingréliens n'emportent pas nécessairement la couleur jaune du teint. Je la crois donc plus appartenante à l'état particulier de santé qu'à l'état de maladie, couleur qui peut être augmentée fréquemment par ce dernier. Je fonde cette opinion, 1°. sur le fait qui nous est offert par les Circassiens leurs voisins, peuple qui a naturellement le teint jaune et qui jouit de la complexion la plus complète et la plus parfaite, de la vie la plus longue et de la santé la plus imperturbable; 2°. sur ce que les naturels des Antilles et des Philippines assujétis, comme les Mingréliens, aux obstructions de la rate, aux fièvres d'accès, aux affections catarrhales, à l'asthme, aux obstructions du foie, aux affections comateuses, à l'hydropisie, à une vieillesse précoce et à une courte durée, n'ont cependant pas le teint jaune, si ce n'est en maladie. Je crois donc que le récit ou la description d'Hippocrate est très-exagéré dans le sens de la maladie, et qu'il n'avoit pas observé lui-même dans ces régions.

§. 21. '(15) *Si donc les Asiatiques sont pusillanimes, etc.* Il est trop évident que les diverses températures déterminent les passions, les adoucissent ou les anéantissent même, pour insister sur ce point. La raison, plus encore que la foiblesse, commande l'opinion chez tous les peuples. Le jugement tacite qu'ils portent de leur incapacité leur fait déférer l'autorité absolue à celui d'entre eux qu'ils estiment le plus capable de la diriger. Le despote qui disoit, *Je commande à mes sujets, non parce que je suis plus puissant qu'eux, mais parce que je passe dans leur esprit pour l'étre*, eût rencontré plus juste, s'il eût dit : *Mais parce qu'ils me jugent le plus capable d'entre eux tous de les gouverner, et que leur foiblesse naturelle consolide ma puissance.* Les peuples les plus insoumis par caractère se donnent des chefs, et c'est toujours la raison qui dirige leur opinion sur ceux dont le courage et la force de l'esprit les leur ont fait distinguer. Voilà le bonheur du soldat qui le premier fut roi. Les sociétés en se civilisant et en s'éclairant de plus en plus, n'en ont senti que plus vivement le bien de l'ordre et tous les inconvéniens de l'anarchie ; ils ont donc préféré corrompre leur droit naturel en consentant à ce que le pouvoir absolu devînt héréditaire. De là les chefs, ou les rois et leurs lignées, qui se persuadèrent avec le tems qu'à leur sang étoit attachée exclusivement le droit de gouverner, enfin qu'ils ne le tenoient plus que des Dieux. Tant que les peuples dûrent ou voulurent supporter les résultats de cette fable, l'empire des rois se soutint tant bien que mal ; mais les peuples une fois arrivés à toute la connoissance de leurs droits naturels, les firent bientôt renoncer à leurs vaines prétentions, et reprirent le pouvoir suprême pour le conférer de nouveau à des mains plus capables, selon eux, de le diriger.

(16) *La nature de leurs lois doit les détourner de l'idée de donner essor à leur courage.* Les lois sont sensées consenties par tous ; néanmoins chacun se propose tacitement de s'y soustraire lorsqu'il le croira convenable à ses intérêts. Tel est l'état général de l'homme vis-à-vis de la loi, dont la rigueur

propre et celle d'exécution doivent se mesurer sur le plus ou le moins d'intérêt qu'un peuple prend au bien général. L'inertie, par nature, est une sorte d'égoïsme qui ne peut être mu que par des lois rigoureuses, qu'appuie encore le pouvoir absolu en raison de la résistance d'inertie, sans quoi on ne parviendroit jamais à donner une impulsion générale vers un point quelconque. Il ne faut donc pas voir la plupart des lois sous le rapport de justice morale, mais sous celui de justice d'état ou d'intérêt commun; sans doute il n'est que trop ordinaire de voir les gouvernans abuser du pouvoir à l'ombre de la justice d'état, mais c'est que ces gouvernans sont des hommes, et ont des passions. Celui donc des gouvernans qui est le plus juste, est celui qui abuse le moins, de la loi et à l'ombre de l'intérêt général. Il n'y a point de tyrannie, d'abus de pouvoir dans le despotisme juste, puisqu'à l'inertie par nature du peuple, il faut de grandes forces motrices. Aristote avoit donc raison de dire qu'*il y avoit des esclaves par nature* (*), et s'il n'a pas développé cette vérité jusqu'à l'ennui, c'est qu'il ne pouvoit pas prévoir qu'il y auroit un jour des philosophes qui croiroient pouvoir tout deviner du fond de leur cabinet, et à qui il faudroit cependant démontrer qu'il fait jour en plein midi.

(17) *Partout où les hommes ne sont ni maîtres de leurs volontés, etc.* Les Asiatiques n'obéissent à un seul homme, dit Plutarque, que parce qu'ils ne savent point prononcer *Non;* ce qui doit s'en-

(*) Aristote, *De Républiq.* L. III, chapitre 14.

tendre de ce qu'ils n'ont pas le courage naturel de le prononcer. Quoi qu'il en soit, il n'est plus de puissance où l'inertie générale veut la faire cesser, et cette négative en vaut bien une autre; ce qui a fait dire, avec beaucoup de raison, que le despotisme est sans cesse aussi près de son commencement que de sa fin.

(18) *Parce que les dangers (ou les intéréts) ne sont pas également partagés.* Je ne crois pas ces derniers être la vraie raison ni la suffisante; il en est une plus particulière au cœur de l'homme, c'est celle de son amour propre qui, dans le plus inerte, lui dit de ne pas servir sans cesse de gradin à l'élévation de la gloire et du pouvoir d'un seul. On a vu, chez des nations civilisées, des gens braves et porteurs de grands noms fouler tout cela aux pieds, et compromettre leur honneur et l'intérêt de leur patrie, par une lâcheté insigne qui nuisoit à la gloire et à l'élévation de leur chef. Voilà l'homme. *Omnis homo mendax.*

(19) J'ai été déterminé par ce qui précède et ce qui suit, à traduire ainsi cette phrase, qui reste encore fort obscure dans la version latine. Au surplus, les raisons que donne le docteur Coray de l'avoir corrigée dans le texte grec, ajoutent encore à celles que j'ai eues de le faire dans ma version; car il est évident que le raisonnement d'Hippocrate se réduit à ces trois points : « Que les Asiatiques ne » sont point belliqueux, 1°. par tempérament, » que leur température énerve; 2°. par la nature de » leur gouvernement, qui les opprime; 3°. par » le compromis de tous leurs interèts ». On sent

aisément que tous ces motifs réunis sont plus que suffisans pour produire pusillanimité et répugnance extrême pour toute action, et sur-tout pour toutes expéditions belliqueuses.

No t e s relatives au sixième Chapitre.

§. 22. (1) Il seroit extrêmement difficile de se former une idée juste de tous les différens phénomènes dont il est fait mention dans ce chapitre, si on ne possédoit pas préalablement celle de la forme générale du sol de la Tartarie, et celles de quelques-unes de ses parties. Je vais donc réunir ici ce que nous avons de plus certain et de plus important, relativement à l'un et l'autre point : le reste s'expliquera par les passages même d'Hippocrate.

La Tartarie forme la plus grande partie du nord de l'Europe et toute celle de l'Asie jusqu'au tiers de sa surface, environ le 35.e degré de latitude.

La configuration générale de son sol n'est pas encore assez connue, celle de ses parties les plus fréquentées l'est encore trop peu relativement au besoin qu'on en a pour faire leur topographie médicale. Néanmoins la forme générale de la Tartarie nous est présentée comme une montagne large et plate, dont la partie la plus élevée est appelée *Tibet*, et se trouve au 52.e degré de latitude et au 106.e de longitude. Ce plateau donne naissance à plusieurs grandes chaînes de montagnes qui, en se portant du sud au nord et de l'est à l'ouest, vont toujours en s'abaissant ainsi que le sol, jusqu'au bord des mers Glaciale, Baltique, Noire et Caspienne. Le sol de la Tartarie s'élève donc insensiblement du nord et du nord-ouest jusqu'à la hauteur du Tibet et de l'une de ses branches appelée *Monts Riphées*, aujourd'hui *Ouralsks*, et cela par 16, 20 et 24 degrés d'étendue. Cette pente générale du sol de la Tartarie nous est encore attestée par le cours des fleuves, dont la plus grande partie se jette dans la mer Glaciale, et d'autres se rendent à la mer Baltique, à la mer Noire et à la mer Caspienne; ce qui donne à la Tartarie un aspect principal au nord, puis au nord-ouest et à l'ouest.

Enfin, la Tartarie est encore composée de très-vastes déserts séparés les uns des autres par des chaînes de montagnes rares; la plúpart de ces déserts sont encore ou inconnus, ou peu habités, ou plus ou moins incultes. Les Tartares qui les habitent sont plus ou moins civilisés, selon qu'ils avoisinent davantage les peuples de l'Europe; mais à mesure qu'on remonte au nord de l'Europe et de l'Asie, on les trouve plus brutes et plus féroces. On distingue communément la Tartarie en trois grandes parties, 1°. en Tartarie Russe; 2°. en Tartarie Chinoise; 3°. en Tartarie Indépendante.

Il est important de ne jamais oublier un moment la forme générale du sol de la Tartarie, ainsi que son principal aspect, si on veut apprécier mieux les phénomènes particuliers à cette partie du globe; car c'est toujours de la forme générale et du principal aspect que naissent spécialement les caractères des températures particulières ou locales. Ainsi donc

non-seulement c'est la configuration particulière
d'un sol quelconque qui détermine la direction des
vents ou qui les modifie, en réfléchissant plus ou
moins la chaleur du soleil, et qui détermine sa température; mais c'est premièrement et principalement de la forme et spécialement de l'aspect du sol
général où il se trouvera, qu'il tiendra son caractère
de température, puisque c'est toujours à l'aspect
et à la forme des grandes parties des continens que
doivent se rattacher les résultats des formes et des
aspects secondaires, *et par conséquent pour toute topographie quelconque.* Ce principe général se trouve
indiqué plus particulièrement dans mon Précis introductif élémentaire, et sera entièrement développé dans mon cours de philosophie médicale.

(2) *Ce qu'on appelle le désert de la Scythie, etc.*
L'état actuel de la Scythie est peu propre à faire
juger de ce qui existoit du tems d'Hippocrate, et
même du véritable lieu que les Nomades habitoient;
car à la description que l'auteur donne du lieu, de
sa température et de ses habitans, on ne reconnoît
ni les hommes, ni le sol ou les plaines en pâtures
dans lesquelles il place les Scythes Nomades. *Situés précisément sous la constellation de l'Ourse et
sous les monts Riphées* (à l'aspect du nord-ouest),
il s'ensuit que *le soleil n'approche jamais de cette
partie qu'au solstice d'été, encore ne l'échauffe-t-il
que peu de tems et foiblement, et que les vents qui
soufflent de la partie du sud n'y parviennent que
rarement, et seulement après avoir perdu grande
partie de leur chaleur. Les vents de la partie du
nord y soufflent donc le plus habituellement, venant*

d'ailleurs des montagnes toujours couvertes de neige et de glace, et difficiles à habiter, à cause de l'excessive humidité qui y règne ; alors les plaines sont pendant le jour couvertes de brouillards épais, de sorte que leurs habitans vivent dans un hiver perpétuel, n'ayant que quelques jours d'une chaleur trop foible. Car ce sont de hautes plaines nues qui commencent sous le signe de l'Ourse, et qui se prolongent en s'élevant de plus en plus sans être coupées par des montagnes. D'où je conclus que le sol qu'ils habitoient étoit principalement la haute plaine des monts Riphées, la plus près du plateau du Tibet, qui présente au nord et au nord-ouest, et qui se trouve entre le 55.ᵉ et le 60.ᵉ degré de latitude, et qu'ils s'étendoient encore des sources et spécialement à la gauche du Volga, en courant avec ce fleuve dans la direction ouest-sud-ouest, et venoient se répandre dans le désert qui s'étend du Borysthène ou Dnieper à la source du Saïk. Toutefois est-il vrai qu'ils habitoient de hautes plaines très-unies, c'est-à-dire, sans bois et sans monticules, et dont l'atmosphère étoit excessivement humide et froide, qu'ils étoient d'une complexion extrêmement grasse et lourde, etc. et que rien aujourd'hui de tout cela ne sert à attester ces faits, ainsi que beaucoup d'autres. Enfin, que cette description est plus curieuse, sous le rapport de l'histoire, qu'utile quant aux principes et aux inductions qu'on en voudroit tirer relativement à la médecine.

(3) *Les animaux très-petits de leur nature, etc.* Ce phénomène tient spécialement à la rigidité du froid et de la sécheresse, ou de l'humidité de l'air, à

mesure qu'on approche d'un pôle; car si l'air devient humide, les hommes et la plupart des animaux prennent de la taille et de l'embonpoint : enfin, le tempérament particulier à l'espèce fait varier
ce phénomène. Si les Lapons, les Groënlandois, les
Esquimaux, etc. sont de taille au-dessous de la médiocre, les Suédois, les Danois, les habitans du nord
de l'Allemagne sont très-grands et replets. La plupart des sauvages habitans du nord de l'Amérique
sont grands et replets, parce que l'air, quoiqu'excessivement froid, est en même tems excessivement humide. Enfin, si les animaux sont de plus haute
taille dans les pays chauds, il faut encore que l'air
y soit humide, sans quoi la plupart sont aussi petits
que dans les pays dont l'air est froid et sec. Cependant les bœufs et les chevaux sont très-petits sous
l'équateur, au continent d'Amérique; le mulet et
l'âne y sont plus grands et meilleurs; le mouton
y dégénère et ne se reproduit pas, et ceux qu'on
y apporte y deviennent en fort peu de tems d'une
mauvaise constitution de chair. En 1776, j'ai vu
des moutons d'Europe, provenant de la frégate du
Roi la *Licorne*, qui, ayant extrêmement souffert
dans une traversée longue et orageuse, étoient dans
un état de maigreur affreuse; on se détermina à les
mettre à terre et à pâturer sur la savane. Avant,
je fis peser le plus robuste, et il donna vingt-trois livres
et demie. La frégate acheva sa croisière, et on ne se
souvint d'eux que six à sept mois après, lorsque cette
frégate dut faire son retour en France; alors on retira
le troupeau à bord, mais je fis peser le même mouton qui, plein de santé et couvert d'une énorme

toison, ne donna cependant que dix-neuf livres trois quarts de poids : telle fut en sept mois la dégénerescence de cet animal qui avoit diminué de trois livres un quart en gravité spécifique, et qui, au manger, n'étoit véritablement qu'une efflorescence chimique, tant sa chair étoit peu consistante et peu nutritive. Je dois observer encore que sa laine étoit longue et molle, et différoit beaucoup de celle des toisons des mêmes moutons qui avoient été tués avant l'arrivée de la frégate dans les Antilles. Il est donc bien important de remarquer les caractères des phénomènes, non-seulement par le plus ou le moins de chaleur ou de froidure de l'air, mais encore par rapport aux diverses combinaisons de l'humidité avec le plus ou le moins de calorique. En un mot, il est bien important de ne pas s'en laisser imposer par les apparences ; les hommes subissent le même sort. Je suis de tempérament sanguin, et j'avois 55 ans lorsque je passai en Amérique ; au bout de trois ans, sans y avoir éprouvé une seule indisposition, mon sang ne teignoit plus le linge que d'une foible couleur rose. Je ne serois embarrassé que du choix des faits, si je voulois prouver la dégénérescence de l'économie animale dans l'atmosphère de l'Amérique, et sur-tout l'extrême différence de tempérament des créoles, blancs ou noirs du nouveau continent avec celui des naturels de l'ancien.

(4) *La plupart des Scythes, et spécialement les Nomades, se brûlent aux épaules, aux bras, etc.* L'usage de se cautériser, très-répandu parmi les habitans des pays froids, seroit une chose étonnante si on ne savoit pas que la sensibilité de la peau

est infiniment moindre dans la température glacée,
et sur-tout humide, que dans les températures d'un
froid moins rigide, *et sur-tout moins humide*, ce
qui fait que ce moyen de guérison dans la flegmatie
graisseuse convient mieux à la maladie, sans ef-
frayer le malade, parce que les douleurs sont bien
au-dessous de l'idée que nous nous en formons, et
que la complexion pituiteuse elle-même suffit pour
émousser la faculté sensitive dans telle température
que ce soit. J'ai vu des Sauvages de l'Amérique se
faire un jeu de se brûler; et moi, malgré mon certain
savoir sur ce point, ne pouvoir en imposer à mon
imagination qui déterminoit la souffrance en moi lorsqu'ils ne souffroient point en eux-mêmes, tant sont
forts les préjugés de l'enfance, des nations, des écoles,
etc. etc. Cet usage date de la plus haute antiquité.
Il paroît que tous les Nomades, soit des pays chauds,
soit des pays froids, l'avoient en recommandation
dans la vue de remédier à toutes les affections pituiteuses rhumatisantes qui affectent les hommes sans
cesse soumis au contact immédiat de l'humidité de la
terre et de l'air. La médecine s'est emparée de ce
moyen qui, mieux raisonné, est devenu dans les
mains d'Hippocrate un remède salutaire dans les affections de la tête et de la poitrine, dans la sciatique,
et dans plusieurs autres maladies. Ses imitateurs
n'ont pas eu les mêmes succès. Archagatus, l'un des
premiers chirurgico-médicastres Grecs, qui vint à
Rome l'an 500 de sa fondation, se fit chasser ou lapi-
der par le peuple, parce qu'il usoit *ab hoc* et *ab
hac* du fer et du feu (*). Mais personne, parmi les

(*) Voyez l'*Histoire de la Médecine*, de Daniel Leclair, in-4°.

modernes, n'a mieux apprécié les applications du cautère actuel, et ne l'a plus fréquemment employé avec succès que Pouteau, chirurgien de Lyon (*). Les frictions sèches et le massage sont encore des moyens de la médecine ancienne, à tort négligés jusqu'à l'oubli parmi nous.

(5) *Pour empêcher que le froid ne brûle leur peau et n'en ternisse la couleur naturelle.* La raison qu'Hippocrate donne de l'altération de la blancheur naturelle de la peau est à la hauteur de la physique de son siècle; le mécanisme connu de l'insolation par voie sèche, ou par l'intermède de l'eau, nous met à même de concevoir, d'une manière plus précise, l'altération de la couleur de la peau chez les habitans des différentes parties du globe. Cette partie est encore peu connue, et mérite de l'être; mais ce point ne peut être developpé ici, vu sa grande étendue, je renvoie donc à développer ce point d'économie dans mon cours.

(6) *Les hommes ainsi constitués sont peu féconds, etc.* De là on a conclu qu'Hippocrate est en contradiction avec tous les historiens, qui s'accordent à regarder la Scythie comme *la fabrique du genre humain.* Si on porte un coup-d'œil réfléchi sur ce que la population de la Tartarie a éprouvé depuis que ses habitans ont pu être recherchés et inquiétés pour la première fois dans leurs vastes solitudes, lorsqu'accumulés en grand nombre ils commençoient déjà à se nuire; lorsqu'enfin ils ont

et l'*Avis au jeune Médecin*, par Delaraud, in-8°., chez Croullebois, Libraire, rue des Mathurins.

(*) Voyez sa *Chirurgie*, imprimée à Lyon.

pu connoître leur force et le plus grand avantage
d'habiter au delà des barrières affreuses qui les tenoient renfermés dans leurs déserts, on trouvera
que dès-lors cette race d'hommes a vomi, non des
armées, mais des essaims d'hommes qui se sont ré-
pandus en Europe et en Asie, en franchissant les
montagnes du Caucase et du Tibet, et en se diri-
geant toujours par le cours des rivières et la marche
du soleil, ce qui leur faisoit trouver tous les avantages qu'ils recherchoient pour eux et pour leurs
troupeaux. D'une première émigration, connue par
ses succès, qu'en est-il résulté? beaucoup d'autres
émigrations qui ne furent pas moins heureuses;
enfin, que la porte une fois ouverte à l'écoulement
de la population Tartare, elle n'a pu être refermée,
et que cette nation s'est répandue en envahissant d'a-
bord par la force du nombre, et ensuite par celle
des armes. Cinquante mille Tartares, dit Paw, suf-
firent pour subjuguer la portion de la Chine, appelée aujourd'hui *Tartarie Chinoise*, où l'on comp-
toit alors quarante millions d'habitans. Mais que
devoit-il résulter naturellement de toutes ces émigrations, et que voyons-nous aujourd'hui? qu'il n'est
plus de barrière et aucune force ou raison qui puisse
la relever, et que l'écoulement de l'espèce se faisant dans une proportion plus grande que la propa-
gation, ces régions ont cessé de se peupler, et qu'il
s'en faut beaucoup qu'on puisse les regarder aujourd'hui comme la pépinière du genre humain;
puisque chaque jour, au contraire, les voit se dé-
peupler, et que bientôt elles ne seront plus qu'une
solitude profonde que nul ne réhabitera plus. En

définitif, il reste évident que l'espèce humaine se
multiplie peu par elle-même chez les Scythes, mais
qu'elle s'y accumule avec le tems, parce que les
maladies la respectent, et que sa durée commune est
encore la plus longue de toutes celles des autres
nations. Par ce léger aperçu, on voit aisément quel
fond on peut faire sur ces évaluations faites dans des
tems éloignés, et dont on est encore séparé par un
chaos effacé de circonstances qui vous rendent toute
appréciation impossible et raisonnable. Par exemple, de quel poids sera dans la balance, dans vingt-
deux siècles d'ici, les évaluations du Lord Ma-
cartney, ambassadeur à Pékin, qui nous apprend
qu'en donnant à la Chine mille personnes par chaque lieue carrée, cet empire contient cent cinquante millions d'habitans? nombre qui est presque
égal à celui des États de l'Europe, si on donne par
approximation vingt-cinq millions à la Russie;
deux millions huit cent mille au Danemarck; deux
millions cinq cent mille à la Suède; neuf millions
à la Pologne; vingt-deux millions à l'Allemagne;
huit millions à la Hongrie; onze millions à l'Angleterre; trois millions à la Hollande; neuf millions
à la Turquie d'Europe; treize millions à l'Italie;
deux millions à la Suisse; vingt-huit millions à la
France; huit millions à l'Espagne, et deux millions au Portugal. Quel parti tireroit-on, à cette
époque, je le répète, des évaluations du moment,
si on ne prenoit pas en très-grande considération
les révolutions politiques ou naturelles des peuples
de l'Europe? Ce n'est donc pas sans raison qu'Hippocrate avance que les Scythes n'étoient point

féconds , et quoiqu'il assigne encore d'autres causes
à ce phénomène , il est de fait que l'homme des régions glacées est bien moins fécond que celui des
régions qui se rapprochent davantage de l'action
du soleil , non par les raisons qu'Hippocrate donne,
mais par des causes que j'aurai occasion de développer dans mon cours.

(7) *Indépendamment de l'usage d'être continuellement à cheval.* On ne peut disconvenir que la complexion naturelle de ces Scythes ne soit une forte
raison de la rareté de leur fécondité , mais que con-
curremment avec cette cause , l'usage d'être perpétuellement à cheval ne soit celle immédiate de leur
infécondité; ce qui ne peut être confondu , car
l'homme de complexion flegmatique graisseuse pro-
génère peu , il est vrai, mais est fécond, lorsque
l'homme de complexion sanguine , qui monte continuellement à cheval , et sur-tout à la manière des
Scythes, deviendra nécessairement infécond. Quand
on fait réflexion que le poids du corps exerce une
pression perpétuelle sur le méat de la glande pros-
tate , que cette pression oblitère l'extrémité des
vaisseaux séminaux ou éjaculateurs qui viennent
s'ouvrir à cet endroit, et que l'éjaculation devient
nulle ou impossible : il est aisé de concevoir que
dans ce cas il ne faut pas confondre les causes et les
résultats. C'est donc par tempérament que les Scythes, dont parle Hippocrate , étoient peu féconds,
et par leur manière de monter à cheval qu'ils de-
venoient encore inféconds.

(8) *Attirent des fluxions chroniques sur les articulations.* L'effort continuel que fait le poids du

corps, en écartement sur les os du bassin, et le tiraillement perpétuel qu'exerce le poids des extré-
mités inférieures sur les ligamens articulaires et
autres, qui unissent ces parties entre elles, déterminent la rétraction des hanches et la claudication.
Les nerfs sacrés et sciatiques sont encore extrêmement compromis, soit par la pression, soit par
le tiraillement continuel qu'ils éprouvent conjointement avec les parties auxquelles ils se distribuent.
Mais par suite de la similitude de constitution des
parties, on observe encore le même genre de désordre se propager dans tout le système ligamentaire;
car telle est une des propriétés assez peu observée
de chacun des systèmes qui nous composent, tels
que les os, les muscles, les membranes, les ten-
dons, les ligamens, les cartilages, les nerfs, le
tissu cellulaire, etc. d'avoir un mode particulier
de souffrances ou de maladies, ou des manières d'être
affectées qui sont propres à chacun d'eux par la
nature de leur constitution : de sorte que chaque
maladie, quelle qu'elle soit, appartient toujours plus
particulièrement à l'un de ces systèmes; telle est
une vérité de fait sentie, peu connue et point du
tout approfondie, mais dont j'aurai occasion de
parler encore. J'ai observé, d'après Hippocrate,
que ces accidens sont très-fréquens parmi les gens
qui sont perpétuellement à cheval, et qu'en général les postillons donnent peu d'enfans.

(9) *Car il paroît qu'ils coupent spécialement les
veines des environs des oreilles, dont l'ouverture
rend les hommes impuissans.* Sans m'arrêter à l'obscurité du texte, il reste certain qu'Hippocrate

pensoit

pensoit que la saignée déterminoit définitivement l'impuissance, ce que l'expérience n'a pas confirmé. J'ai vu pratiquer les saignées abondantes sur les veines aux environs des oreilles, dans les cas d'ophtalmies opiniâtres, de convulsions, demi-plégies, de fluxions acoustiques, etc. sur des garçons; je les connois encore, et cela n'a porté aucune atteinte à leur faculté virile, ayant tous eu des enfans. Je crois que cette opinion d'Hippocrate est à ranger au nombre de celles hasardées qu'on rencontre quelquefois dans ses ouvrages, lorsqu'il se jette dans les explications physiologiques; mais la somme des choses de génie est si grande, qu'il n'est pas permis de faire attention à des fautes que tout moderne voudroit avoir commises à pareil prix. «Ton bras pour » être *invaincu* n'est pas invincible». Voilà une faute contre la langue, s'écria un censeur, entendant réciter ce vers ⸱ Vous avez raison M., lui répliqua un auditeur, mais il n'appartient qu'à l'auteur du *Cid* de la faire et de s'en glorifier.

(10) *On trouve beaucoup de personnes sujettes aux fluxions chroniques articulaires (par l'usage habituel de monter à cheval), telles que la sciatique, la goutte et l'inhabilité à progénérer.* Je crois qu'il n'est pas permis de confondre cette maladie ligamentaire avec la sciatique, la goutte et autres affections chroniques des articulations, en raison de la différence essentielle de sa cause, qu'on trouve dans l'irritation des ligamens par leur distension et leur tiraillement continuels, et non par la dépravation de la lymphe de la synovie, ou de la liqueur séminale.

R.

(11) *Ces maux, qui affligent les Scythes, et qui les mettent en rapport avec les eunuques, doivent leur origine aux mêmes causes, je veux dire, à l'usage habituel de monter à cheval, et ensuite à celui d'avoir toujours des culottes.* Du tems d'Hippocrate faisoit-on des eunuques *par la voie de la castration?* et si on en faisoit par cette voie, pouvoit-on comparer l'impuissance des eunuques à celle des Scythes, qui le deviennent *par les usages du cheval et des culottes;* ou bien les eunuques ne se faisoient-ils que par ces moyens? Ce fait, assez important en lui-même, n'a reçu d'éclaircissement de personne sous aucun rapport, et il me paroît en mériter par la contradiction évidente entre les faits et leurs causes. Hippocrate lève la difficulté, et prouve qu'il y a erreur dans le texte et inattention de la part des traducteurs. On lit au Traité de la génération : *Les eunuques n'engendrent point, parce que, chez eux, les conduits de la semence sont détruits.... Ils sont tous emportés dans la castration; en sorte qu'ils ne sont plus propres à la génération. Dans les eunuques par torsion ou compression, les testicules et les cordons spermatiques restent, mais ils durcissent, deviennent calleux, et ne peuvent plus ni se tendre ni se relâcher.*

« At verò eunuchi eam ob causam venerem mi-
» nimè peragunt, quia genituræ transitus ipsis abo-
» latur..... Iique in ipsa exectione dum castrantur
» rescinduntur, ideoque ad obeundam venerem
» inutiles existunt. Qui verò istorum attritionem
» passi sunt, iis genituræ via obstructa est. Callum
» enim contrahere testes solent, nervique à callo

» indurati et hebescentes, neque pudendum in-
» tendere, neque laxare possunt. (*De genitura*
» *liber*, sectio III.) »

Je crois l'erreur du texte suffisamment prouvée,
et le fait de la castration suffisamment établi, pour
me faire pardonner la liberté que j'ai prise de corriger la leçon présente.

(12) *Enfin, ajoutez à tout cela que le froid, etc.*
Non-seulement le froid circonscrit la chaleur animale, mais même il s'oppose à ce que l'agent organique acquierre toute sa qualité virtuelle ; de sorte
que la liqueur séminale, qui en doit recevoir toute
sa perfection, reste avec une très-foible faculté pro-
générante, et seulement dans des circonstances tem-
poraires et individuelles propres à l'augmenter et à
la favoriser. Car indépendamment que le printems
est, chez les hommes, comme chez les animaux,
la circonstance temporaire la plus favorable à la
génération ; Hippocrate remarque qu'il faut le concours de trois circonstances individuelles : 1o. que
la femme soit d'un tempérament ni trop humide,
ni trop sec ; 2o. que la matrice soit bien conformée ;
3o. enfin, lorsque les règles sont très-prochaines
ou qu'elles sont prêtes à finir. Quoiqu'on puisse
encore ajouter, *et la concordance de faculté entre*
l'homme et la femme, il est difficile d'observer d'une
manière plus étendue et plus précise un fait d'économie si occulte et si propre à exercer encore les
physiologistes avant d'être conçu dans toute son
étendue.

§. 23. (13) *La liqueur séminale ne se compose*
pas toujours de la même manière, etc. Hippocrate

suivant toujours son premier point de vue, trouve les variétés des Européens dans celles du principe dont ils résultent, et les variations de ce dernier dans les changemens et les tribulations fréquentes et brusques des saisons et de la température de l'Europe. Il seroit en effet très-difficile, pour ne pas dire impossible, de leur trouver une cause principale autre que celle-là, les manières de vivre et les lois des habitans de cette partie du globe étant à peu près les mêmes. Néanmoins on ne peut se dissimuler qu'il n'y ait fort loin pour notre foible intelligence de l'action des tribulations de l'atmosphère à la confection de la semence et à ses différens modes. Mais le maître l'a dit, cela se sent, observons davantage et mieux, et nous parviendrons à connoître cette vérité naturelle, ainsi que beaucoup d'autres.

(14) *Par cela même que vivant sous un ciel où l'esprit éprouve continuellement des secousses, etc.* Ici c'est l'organe nerveux attaqué immédiatement et modifiant l'agent organique dans son essence, par le même mode qu'il l'est lui-même dans sa propriété particulière; il est du moins naturel de penser que telles sont les résultats de l'action des tribulations fréquentes et brusques sur l'organe sensitif, qui, en se propageant d'une manière sourde et occulte, va modifier encore notre principe matériel comme celui de notre intelligence. Cette prénotion physico-mentale ne se lie-t-elle pas naturellement et immédiatement avec les tribulations de l'atmosphère, qui nous sont indiquées par le thermomètre et les caractères des phénomènes physiques et mo-

raux de l'économie? A quelles causes enfin pourroit-on les rattacher plus naturellement, et qui eussent pour elles plus d'évidence raisonnable? Aucune
sans doute ne se présente à la perception; c'est
donc là la première et la principale cause modi-
fiante de l'économie de l'homme. Je le répète, il
faut l'observer davantage et mieux.

§. 24. (15) *Tous les lieux dont le sol est gras,
mou et humide, etc.* Un sol qui est sans résistance
sous le pied, et qui, par son égalité et la position
presque horizontale de sa surface, ne fait éprouver
aucune secousse aux membres et n'oblige à aucune
sorte de contraction forte de la part des muscles,
jette de l'ennui dans toute l'économie, et les humeurs
s'endorment : alors on devient mou et paresseux.
Le pavé de Paris est le premier et peut-être le
meilleur médecin pour ses habitans : la preuve de
ce que j'avance est ce qu'éprouvent toutes les personnes qui font le métier de la mer. On a accusé
l'atmosphère, sur cet élément, d'être la cause du
scorbut des équipages, puis des alimens dont ils sont
obligés de faire usage, etc. J'ai toujours observé que
le défaut d'action forte et contrariée dans le système
musculaire, étoit la principale cause de cette maladie chez les marins. Je n'ai trouvé qu'un Officier
qui soit entré dans mes vues pour la conservation de
la santé des équipages. Lorsque le tems le permettoit,
et que rien ne nécessitoit des manœuvres, il avoit
établi un jeu de barre dont les courses s'exécutoient
dans les mats et dans leurs agrès, depuis les gi-
rouettes jusque sur les ponts; lui-même étoit fort
habile à ce jeu et y prenoit part; mais lorsqu'il étoit

pris, le prix étoit double, ce qui donnoit un double intérêt à cet exercice et un résultat manifeste ; car des cinq vaisseaux en croisière sur la côte d'Afrique, il fut le seul qui n'eut point de scorbutiques à son bord, les autres en ayant toujours eu de dix-neuf à cinquante.

Il y a peu d'animaux sur le globe qui ait autant besoin du jeu musculaire que l'homme pour se maintenir en santé : si on fait attention aux hommes qui professent les états qui nécessitent le plus l'action des muscles la plus soutenue et la plus au niveau des forces humaines, on les verra jouir le plus généralement de la meilleure santé; de ce nombre, les perruquiers et les médecins me paroissent ceux qu'il faut mettre au premier rang. Cette vérité de fait n'avoit pas échappé à Hippocrate, aussi en fait-il un principe absolu d'observation : *Hominum quoque, victus ratio, quanam maximè delectantur, inspicienda, an potui et cibis et otio dediti, an exercitationibus et laboribus gaudeant, etc.* On ne peut, en effet, en entrant dans un pays, faire trop d'attention à la force et à l'étendue de l'exercice de corps que se donnent ses habitans; c'est sans doute fort commode pour l'homme d'avoir un sol qui lui donne, sans peine et avec abondance, toutes les choses nécessaires à une vie agréable; mais, d'une autre part, il faut examiner s'il ne paye pas les avantages d'un paradis terrestre par des affections qui jettent de l'amertume sur toute sa durée. Parmi les modernes, aucun médecin n'a combattu l'inaction du corps avec une connoissance plus profonde de ses malheureux résultats, que le docte Tronchin. Donnez-vous des affaires, allez à pied et supprimez votre cuisine, vous vous rendrez les jambes et l'appétit, disoit-il souvent aux *podagres sibarites* de la capitale; mais, ce qu'il prescrivoit alors, la révolution l'a fait exécuter, et la goutte et les vapeurs ont émigré au grand préjudice des Mesmer et autres jongleurs, auteurs et fauteurs de la médecine factice et trompeuse.

(16) *Sur un sol nud, raboteux, sans abri, etc.* Autant un sol uni, mou et même fertile est peu favorable à l'économie, autant un terrain dur, inégal et stérile doit élever l'énergie du corps et de l'esprit; car il n'est pas de précepteur pour l'homme plus impérieux et meilleur que la nécessité. Les habitans d'une île peu fertile deviendront toujours de grands marins, s'ils s'avisent des jouissances et du commerce des nations du continent, puisqu'ils ne pourront rien importer ou exporter sans se jeter à la mer, et sans faire des efforts extraordinaires de corps et d'esprit pour faire produire un sol ingrat. L'Angleterre est un exemple frappant et sous nos yeux de cette vérité. Il est présumable que telle étoit la situation d'une grande partie de la Grèce, et sur-tout de celle la plus montueuse ou Péloponnésienne, ce qui a fait remarquer par Aristote que les Grecs, placés dans l'état moyen entre les Asiatiques et les Européens, étoient doués par conséquent de la perception des premiers et de l'énergie des seconds (*) : ce qui n'est pas très-exact, comme je l'ai remarqué relativement à l'origine des sciences.

(17) *Il demeure donc pour certain, etc.* La na-

(*) Aristote, *De Republiq.* L. VII, cap. 7.

ture de ce paragraphe me l'a fait transporter à la fin, étant un résumé concluant après lequel il ne pouvoit rien suivre de la nature de ce qui le précédoit ; cette interversion d'ordre est probablement une des mutilations que les copistes ont fait souffrir, en beaucoup d'endroits, aux ouvrages de notre auteur, et que je releverai à mesure que j'avancerai dans la traduction des livres de la Physiologie d'Hippocrate, que je me propose de publier, et dont celui-ci seroit la première partie ; car si on veut se donner une science *réelle* de médecine, il faut en saisir le génie dans sa Physiologie, dont personne, que je sache, ne s'est encore avisé ; et commencer par son immortel Traité des *Airs*, des *Eaux*, des *Lieux* : exemple sublime de la médecine *naturelle* et *vraie*. Avant de désigner des Professeurs *de la doctrine* d'Hippocrate, *il faut en former*, voyager, observer dans le pays de ce médecin, son livre à la main, puis méditer long-tems. Voilà les moyens absolus que le génie doit mettre en œuvre pour devenir *Professeur de la doctrine de ce grand homme :* on n'a point encore adopté cette conduite.

F I N